锌涂层及
双涂层技术
问答220

楼宏青／著

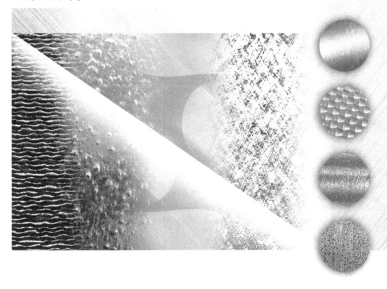

西安交通大学出版社
XI'AN JIAOTONG UNIVERSITY PRESS

内容简介

在钢铁材料表面形成金属锌层，利用金属锌层对钢铁材料进行防腐蚀保护的方法，在各行各业得到了极为广泛的应用。在钢铁材料表面形成金属锌涂层的工艺方法有热镀锌、机械镀锌、电镀锌、富锌涂料涂敷及热喷涂锌等，不同的工艺方法生产的锌涂层，其结构、性能、用途甚至外观都有所不同。本书采用一问一答的形式阐述相关内容，全书分为 15 章，分别介绍了热镀锌与可持续发展之间的关系、锌涂层的相关标准、锌涂层及双涂层对钢的防腐蚀保护机理和影响因素等内容，书中配有大量的图表，使内容表达更直观、更易于理解。

图书在版编目(CIP)数据

锌涂层及双涂层技术问答 220/楼宏青著 . —西安：西安交通大学出版社，2024.9
ISBN 978 - 7 - 5693 - 3275 - 9

Ⅰ. ①锌… Ⅱ. ①楼… Ⅲ. ①镀锌层-问题解答
Ⅳ. ①TG174.44 - 44

中国国家版本馆 CIP 数据核字(2023)第 101746 号

书　　名	锌涂层及双涂层技术问答 220
	XINTUCENG JI SHUANGTUCENG JISHU WENDA 220
著　　者	楼宏青
责任编辑	王　娜
责任校对	魏　萍
装帧设计	伍　胜
出版发行	西安交通大学出版社
	(西安市兴庆南路 1 号　邮政编码 710048)
网　　址	http：//www. xjtupress. com
电　　话	(029)82668357　82667874(市场营销中心)
	(029)82668315(总编办)
印　　刷	西安五星印刷有限公司
开　　本	720 mm×1000 mm　1/16　印张　19.25　彩页　2　字数　338 千字
版次印次	2024 年 9 月第 1 版　2024 年 9 月第 1 次印刷
书　　号	ISBN 978 - 7 - 5693 - 3275 - 9
定　　价	68.00 元

前　言

在钢铁材料表面形成金属锌涂层，利用金属锌涂层对钢铁材料进行防腐蚀保护的方法，在各行各业得到了极为广泛的应用。在钢铁材料表面形成金属锌涂层的工艺方法有热镀锌、机械镀锌、电镀锌、富锌漆涂敷及热喷涂锌等。不同的工艺方法生产的锌涂层，其结构、性能、用途甚至外观都有所不同。本书在简介生产锌涂层的不同工艺方法的基础上，比较详细地介绍了不同工艺方法生产的锌涂层的组织结构、性能特点、适用环境和外观；同时还比较全面地介绍了与之相关的标准或规范，以及这些标准或规范相互之间的关系和适用范围。本书还介绍了有关双涂层体系和估算涂层服役寿命等内容。

对于以上这些多方面的内容，本书通过问答形式并采用集中阐述、专题讨论和相互比较等方法进行介绍，条理清晰，易于理解和掌握；书中配有大量的图表，使内容表达更直观、更易于理解。本书可供钢铁结构项目管理人员、设计人员、从事热镀锌及表面涂敷工作的专业人员、涂料供应商参考，有助设计人员选择制件表面防腐蚀保护涂层体系；也有助广大使用锌涂层制件的用户了解相关知识，以便对项目成本进行预估算和使用过程对构件表面锌涂层合理地进行维护、保养及修复。

目前，在钢铁材料表面生成金属锌涂层应用最为广泛的工艺方法是热镀锌，热镀锌件也是所有锌涂层制件中产量占比最大的。热镀锌又分为连续热镀锌和批量热镀锌，本书中简称后者为热镀锌(也称热浸镀锌)。

全书分为 15 章。在第 1 章绪论的问答中，阐述了热镀锌与可持续发展之间的关系，并介绍了有关的评价体系。

第 2 章中的问答内容，全部是关于相关标准的，其中大部分标准是关于热镀锌的。阅读这些问答，对了解热镀锌标准的总体情况和重要内容大有裨益，从中也可看出这些标准对热镀锌操作流程规范化及质量控制的重要性。

第 3 章问答内容表述了镀锌层对钢的防腐蚀保护机理。

除了第 14、15 章外，其余各章问答均围绕钢材热镀锌的工艺、热镀锌层质量、镀件性能、热镀锌层表面缺陷、热镀锌层服役寿命、热镀锌件设计加工和镀件后处理等方面内容展开。

第 14 章、15 章的问答内容介绍了连续热镀锌、电镀锌、机械镀锌生产的镀锌层和涂敷工艺生产的锌涂层的性能、用途，以及双涂层体系的优越性及施涂要素等。

作者编写本书实属偶然。作者退休后曾在某大型热镀锌工厂参与生产工艺设计和质量控制工作，在工作过程中体会到，要生产出优质的热镀锌件，设计方、制造方和热镀锌厂必须密切协同配合。热镀锌件的设计方、制造方及热镀锌厂的技术人员和相关的工作者需要经常参考国外的一些标准和资料，但在获取和阅读外文资料方面可能会遇到一些困难。作者从此便开始收集、翻译热镀锌及相关方面的英文标准和资料，后将翻译文稿逐步归纳编写成了书稿；在成稿过程中，一直通过网络和电子文献数据库关注国内外相关标准及相关信息的更新情况，并参考了陆续出版的相关中文书籍和期刊文献，不断对文稿进行修正补充；还选择了作者在生产现场拍摄的一些照片及实操记录充实到书稿中；最后采用一问一答的形式阐述相关内容，意在便于读者选读感兴趣的章节，方便读者轻松阅读。

由于作者在该领域的专业知识和翻译水平有限，如有谬误之处，请专家和读者予以指正和指导，在此真诚致谢！

最后，对本书的编写作以下几点说明。

（1）考虑到某些英文词汇翻译成中文时，可能会出现不同的译语，为了避免误解，书中将一些原英文词汇和中译文同时标出。

（2）考虑到国内主要使用国际单位，书中标出的某些数值是由原文英制单位数值转换而来的国际单位数值。

（3）在"参考文献"中对网站数据库（例如"Knowledgebase"）中的电子文献进行著录，标出了文献的发表日期，或者是后期更新或修改日期。

楼宏青

目　录

1

6

>>> 第1章 绪 论

1.1 热镀锌的历史和应用

1-1 什么是热镀锌？它是如何不断发展的？

热镀锌(hot-dip galvanizing，HDG)是为了使钢铁件免受腐蚀，将钢铁件浸入熔融锌中使在钢铁件表面形成热镀锌层(3～13 章一般简称"镀层"，14～15 章一般与其他镀锌工艺镀层统一简称"镀锌层")的一种工艺方法。

本书主要涉及批量热镀锌(后面的章节简称"热镀锌")的工艺流程、镀层性能、镀件使用寿命、工件设计等方面的内容。

150 多年来，热镀锌已经逐步成为在各种环境下防止钢铁腐蚀的重要工艺手段。当下，在世界范围内的化工、纸浆和造纸、汽车及交通运输等各个行业，热镀锌作为钢铁防腐蚀方法已经有了数不尽的应用范例和广阔的应用市场。

要了解热镀锌工艺及其演变，有必要从其起源说起，公元 79 年就有在建筑中使用锌的记录，这可能就是镀锌的起源。

1742 年，有记载的最早的镀锌历史可以追溯到法国化学家马鲁因(P. J. Malouin)向皇家科学院(Royal Academy of Sciences)提交的几项用熔融锌涂敷铁的实验结果。

1772 年，路易吉·伽尔伐尼(Luigi Galvani)在一次青蛙腿实验中发现了金属之间发生的电化学过程。

1801 年，亚历山德罗·沃尔塔(Alessandro Volta)发现了两种金属之间的电势，创建了一个腐蚀电池，从而进一步推动了镀锌的研究。

1829 年，迈克尔·法拉第(Michael Faraday)在一次涉及锌、盐水和钉子的实验中发现了锌的牺牲保护作用。

1837年，法国工程师斯坦尼斯劳斯·特兰克利莫德斯·索雷尔（Stanislaus TranquilleModeste Sorel）获得了早期镀锌工艺的专利。

1850年，英国的镀锌工业每年要消耗约1万吨锌来生产镀锌钢。

1870年，美国开设了第一家镀锌厂，当时的工艺是将钢手工浸入锌浴中镀锌。

2000年，冶金和熔炉技术的进步提高了镀锌工艺的效率和可持续性。

如今，北美每年生产热镀锌钢要消耗约60多万吨锌，一部分用于批量热镀锌，另一部分用于连续热镀锌。

历史上热镀锌曾经单纯地被认为是一种腐蚀防护手段。然而，随着新市场的兴起，冶金、化工、机械制造等领域新技术和新方法的不断出现，使得热镀锌钢的规范和使用条件也发生了改变。现在，采用热镀锌工艺进行防腐蚀保护是综合考虑许多因素（包括较低的初始成本，镀件的耐用性、长寿命、可用性、多功能性、可持续性，其至美观性）而作出的选择。

1-2 什么样的材料可以进行热镀锌？

大多数黑色金属材料都适用于热镀锌。铸铁、铸钢、热轧钢和冷轧钢都可热镀锌以防腐蚀。不同的钢铁材料有不同的化学成分和显微组织，从而使钢铁材料具备不同的性能，也会影响热镀锌层的特性。首先解释冶金学中常用的几个术语。"物理冶金"是指通过非化学方法达到改变金属结构、成分和性能的冶金学科，主要研究金属及其合金的组成、组织结构和性能之间的内在联系，以及它们在各种条件下的变化规律；金属的"硬度"大多用压入法来测定，硬度值的大小是表示金属表面抵抗外物压入引起塑性变形的抗力大小；"淬透性"是钢铁材料在淬火时获取淬硬层深度的能力；金属的"抗拉强度"是在均匀塑性变形情况下金属能承受的最大拉应力，对于没有（或很小）均匀塑性变形的脆性材料，它反映了材料的断裂抗力。

钢的成分根据强度和使用要求而变化。碳以不超过2%（质量百分数，下文中一般都指质量百分数）的量添加到铁中，形成了通常所说的碳钢，再适当添加一些合金元素而形成所谓的合金钢。纯铁是一种柔软而易延展的金属。向铁中添加低至0.5%的碳可以显著提高其拉伸强度和硬度。一般情况下，增加钢的硬度会增加其脆性并降低其可焊性。锰与碳一样，被添加到钢中以提高强度。锰还可以提高钢的热加工性能，并提高钢的淬透性和韧性。碳添加到钢水中的时候，钢水中的氧会和碳反应并消耗碳，为防止这种情况的发生，硅作为脱氧剂添加到钢水中，使钢水在浇注成钢锭或钢坯前充分脱氧，最后形成所谓"镇静"钢。在钢中添加硅也能增加钢的硬度。废钢铁是炼钢原材料之一，它会把杂质元素引入钢中，这些杂质元素也会对钢的性能产生影响；有些杂质元素会降低钢的品质，必须采取合适的冶金措施，将它们的含量严格控制在一定值以下，磷、硫就属这类杂质元素。

热镀锌层的形成过程是一个冶金反应过程，在此过程中，钢中的铁和锌结合形成了一系列的锌铁合金层。钢中的微量元素会影响镀层形成过程及镀层的结构和外观，例如，钢中存在硅和磷可能会导致镀层几乎完全由锌铁合金层组成，而很少或没有游离锌层。在镀层的形成过程中，磷和硅可以协同作用，在锌和铁的冶金反应中起催化剂的作用，使锌铁合金层快速生长。

特殊钢热镀锌的情况如下：

（1）低硅钢及铝镇静钢。硅含量非常低（小于 0.02％）的钢或铝镇静钢要产生满足标准 ASTM A123/A123M《钢铁制件热镀锌层标准规范》和 ASTM A153/A153M《钢铁五金件热镀锌层标准规范》要求的镀层厚度时经常面临技术上的挑战。

（2）易切削钢。硫含量高（大于 0.18％）的易切削钢不适合热镀锌。

（3）含铜钢。一些含少量铜的钢材，如耐候钢，可以成功地进行热镀锌。纯铜不能热镀锌。

（4）耐候钢。耐候钢也被称为科尔坦钢，符合 ASTM A588/A588M《最低屈服点不超过 50 ksi 耐大气腐蚀的高强度低合金结构钢标准规范》（50 ksi＝345 MPa）。耐候钢可以热镀锌，毫无疑问热镀锌会增加耐候钢的防腐蚀性能。

耐候钢通常能获得比普通碳钢更厚的镀层。一般情况下，镀层的厚度会受到钢镀锌前的表面粗糙度的显著影响。耐候钢镀层的单位面积重量通常与既经酸洗又经喷砂处理的碳钢镀层相当；经喷砂处理的碳钢表面通常会产生较厚的镀层。耐候钢镀层厚度增加主要是由于硅含量比碳钢高，如标准 ASTM A588 所述，化学成分为 A 级时，耐候钢硅含量约为 0.40％；而碳钢的硅含量通常为 0.17％～0.37％［见 GB/T《优质碳素结构钢》和 GB/T 700《碳素结构钢》］。硅会促进铁锌合金层的生长，最终增加镀层的厚度，且镀层表面的纯锌层较薄。当此较薄的纯锌层腐蚀风化后，暴露的铁锌合金层会出现褐色，这是由于合金层的少量铁氧化而引起的，这种褐色的出现并不损害镀层的腐蚀防护作用。一般来说，相同厚度的镀层对耐候钢和碳钢的保护寿命是相同的；对它们的刮伤牺牲保护作用也是相同的。然而，如果基体金属暴露区域太大而不能被镀层保护时，经过一段初始腐蚀期后，耐候钢将通过表面钝化表现出更好的耐腐蚀性能。

1-3 热镀锌有哪些特色？

1. 热镀锌适用性广

热镀锌钢能广泛应用于石化、电力、桥梁和公路等各行各业，热镀锌件的形状和尺寸可千变万化，从小螺母、螺栓等紧固件到大型结构件，甚至是最复杂的艺术品，镀件的材料类别也可非常广泛。由于热镀锌时镀件全浸入镀液中，锌液可以覆盖所有内表面和外表面。这种完全覆盖可以确保中空和管状结构的内外表面及紧固件的螺纹都能形成热镀锌层。由于腐蚀容易在有一定湿度和存在冷凝水的中空结构内部快速发生，因此内部覆盖镀层对构件防腐蚀非常有益。紧固件表面覆盖完整均匀的镀层也是至关重要的。

热镀锌钢构件易于通过焊接、螺栓连接来扩展或组装结构体。

2. 镀层性能可满足使用要求

镀层的耐腐蚀寿命主要取决于镀层的厚度，但也与环境条件的恶劣程度密切相关。在相同的环境中，其腐蚀速率通常为裸钢的 1/30，即使在一些最恶劣的环境中也可提供几十年的免维护寿命。热镀锌钢的耐用性与形成镀层的冶金反应密切相关。在锌浴中铁和锌之间的反应是独特的，形成的镀层为致密而耐磨的金属间化合物层，且与基体金属紧密结合成为一体。

在热镀锌的镀层形成过程中，镀层在整个零件表面均匀生长，角落和边缘的镀层厚度与平坦表面基本相同（其他类型的防腐层难以保证），从而对镀锌件提供均匀的保护，这也是热镀锌件长期耐久的关键因素。但是，在使用、运输和安装过程中，镀层损坏最可能发生在边缘，因此需要着重加以保护。

3. 可全天候生产，镀件便于储存

许多涂敷防腐蚀方法需要适当的温度和湿度条件，这往往导致施工延误。而热镀锌是一个在工厂内可控的过程，它可以全天候进行生产，可确保准时交货。实际上，镀锌件可以在同一天镀锌，运至现场并安装，但是一般生产周转的时间为 3 到 5 天。

如果镀锌件不需要立即发往现场安装，可以存放在室外。镀层不受极端温度、雨雪天气或湿度的影响，只要存放方法得当即可；在严酷的阳光照射下，也不会破坏镀层的完整性。因此在适当储存的情况下，可以根据工程需要备足库存，以便在需要时快速调用；也便于根据市场行情，及时调整原材料及镀锌件的生产计划，以节省资金成本。

4. 原材料资源丰富

锌元素储量丰富，是地壳中第 24 种储量丰富的物质，而铁是第 4 种。锌和钢也都是可回收的，且回收后不会损失任何化学或物理性质。目前，大约 70％的钢材（其中 95％为结构钢）和 30％的锌来自回收材料。

5. 安全

结构部件的安全性和稳定性对钢结构的整体完整性至关重要，如果结构部件已被腐蚀破坏而削弱，则无法保持钢结构整体的安全性和稳定性。热镀锌钢可保持数十年的耐腐蚀性能，可保持钢结构的结构完整性并防止因钢结构破坏而导致的灾难的发生。与混凝土等结构相比，钢构件具有更高的韧性和更轻的重量；在地震活动区热镀锌钢的优势更加明显，它减少了地震荷载的惯性效应，其抗拉强度能使钢构件在地震活动中，在合理范围内弯曲而不断裂，从而可大大提升结构免受地震活动的损坏或破坏的概率。

1-4 热镀锌与建筑外露结构钢的美观需求有什么关系？

美观几乎对每一个建筑项目都很重要，如精美的雕塑、建筑上暴露的钢构件、桥梁、公共汽车站或其他基础设施构件。热镀锌钢表面本身具有明亮的金属银白色或自然灰色饰面，如果需要装饰其他某种颜色，可以很容易地涂敷其他涂层实现，不但可确保热镀锌层的防腐蚀保护效能，而且会增加镀锌钢的耐用性。

现在，越来越多的专业人士希望利用热镀锌技术将建筑外露结构钢（architecturally exposed structural steel，AESS）制成美观、耐用、可持续供几代人使用的建筑物。

热镀锌标准 ASTM A123 通常可接受的许多表面状况（如锌灰、粗糙、流痕、积锌等），可能不满足 AESS 的要求。尽管存在这些挑战，但如果在制造钢铁制件之前将必要的美学要求明确地、直接地传达给各方，就可以获得高质量的镀层。

为了理解 AESS 的附加美学要求（包括超出标准 ASTM A123 的要求），美国钢结构协会（American Institute of Steel Construction，AISC）和加拿大钢结构协会（Canadian Institute of Steel Construction，CISC）分别在 2011 年和 2017 年更新了 AESS 规范指南，这些指南提供了 AESS 的分类方法，可用于明确对建筑师、制造商和镀锌者的要求和责任，以促进他们之间的沟通，实现 AESS 的热镀锌并尽可能降低成本，最大程度地提高外观质量。很显然，制件的整体设计是决定镀锌表面最终外观的主要因素之一。制造前的最优化设计应该结合 ASTM A385/A385M《提供高质量镀锌层（热镀锌）的实施规程》中列出的各种适用的设计细节，并根据 AESS 的附加美学要求进行额外的设计优化，以最大限度地减少热镀锌后的表面处理工作。

镀锌厂对 AESS 项目实施工艺控制，以最大程度地提高 AESS 项目的热镀锌质量。

1.2　热镀锌与可持续发展

1-5　什么是可持续发展？热镀锌与可持续发展有什么关系？

可持续发展是经济、社会、环境保护的协调发展，它们之间的关系如图 1-1 所示。可持续发展是既满足当代人需求又不损害后代人的需求和发展的一种人类生存发展模式。

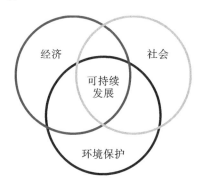

图 1-1　经济、社会、环境保护与可持续发展的关系

热镀锌是一种经过验证的钢铁防腐蚀体系，采用热镀锌钢有利于经济的发展而且对环境的影响很小。

1. 热镀锌钢在环境保护方面的优势

热镀锌钢是由两种天然存在的丰富元素锌和铁制成的。锌是一种天然、健康的金属。锌天然存在于空气、水和土壤中。超过 580 万吨的锌是通过动植物、降雨和其他自然现象在环境中自然循环的。

锌除了天然储量丰富之外，对生物来说也是必不可少的。锌对生物生长至关重要，因为它不但在细胞分裂、生长和伤口愈合中发挥着作用，还在呼吸、消化、繁殖和认知等功能中起着重要作用。在所有的微量元素中，锌对我们的免疫系统的作用最强，可以帮助我们预防疾病和抵抗感染。锌还经常用于肥料，以增强作物的营养和促进生长。

由于锌已经自然存在于环境中并在整个环境中循环，因此使用热镀锌钢不会给生态系统带来破坏性或有害元素。

2. 锌和铁是可再生资源

除了是天然和储量丰富的资源外，锌和钢都可无限循环利用，而不会损失任何物理或化学性质。

热镀锌钢100%的可回收性是其对环境影响最小化的具体贡献。有两种回收性指标定义了其对环境的积极贡献：回收率和回收再利用率。

回收率表征了产品在使用寿命结束时实际回收的比率，钢和锌的回收率都很高。回收资源中用于再次生产产品的数量称为回收再利用量，钢铁是世界上回收再利用最多的材料。锌的回收再利用率相对低一些，随着锌回收方法的不断创新和技术的进步，其回收率和回收再利用率在逐年提高。目前，全世界用于生产的锌中大约70%来自矿山，其余均来自回收锌。

锌和钢的回收率和回收再利用率见表1-1。表格中钢的回收再利用率涵盖所有钢材类型，若只涉及热镀锌钢时，数值甚至更高，因为结构钢的回收再利用率超过了90%，而大量结构钢都经历过热镀锌。

表1-1 锌和钢的回收率和回收再利用率

指标	锌	钢
回收率	80%	100%
回收再利用率	30%	70%

锌可在生产和使用的所有阶段进行回收。例如从锌锅中产生的锌渣锌灰中回收；从热镀锌钢板生产过程中产生的废料中回收；从制造和安装过程中产生的废料及报废产品中回收。

热镀锌钢和其他含锌产品由于耐久性的特性，进入回收循环是缓慢的。含锌产品的寿命是可变的，从汽车或家用电器的10～15年，到屋顶用锌板的100年以上不等。由热镀锌钢制成的路灯灯柱可以使用40年甚至更长时间，输电塔可以使用70年以上。所有这些产品都倾向于因为过时而被取代，而不是因为热镀锌层氧化腐蚀消耗失去保护底层钢材的作用而被取代。

热镀锌层的存在并不限制钢材的可回收性，所有类型的镀锌产品都是可回收的。在钢铁生产过程中，热镀锌钢和其他废钢一起被回收时，锌挥发后再被回收。

热镀锌钢很容易在现有的冶炼工艺流程中收集和处理。电弧炉冶炼是回收热镀锌钢最广泛使用的工艺方法，即在高温下易挥发的锌与其他气体一起离开熔炉，处理气流并收集粉尘，其中锌（18%～35%）和铁是主要回收成分；这些粉尘经过所谓的威尔兹回转窑生产出氧化锌，而氧化锌又成为生产锌金属的原材料。一些用于处理电弧炉粉尘及其所含贵重金属的新技术正在使用或正在开发中。

使用热镀锌钢可减少自然资源的消耗，可将项目寿命期内对环境的影响降至最低，并有优越的经济效益（较低的生命周期成本，详见问题1-8）。

1-6 什么是能源与环境设计先导（LEED）评估体系？

美国绿色建筑委员会（U. S Green Building Council，USGBC，）制定并颁布的能源与环境设计先导（Leadership in Energy & Environmental Design，LEED）评估体系自发布以来，便在绿色建筑运动中起着引领作用，并根据设计界的反馈意见加以修改，使其更加客观、透明和全面。LEED曾有LEED 2009和LEED v4两种版本，2021年6月30日后LEED 2009停止使用。按照LEED评估体系可以进行项目申报或项目认证。

新版LEED v4与其他绿色规范和标准，例如美国采暖、制冷和空调工程师协会（American Society of Heating，Refrigerating and Air - conditioning Engineers，ASHRAE）颁布的《高性能绿色建筑设计标准》（*Standard for the Design of High - performance Green Buildings*）和国际规范委员会（International Code Council，ICC）颁布的《国际绿色建筑规范》（*International Green Construction Code*）比较协调一致。

LEED v4版本针对不同的建筑类型和建筑的不同阶段划分为5个标准，其中建筑设计与施工（building design ＋ construction，BD＋C）标准，时间上对应建筑全寿命期中的设计建造阶段。LEED v4包含8个评估大类，其中之一是材料和资源（materials and resources，MR）。热镀锌钢对LEED评估积分的贡献属于BD＋C标准范围的MR评估大类。

1-7 热镀锌对LEED v4的评估积分有哪些具体贡献？

热镀锌发挥作用的三个主要领域属于评估大类材料和资源（MR）中的一个评估项目"建筑产品的分析公示和优化"（building product disclosure and optimization，BPDO）。以下是热镀锌在BPDO三个主要领域可能有助于提高MR积分的情况。

1. 产品环境声明

产品环境声明（environmental product declarations，EPD）是量化产品体

系对环境影响的标准化方法。EPD 基于生命周期评价（life cycle assessment，LCA），必须遵循特定的产品类别规则（product category rules，PCRs），由第三方根据标准 ISO 14025、14040 或 14044 进行验证。经验证核实后，可被发布到数据库供访问查阅。

这里要指出的是，不必选择对环境影响力最低的产品来赢得积分，而是要确保使用的制品必须具有透明度，最终目标是通过比较来选择影响较小的产品。美国热镀锌协会（American Galvanizers Association，AGA）编制了行业的 EPD，适用于热轧结构型材、钢板和中空结构型材热镀锌件。其在热镀锌钢的 EPD 中提出，根据 LCA 的评估热镀锌钢对环境的影响较低。采用热镀锌钢可提高 EPD 的评估积分。

2. 原材料来源和采购

BPDO 评估旨在鼓励项目团队以负责任的态度选取和采购商品，它不是为行业提供一个平均水平状况，而是针对每个供应商的。为了提供有关评估的文件，镀锌厂需要从锌、酸和清洁材料等供应商处获取相关信息，看看他们是否有公开的可用报告和符合评估的引导实践的方法，以了解热镀锌为 BPDO 评估作出贡献的潜力。

3. 材料成分

BPDO 项目是对材料成分报告或健康产品声明（health product declarations，HPD）的评估。HPD 必须列出产品中含量 0.1% 以上的化学物质，充分披露已知的危害，并在一个数据库中发布。

对热镀锌钢，AGA 已发布了两种 HPD，一种涵盖了所使用的高品位和特殊高品位锌，另一种涵盖了所使用的优质西部锌。BPDO 评估不是根据行业平均水平，而是基于每个镀锌厂所用锌的类型和成分进行的。如果使用高品位锌和特殊高品位锌，还应符合优化标准《关于化学品注册、评估、许可和限制制度》（*Registration*，*Evaluation*，*Authorisation and Restriction of Chemicals*）中的相关内容。

1−8 热镀锌钢有什么经济优势?

在强调可持续性的过程中，经济因素常常被忽略。为了实现真正的可持续性，环境友好型结构也必须在经济上对后代的繁荣负责。随着可持续发展理念的深入，越来越多的专家在选择建筑材料时开始考虑生命周期成本。生命周期成本分析是一种更完整的分析，因为它考虑了项目整个生命周期的总成本（初始成本＋维护成本），即考虑了总体使用寿命、首次维护的预期时间及与初始和持续维护有关的经济因素，以更准确地预测项目对后代的影响，确保后代更好的经济稳定性。

人们一直认为，热镀锌钢最初的成本较高。然而，由于工艺改进和相对稳定的锌价格，热镀锌变得比其他腐蚀防护体系更具竞争力，而且成本通常更低。许多其他腐蚀防护系统（如漆和粉末涂料）的成本不断上升，以及需要频繁地维护，从而增加了生命周期成本。该项目的直接维护成本通常是初始成本的 2～5 倍，而间接成本更高，是直接维护成本的 5～11 倍。而在大多数环境中，热镀锌钢在 70 年或更长时间内不需要维护，因此初始成本通常是生命周期成本，热镀锌钢可以在项目初期和整个生命周期内节约经济成本，使其成为当今和未来腐蚀防护可持续发展的优先选择。

评估生命周期成本可能很繁琐，为了便于分析，AGA 开发了生命周期成本计算器（life cycle cost calculator，LCCC）。LCCC 遵循 ASTM A1068《钢铁产品防腐系统生命周期成本分析实施规程》（*Standard Practice for Life - Cycle Cost Analysis of Corrosion Protection Systems on Iron and Steel Products*）中的计算方法，应用的是塔特尔公司对涂料制造商的调查数据，例如，NACE C2014 - 4088 号文件《维修和新建防护涂层工程的预期使用寿命和成本考虑因素》（*Expected Service Life and Cost Considerations for Maintenance and New Construction Protective Coating Work*），以及全国范围内 AGA 成员的调查数据。（NACE，National Association of Corrosion Engineers，美国腐蚀工程师协会。）

每一种涂料体系都需要按照涂料制造商预先确定的时间表进行维护，每一种维护活动都有相应的成本。生命周期成本不仅考虑了初始成本，还考虑了整个结构生命周期内的直接维护成本，以及利用净现值和净未来值计算的项目生命周期内资金的时间价值（对 LCCC 的输入很简单，即只要输入对项目生命周期内的平均年通货膨胀率和利率的估计）。另外，项目中所使用的钢材数量和尺寸的复杂性，以及其他因素，如镀锌厂的位置、锌锅尺寸、设备和其他方面的效率等都会影响镀锌钢的成本结构。

LCCC 将帮助人们为所有项目进行无偏见的初始成本和生命周期成本比较，以帮助人们做出有根据的决策。此外，可打印的报告不仅可以让同行和同事相信热镀锌最初的成本通常较低，还可以让他们了解热镀锌在项目生命周期内惊人的节约性。LCCC 还可以对钢采用双涂层体系（热镀锌层和涂料层）与仅采用热镀锌层或涂料层的初始成本和生命周期成本进行比较。双涂层体系的初始成本较高，因为需要同时为两个体系付费，但是由于需要较少的维护，从而在项目的整个生命周期中可以获得初始投资的较高回报。

1－9 人们正在哪些方面做出努力以促进热镀锌生产的可持续性?

热镀锌是将钢制件浸入熔融锌的过程。钢与熔融锌接触时,钢中的铁与锌发生反应,形成紧密结合的合金镀层,为钢提供卓越的防腐蚀保护,热镀锌层的保护寿命通常长达75年或更长时间。在项目的生命周期内减少对材料的维护在本质上具有可持续性,这也是许多人提倡使用热镀锌钢产品的原因。然而,热镀锌长期以来一直存在一些问题,即热镀锌生产过程的可持续性如何,以及工厂是否要及时进行改进等。

镀锌过程中的能源消耗约占总生产成本的20%,因此镀锌厂始终致力于降低能源消耗,这也促使它们成为更好的环境管理者,这对它们及其客户而言都是有意义的。

出于对生产和人员安全的考虑,优良的照明系统在镀锌厂是必需的。对于那些目前仍在使用白炽灯或卤素灯的镀锌厂来说,有一个减少电能消耗,节省大量运营成本并为清洁环境作出贡献的绝佳机会。曾有两个特定的镀锌厂关注并改进了工厂内的照明系统,节省了电力消耗,从而使他们在18个月内收回投资成本,并且获得了每年分别节省18000美元和26000美元的长期回报。这两家镀锌厂做了以下评估工作:

(1)计算当前使用的灯具数量并确定其类型,测定它们当前的负载功率(kW)。

(2)收集一段时间内照明设备运行的小时数,并取其平均值,然后将该平均值乘以负载功率,得出它们消耗的千瓦时(kW·h)数。这是一个原始基准。

(3)将该原始基准千瓦时数与建议设计的LED(light emitting diode,发光二极管)照明系统的千瓦时数进行比较,得到将减少的千瓦时数。

(4)根据相关电力部门提供的费率,将减少的千瓦时数乘以电能费率得到节省的资金数,即该项目降低能耗计划的经济目标。

这两个镀锌厂采用了LED照明系统后,除节约能耗、改善照明环境外,还节省了采购新灯泡和镇流器的费用,也没有相关的维护工时,两家工厂均实现了可观的节约。设计采用太阳能电池等新产品有可能进一步降低照明费用。

镀锌厂的加热系统需消耗大量能源(几乎普遍是清洁的天然气)将锌金属加热到熔融状态,故减少能耗可为镀锌厂带来直接的经济价值,并更利于热镀锌生产的可持续性。

锌锅加热炉侧面、底面及顶部敞开口都会向环境散热而造成能量损耗,镀锌炉在设计及使用过程应采取可靠措施减少热量散失。

对于燃气或燃油镀锌炉,工业上的常规做法是在炉体与烟囱之间设置一个排气系统,以捕获炉气带出的热量。炉气排出炉体后进入热交换器中,通过热交换可捕获废炉气中约80%的热量,用于加热水成蒸汽,水蒸气通过盘管加热器加热助镀液、酸洗液;还可用通过热交换器的炉气烘干经助镀液处理的待镀锌件。使用这种热回收系统,投资回收期比较短。镀锌厂的这种节能系统降低了生产成本,对环境也有好处。

新工艺新技术的创新是行业适应市场持续发展的动力。为了使热镀锌业实现可持续健康发展,人们一直在不断努力实施清洁生产,积极研发并采用先进的热镀锌工艺。例如研发热镀锌工艺中的酸洗液、金属表面清洗剂和表面清洗技术(超声清洗、高压清洗技术等)、助镀剂、调节锌浴成分的中间合金和钝化液新配方(无铬钝化处理取代铬酸盐处理)、溶液净化再生系统、烟尘收集系统等,大大提升了热镀锌生产工艺水平及产品质量稳定性,降低了锌耗,改善了生产环境。

>>> 第2章 钢铁制件热镀锌及相关标准

2.1 常用热镀锌标准

2-1 世界各国常用热镀锌标准主要有哪些?

国际标准化组织(International Organization for Standardization,ISO)、美国试验和材料协会(American Society for Testing and Materials,ASTM)、加拿大标准协会(Canadian Standards Association,CSA)等制定并根据热镀锌工业的发展不断修订了一系列热镀锌标准。这些标准涵盖了各类镀锌产品的材料、制造、镀层性能、验收及抽样等方面的要求。

ASTM A123、ASTM A153 和 ASTM A767M 三个主要标准之间的区别在于涵盖的钢材类型规格不同。A123 涵盖了轧制、压制和锻造的型材、铸件、板材、棒材和带材制成的钢铁产品;A153 涵盖了小铸件、钉子、螺母、螺栓、垫圈,以及其他镀锌后需通过离心或某种方式去除多余锌的小零件;A767 则针对的是钢筋混凝土用的镀锌钢筋。加拿大标准 CSA G164 涵盖了对所有热镀锌制品的要求;而 ISO 1461 是欧洲使用的标准。中国标准 GB/T 13912 则是对 ISO 1461 标准的修改采用。ISO 标准、加拿大标准及 ASTM 标准之间的差异很小,而且在大多数情况下,每一种类型和厚度的热镀锌产品所要求的最小平均镀层厚度(重量)只有细微的差别。

国际标准化组织 ISO 标准和其他常用热镀锌标准见表 2-1。

另外,美国国家公路和运输协会(American Association of State Highway and Transportation Officials,AASHTO)制定的标准 AASHTO M111《钢铁产品上的锌(热镀锌)涂层》[*Zinc (Hot - Dip Galvanized) Coatings on Iron and Steel Products*]适用于结构型材、带材、板材、管材、线材等制造

的制件的热镀锌，该标准相当于标准 ASTM A123。AASHTO M232《钢铁五金件的锌(热镀锌)涂层》[*Zinc Coating (Hot - Dip) on Iron and Steel Hardware*]适用于紧固件和小零件的热镀锌，镀锌后需采用离心方法去除螺纹等表面上多余的锌，该标准相当于标准 ASTM A153。

表 2 - 1　国际标准化组织 ISO 标准和其他常用热镀锌标准

来源	名称	英文名	中文名
国际标准化组织	ISO 1461	*Hot Dip Galvanized Coatings on Fabricated Iron and Steel Articles — Specifications and Test Methods*	钢铁制件热镀锌层　技术要求及试验方法
中国	GB/T 13912	*Metallic Coatings — Hot Dip Galvanized Coatings on Fabricated Iron and Steel Articles — Specifications and Test Methods*	金属覆盖层 钢铁制件热镀锌层 技术要求及试验方法
欧洲	BS EN ISO 1461	*Hot Dip Galvanized Coatings on Fabricated Iron and Steel Articles — Specifications and Test Methods*	钢铁制件热镀锌层　技术要求及试验方法
美国	ASTM A123/A123M	*Standard Specification for Zinc (Hot-Dip Galvanized) Coatings on Iron and Steel Products*	钢铁制件热镀锌层标准规范
美国	ASTM A153/A153M	*Standard Specification for Zinc Coating (Hot-Dip) on Iron and Steel Hardware*	钢铁五金件热镀锌层标准规范
美国	ASTM A767/A767M	*Standard Specification for Zinc-Coated (Galvanized) Steel Bars for Concrete Reinforcement*	用于钢筋混凝土的镀锌钢筋标准规范
加拿大	CAN/CSA G164	*Hot Dip Galvanizing of Irregularly Shaped Articles*	不规则形状工件的热镀锌
澳大利亚/新西兰	AS/NZS 4680	*Hot Dip galvanizing (Zinc) Coatings on Fabricated Ferrous Articles*	钢铁制件的热镀锌层

2－2 热镀锌前和热镀锌后的工作涉及的相关标准主要有哪些？

为了生产高质量的镀层，美国试验和材料学会除了制定了三个主要热镀锌标准（ASTM A123、ASTM A153 和 ASTM A767）外，还有一些关于镀锌前和镀锌后工作内容的配套标准，设计工程师、制造商及镀锌者也应关注和了解。

标准 ASTM A385 中概述了热镀锌件的选材和结构设计中应遵循的原则，并提供了一些最佳的设计实践方案，为获得高质量的热镀锌层提供了保证。标准 ASTM A384 中概述了防止热镀锌钢翘曲和变形的方法。标准 ASTM A143 则概述了防止热镀锌钢脆化的内容。另外还有关于生命周期成本分析及锌锭等级的标准。

热镀锌前的工作涉及的常用 ASTM 标准列于表 2－2。

表 2－2　热镀锌前的工作涉及的常用 ASTM 标准

名称	英文名	中文名
ASTM A143/ A143M	*Standard Practice for Safeguarding Against Embrittlement of Hot－Dip Galvanized Structural Steel Products and Procedure for Detecting Embrittlement*	热镀锌结构钢产品防止脆化的实践及检测脆性的方法
ASTM A384/ A384M	*Standard Practice for Safeguarding Against Warpage and Distortion During Hot－Dip Galvanizing of Steel Assemblies*	防止钢组装件热镀锌时翘曲和扭曲的规程
ASTM A385/ A385M	*Standard Practice for Providing High－Quality Zinc Coatings (Hot－Dip)*	提供高质量镀锌层（热镀锌）的实施规程
ASTM A1068	*Standard Practice for Life－Cycle Cost Analysis of Corrosion Protection Systems on Iron and Steel Products*	钢铁产品防腐体系生命周期成本分析实施规程
ASTM B6	*Standard Specification for Zinc*	锌标准规范

设计师和制造商的责任是正确设计和制造，以确保制件材料及结构适合热镀锌。镀锌者的责任就是确保满足热镀锌层的规范要求。如果镀锌厂从工艺角度考虑或为了确保热镀锌质量，需要依据相关标准进行额外的工作，例如钻孔以利排气或导液，镀锌厂应与客户沟通，确定解决问题的方案。

热镀锌后的工作涉及的常用 ASTM 标准包括镀层修复实施规程、镀层厚度测量操作规程、漆涂装及粉末涂装预处理操作规程,见表 2-3。

表 2-3　热镀锌后的工作涉及的常用 ASTM 标准

名称	英文名	中文名
ASTM A780/A780M	*Standard Practice for Repair of Damaged and Uncoated Areas of Hot-Dip Galvanized Coatings*	热镀锌层损坏及漏镀区域的修复实施规程
ASTM D6386	*Standard Practice for Preparation of Zinc (Hot-Dip Galvanized) Coated Iron and Steel Product and Hardware Surfaces for Painting*	热镀锌钢铁产品和五金器具表面漆涂装预处理操作规程
ASTM D7803	*Standard Practice for Preparation of Zinc (Hot-Dip Galvanized) Coated Iron and Steel Product and Hardware Surfaces for Powder Coating*	热镀锌钢铁产品和五金器具表面粉末涂装预处理操作规程
ASTM E376	*Standard Practice for Measuring Coating Thickness by Magnetic-Field or Eddy Current (Electromagnetic) Testing Methods*	用磁场或涡流(电磁)检验法测量涂层厚度的操作规程

2.2　常用热镀锌标准适用范围及要求

2-3　标准 ASTM A123 的适用范围及对热镀锌的要求是什么?

ASTM A123/A123M《钢铁制件热镀锌层标准规范》列出了对不同厚度的结构型材、带材和棒材、板材、管材、线材和钢筋热镀锌层的要求,不仅涉及单种规格类型的钢铁制件,还包括多种规格型材的组合件,如图 2-1 所示的框架组件便含有多种类、多规格材料。但本规范不适用于在专用或连续生产线上镀锌的线材、管材、钢板,或厚度小于 0.76 mm 的钢材。本规范涵盖了装配式钢筋组件。单根钢筋批量热镀锌应符合 ASTM A767/A767M《用于钢筋混凝土的镀锌钢筋标准规范》,钢筋连续热镀锌应符合 ASTM A1094/A1094M《混凝土结构加固用连续热镀锌钢筋的标准规范》的规定。

图 2-1 具有多种材料类别的制件

标准 ASTM A123 对镀层的要求包括镀层厚度(本书中一般都指平均值)、镀层状况、外观和附着性等。

(1)镀层厚度(重量)取决于钢材的类别和厚度。标准 ASTM A123 规范中所有镀层厚度要求都是最小的,标准中没有最大镀层厚度要求。

(2)镀层外观。镀层应连续、平滑、均匀。由于表面平滑是一个相对的术语,不妨碍产品正常使用的轻微粗糙,或是由于来料(黑件)表面状态、钢材化学成分及镀锌过程锌铁反应造成的粗糙度,这些不应成为拒收的依据。

镀层应无漏镀区域、无起皮、无残留的溶剂渣和粗大的锌渣粒子,也没有干扰预期用途的严重积锌。不妨碍产品既定用途的锌灰是允许的,由于锌灰下面有镀层,钢被完全保护。

随着镀层的风化,外观上的任何色差都会逐渐消失。标准 ASTM A123 明确规定,溶剂渣是不允许的,必须从镀层上去除,并按照 ASTM A780/A780M《热镀锌层损坏及漏镀区域的修复实施规程》对镀层进行修复。

(3)附着性。在热镀锌钢的整个使用寿命中,整个镀层应具有很强的附着力。

(4)装配件中的螺纹部分。外螺纹不得进行切割、轧制或精加工等操作而破坏螺纹上的镀层,除非买方有明确认可;热镀锌后,内螺纹可以扩攻或重新攻丝。镀层应符合标准 ASTM A153/A153M《钢铁五金件热镀锌层标准规范》的要求。

(5)制造。镀层适用于完成最终加工并暴露于腐蚀性环境条件下的产品。产品热镀锌后,任何进一步的制造加工都可能对镀层的防腐蚀保护作用产生负面影响。

2-4 标准 ASTM A153 的适用范围及对热镀锌的要求是什么？

ASTM A153/A153M《钢铁五金件热镀锌层标准规范》适用于五金产品，如小型铸件，小型轧制、压制、锻造制件及各种螺纹件，这些产品将用离心法或其他手工方式处理以去除多余的锌。除了对螺纹件和脆化问题有补充要求外，标准 ASTM A153 的要求与标准 ASTM A123 的要求非常相似。

标准 ASTM A153 对热镀锌的要求如下。

(1)镀层厚度(重量)取决于材料类别和钢的厚度。镀层厚度有最小值要求，但没有对最大值作出限制。

(2)螺纹件。本标准对镀层厚度的要求不适用于螺纹部分，螺纹部分不受制件镀层厚度要求的限制。对于紧固件，除螺纹部分外，其他部分应视为制件的一部分，应满足标准对镀层厚度的要求。

(3)镀层外观要连续、光滑、均匀。由于表面平滑是一个相对的术语，不妨碍产品预期用途的轻微粗糙，或是与来料(黑件)表面状态有关的粗糙度，这些不应是拒收的依据。镀层应无漏镀区域、无起皮、无残留的溶剂渣和粗大的锌渣粒子，也没有干扰预期用途的严重的积锌。

(4)脆化问题。通常抗拉强度超过 1100 MPa 的高强度螺栓，可能会发生氢脆。ASTM A143/143M《热镀锌结构钢产品防止脆化的实践及检测脆性的方法》中描述了防止氢脆的措施。

注：也有研究表明，发生氢脆的强度阈值是 1170 MPa。

(5)附着性。在镀锌钢的整个使用寿命期，整个镀层应具有很强的附着力。

(6)制造。不得对外螺纹上的镀层进行切削、轧制或精加工操作，除非买方特别授权。而对内螺纹，为了满足装配要求，镀锌后不禁止对螺母或其他内螺纹孔攻丝扩径。

有些制造步骤可能会损害热镀锌层的防腐蚀保护作用，而镀层因此剥落或损坏不应成为拒收的原因。

2-5 标准 ASTM A767 的适用范围及对热镀锌的要求是什么？

ASTM A767/A767M《用于钢筋混凝土的镀锌钢筋标准规范》是适用于光面和变形钢筋的专用标准。需要注意的是，与其他类型结构钢一起使用时在组件上的钢筋不受标准 ASTM A767 的约束，而需遵守标准 ASTM A123 的规定。

标准 ASTM A767 具体要求概述如下。

(1)标识。根据需要，镀锌厂负责材料跟踪。钢筋交付镀锌厂后，厂方有责任在整个热镀锌过程中跟踪和维护产品标识，直到成品装运。

(2)镀层厚度(重量)取决于钢筋类别和钢筋径向尺寸。镀层厚度有最小值要求，但对最大值没有作出规定。

(3)钝化。钢筋镀锌后需进行铬酸盐钝化处理(除非客户要求或同意免除)，以防止水泥和镀层之间的反应。

(4)镀层外观。镀锌钢筋成品表面质量要求和标准 ASTM A123 及 ASTM A153 的规定相同，任何影响镀层耐腐蚀性能的缺陷都是拒收的理由。此外，因为钢筋在安装过程中经常搬运，任何带来搬运危险的锌流挂和锌刺都是拒收的理由。标准 ASTM A767 指明，产品只是外观呈无光泽灰色不应被拒收。

(5)附着性。在镀锌钢的整个使用寿命中，镀层应具有很强的附着力。

(6)弯曲直径。钢筋通常在热镀锌之前弯曲，本标准根据裸钢筋直径规定了弯曲直径；钢筋热镀锌前冷弯的弯曲直径应等于或大于规定值。如果在弯曲后、镀锌前经过去应力退火(加热温度 480～560 ℃，保温时间按钢筋直径以每 25 mm 保温 1 h 计)，应力得到释放，则其弯曲直径可小于规定直径。

(7)热镀锌后由于制作加工引起的镀层剥离、开裂不应引发工件拒收。

2-6　标准 ISO 1461、GB/T 13912 和 CAN/CSA-G164 的适用范围及对热镀锌的要求是什么？

国标 GB/T 13912《金属覆盖层　钢铁制件热镀锌层　技术要求及试验方法》，与国际标准组织的 ISO 1461《钢铁制件热镀锌层　技术要求及试验方法》都是通用标准，内容基本一致。两标准规定了钢铁制件(包括某些铸件)在其他金属总含量不超过 2% 的锌浴中形成的镀层的一般性能和试验方法；对热镀锌件的后处理和附加保护涂层未作规定。它们不适用于：

(1)连续热镀锌板材、线材、编织物和焊接网；

(2)自动化热镀锌设备生产的管材和棒材；

(3)另有专用标准的热镀锌件(如紧固件)，以及具有与本标准要求不一致的或有附加要求的热镀锌件。

有时可能会引用该标准的部分条款或修改该标准的部分条款而形成对某些热镀锌件镀层的技术标准；也可以对具体产品的镀层作出不同规定以满足不同的使用要求。

加拿大标准 CAN/CSA G164《不规则形状工件的热镀锌》自 1992 年直到

2018 年没有更新过，似乎已经失去了市场的相关性，很少使用。但在 2018 年其更新了内容：参考了通信和电力线硬件热镀锌件规范；支持以镀层单位面积重量值换算镀层厚度值；修改材料分类和相关的最小镀层厚度，并提出替代热镀锌的选项（热扩散镀锌和机械镀锌）。

标准 CAN/CSA G164 的适用范围及对热镀锌要求如下。

（1）规定了由轧制、压制或锻造材料（如结构型材、板材、棒材、管道或厚度为 1 mm 或更厚的薄板）制成的钢铁产品热镀锌的工艺要求。

（2）不适用于铁丝网、线材、片材和带材的连续热镀锌。

（3）不适用于连续或半连续自动工艺进行热镀锌的管道。

（4）检验和取样程序与标准 ASTM A123 所规定的略有不同。

（5）镀锌厂修复的最大允许尺寸与标准 ASTM A123 所规定的不同。

2-7 ASTM A123 和 G90 之间有什么区别？

首先，ASTM A123 是批量热镀锌的一个标准，而 G90 不是热镀锌的标准，而是标准 ASTM A653/A653M《薄钢板热镀锌或镀层锌铁合金化的标准规范》中的一个镀层厚度等级代号。标准 ASTM A653 是关于连续热镀锌薄钢板的标准，该标准中镀层厚度有两种单位制表达方式，英制单位的镀层厚度等级以 G+数字表示，国际单位的镀层厚度等级以 Z+数字表示。英制单位镀层厚度等级 G90，相当于国际单位制中的 Z275，即镀锌薄板双面镀层重量为 275 g/m²，如两面镀层等厚，即相当于每面镀层重量为 138 g/m² 或镀层厚度每面为 19 μm。又如 G60，相当于国际单位制中的 Z180，亦即双面镀层重量为 180 g/m²，单面镀层重量为 90 g/m² 或镀层厚度每面为 13 μm。批量热镀锌件的镀层厚度标准中以单面镀层厚度给出，而连续热镀锌薄钢板的镀层厚度等级代号中的数字代表双面镀层厚度的总量，必须取单面重量才能和前者进行比较。

ASTM A123/123M《钢铁制件热镀锌层标准规范》针对的是批量热镀锌生产工艺。批量和连续两种热镀锌方法生产的镀锌制件的镀层具有不同特性。批量热镀锌层一般由一系列锌铁合金层和表面纯锌层组成，这些锌铁合金层的锌含量由里而外依次升高。镀层与钢基体冶金结合成一体，结合强度是几十兆帕。

连续热镀锌产生的镀层是均匀的，几乎完全由纯锌层组成，有足够的塑性以承受深度拉伸或弯曲而不损坏镀层。在连续热镀锌生产过程中，板材、带材或线材以非常快的速度通过清洗槽和锌锅，速度可达 60 m/min 以上，该速度决定了镀层厚度；另外，锌浴中添加微量铝，有助于抑制锌铁合金层的形成。这些都导致了镀层几乎为纯锌薄镀层，金属间化合物生长得非常少。缺乏合金化层也意味着镀锌钢板的耐磨性不如批量热镀锌的钢板。

2.3 热镀锌标准对镀层厚度的要求

2-8 标准ASTM A123对不同材料类别的最小平均镀层厚度等级是如何规定的？镀层级别与不同单位厚度之间如何换算？

镀层等级定义为以微米为单位给出的镀层所需厚度值。ASTM A123/A123M《钢铁制件热镀锌层标准规范》对镀层厚度的要求如表2-4所示。在该标准中对镀层厚度的要求是最小值，没有最大镀层厚度的要求。

同一材料类别所有实测样品的平均镀层厚度必须符合表2-4所列相应材料类别的镀层厚度要求。任何一个单独样品的最小平均镀层厚度至少应达到表2-4要求等级的下一个镀层等级。对于不同厚度或类别材料组成的制件进行热镀锌时，每种厚度和类别的材料上平均镀层厚度应分别达到表2-4对应的要求。根据标准ASTM A123，镀层级别与不同单位表示的厚度对照情况见表2-5。

表2-4 按材料类别划分的最小平均镀层厚度等级(依据标准 ASTM A123)

材料类别	不同试样最小平均厚度的镀层等级					
	$\Delta<1.6$	$1.6\leqslant\Delta<3.2$	$3.2\leqslant\Delta<4.8$	$4.8\leqslant\Delta<6.4$	$6.4<\Delta<16.0$	$\Delta\geqslant16.0$
结构型材	45	65	75	75	100	100
带材和棒材	45	65	75	75	75	100
板材	45	65	75	75	75	100
管材	45	45	75	75	75	75
线材	35	50	60	65	80	80
钢筋	—	—	—	—	100	100
锻件和铸件	—	—	—	100	100	100

注：Δ 为所有测试的试样最小平均镀层厚度，单位为 mm。

表2-5 镀层级别与不同单位表示的厚度对照表(依据标准 ASTM A123)

镀层级别	厚度/mils	厚度/(oz·ft^{-2})	厚度/μm	厚度/(g·m^{-2})
35	1.4	0.8	35	247
45	1.8	1.0	45	318
50	2.0	1.2	50	353
55	2.2	1.3	55	389
60	2.4	1.4	60	424

镀层级别	厚度/mils	厚度/(oz·ft^{-2})	厚度/μm	厚度/(g·m^{-2})
65	2.6	1.5	65	459
75	3.0	1.7	75	530
80	3.1	1.9	80	565
85	3.3	2.0	85	601
100	3.9	2.3	100	707

注：表中以微米为单位的值即镀层级别。其他单位的值是通过下列不同单位的相当数值转换得到的：1 μm$\rightleftharpoons$0.03937 mils；1 μm$\rightleftharpoons$0.02316 oz/ft^2；1 μm$\rightleftharpoons$7.067 g/m^2。

2-9 标准 ASTM A153 对不同材料类别对应的最小平均镀层厚度是如何规定的？

ASTM A153/A153M《钢铁五金件热镀锌层标准规范》给出了各种材料种类和厚度的制件对应的最小平均镀层重量(质量)或厚度，见表2-6。

表2-6 各种类别制件的最小平均镀层厚度和最小平均镀层重量(质量)(依据标准 ASTM A153)

材料类别		最小平均镀层重量（质量）/(g·m^{-2})		最小平均镀层厚度/μm	
		测试的试样平均值	任何个体试样值	测试的试样平均值	任何个体试样值
A	铸件——可锻铸铁、钢	610	550	86	79
B 扎制、压制和锻造的工件（除了包括在 C 类和 D 类中的）	B-1 厚度大于等于 15.88 mm、长度大于 381 mm	610	550	86	79
	B-2 厚度小于 15.88 mm、长度大于 381 mm	458	381	66	53
	B-3 任何厚度和长度都小于等于 381 mm	397	336	56	48
C	紧固件直径大于 9.52 mm 及类似工件垫圈厚度大于等于 4.76 mm	381	305	53	43
D	紧固件直径小于等于 9.52 mm 及铆钉、钉子和类似工件。垫圈厚度小于 4.76 mm	305	259	43	36

注：表中 B-1、B-2、B-3 类别中的长度指制件长度。

2-10 标准 ASTM A767 对不同类别和尺寸的钢筋弯曲变形和镀层厚度各有什么要求？

标准 ASTM A767/767M《用于钢筋混凝土的镀锌钢筋标准规范》表明，钢筋有两个类别的镀层厚度和相应的等效重量（质量），两类别对应的最小平均镀层厚度和单位表面最小平均镀层重量（质量）汇总见表 2-7。

表 2-7 两类钢筋最小平均镀层厚度和镀层重量（质量）（依据标准 ASTM A767）

类别		镀层厚度 /mil	镀层厚度 /μm	镀层重量（质量）/(oz·ft⁻²)	镀层重量（质量）/(mg·cm⁻²)
1 类	钢筋标号 3 [10]	5.1	129	3.0	92
	钢筋标号 4 [13]和更大	5.9	150	3.5	107
2 类	钢筋标号 3 [10]和更大	3.4	86	2.0	61

注：①表中以微米表示的值是主要的，其他单位的值是使用下列不同单位的相当数值转换得到的：$1\ \mu m \rightleftharpoons 0.03937$ miles；$1\ \mu m \rightleftharpoons 0.0232$ oz/ft²；$1\ \mu m \rightleftharpoons 7.14$ g/m²；$1\ \mu m \rightleftharpoons 0.714$ mg/cm²。锌的密度为 7140 kg/m³。表中数据都指最小平均数据。

②钢筋标号[]内的数值表示钢筋最小弯曲直径（mm），参见表 2-8。

关于镀锌钢筋 1 类、2 类镀层厚度，标准 ASTM A767 中有如下说明。

1.1 类镀层厚度

(1)要求 1 类镀层厚度的钢筋在镀锌前的弯曲直径应大于等于表 2-8 的规定。

(2)如钢筋弯曲直径小于表 2-8 的规定，则弯曲后镀锌前需进行去应力退火（温度：480~560 ℃）处理，保温时间：按钢筋直径以每 25 mm 保温 1 h 计。

(3)在镀锌后进行制造加工时，弯曲区域的镀层出现一些开裂和剥落，不应作为拒收的原因。损坏的镀层应依据标准 ASTM A767 的规定进行修复。

(4)镀层的开裂倾向随钢筋直径、弯曲的严重程度、弯曲速度和镀层厚度的增加而增加。

表 2-8　钢筋镀锌前最小弯曲直径(依据标准 ASTM A767 和 A615)

钢筋标号	最小弯曲直径 (d)/mm	强度等级 40(280)	强度等级 50(350)	强度等级 60 75 80 (420,525,560)
3[10]	9.5	6d	6d	6d
4[13]	12.7	6d	6d	6d
5[16]	15.9	6d	6d	6d
6[19]	19.1	6d	6d	6d
7[22]	22.2	6d	8d	8d
8[25]	25.4	6d	8d	8d
9[29]	28.7	—	—	8d
10[32]	32.3	—	—	8d
11[36]	35.8	—	—	8d
14[43]	43.0	—	—	10d
18[57]	57.3	—	—	10d

注：强度等级的数值为最低屈服强度，括号前数值的单位为 ksi，括号中数值的单位为 MPa。

2.2 类镀层厚度

(1)在符合标准 ASTM A615/A615M《混凝土配筋用变形及光面碳素钢钢筋》、ASTM A706/A706M《混凝土配筋用变形和光面低合金钢钢筋的标准规范》或 ASTM A996/A996M《混凝土配筋用轨道钢和车轴钢变形钢筋的标准规范》要求的任何弯曲试验中，镀层不得开裂或剥落。

(2)需镀锌后进行弯曲变形加工应首选 2 类镀层厚度。镀层厚度超过 110 μm 时，在进行符合标准 ASTM A615、ASTM A706 和 ASTM A996 要求的任何弯曲试验时钢筋更容易开裂。

2-11　标准 ISO 1461 和 GB/T 13912 对不同类型和厚度的制件材料的镀层厚度有什么要求?

制件热镀锌层的最小平均厚度或最小平均镀层重量(质量)必须满足标准 ISO 1461 或 GB/T 13912 的相应规定，见表 2-9 和表 2-10。其实，这两个标准对热镀锌层的最小厚度或镀层重量(质量)的要求是相同的。表中镀层的重量(质量)是指镀件单位面积上镀层的重量(质量)，以 g/m² 表示。

表 2-9 不经离心处理的镀件镀层的最小平均厚度和最小平均重量(质量)

(依据标准 ISO 1461 和 GB/T 13912)

材料类别及其厚度	镀层局部厚度[1]/μm	镀层局部重量(质量)[2]/(g·m^{-2})	平均镀层厚度[3]/μm	平均镀层重量(质量)[2]/(g·m^{-2})
钢厚度>6 mm	70	505	85	610
3 mm<钢厚度≤6 mm	55	395	70	505
1.5 mm≤钢厚度≤3 mm	45	325	55	395
钢厚度<1.5 mm	35	250	45	325
铸铁厚度≥6 mm	70	505	80	575
铸铁厚度<6 mm	60	430	70	505

注：本表为一般的要求。针对具体产品的标准可包含不同的材料厚度等级及类别，以及对应的不同镀层厚度要求。本表格列出的镀层局部重量(质量)和平均镀层重量(质量)要求可在相关争议中参考。表中数据都指最小数据。

①镀层局部厚度：在某一基本测量面用磁性法按规定次数所测得的镀层厚度的算术平均值，或用称量法进行一次测量所得的镀层重量(质量)的厚度换算值。

②使用标称镀层密度 7.2 g/cm^3 或锌/锌合金镀层最具代表性的镀层密度进行镀层厚度和镀层重量(质量)之间的换算。

③平均镀层厚度：对某一大件或某一批镀锌件抽样后测得的镀层局部厚度的算术平均值(大件是指主要表面大于 2 m^2 的制件)。

表 2-10 经离心处理的镀件镀层的最小平均厚度和最小重量(质量)

(依据标准 ISO 1461 和 GB/T 13912)

制件及其厚度	镀层局部厚度[1]/μm	镀层局部重量(质量)[2]/(g·m^{-2})	平均镀层厚度[3]/μm	平均镀层重量(质量)[2]/(g·m^{-2})
螺纹件：				
直径>6 mm	40	285	50	360
直径≤6 mm	20	145	25	180
其他制件(包括铸铁件)：				
厚度≥3 mm	45	325	55	395
厚度<3 mm	35	250	45	325

注：本表为一般的要求。具体的紧固件和产品镀层厚度可以有不同标准要求。本表格列出了镀层局部重量(质量)和平均镀层重量(质量)相关要求，以供在相关争议中参考。表中数据都指最小数据。

①镀层局部厚度：在某一基本测量面用磁性法按规定次数所测得的镀层厚度的算术平均值，或用称量法进行一次测量所得的镀层重量(质量)的厚度换算值。

②使用标称镀层密度 7.2 g/cm^3 或锌/锌合金镀层最具代表性的镀层密度进行镀层厚度和镀层重量(质量)之间的换算。

③平均镀层厚度：对某一大件或某一批镀锌件抽样后测得的镀层局部厚度的算术平均值(大件是指主要表面大于 2 m^2 的制件)。

表格的备注中指明表格列出了镀层局部重量(质量)和平均镀层重量(质量)要求,以供在争议情况下参考;标准中还规定在有争议的情况下,称量法测试镀层重量(质量)的结果优先于其他镀层厚度测试结果。

2-12 标准 CSA G164 对镀层厚度有什么要求?

加拿大标准 CSA G164 自 1992 年直到 2018 年都没有进行过更新。新版 G164-18 去除了镀层重量值,修改了材料分类和相关的最小平均镀层厚度要求,新的规定见表 2-11。

表 2-11 按材料分类的最小平均镀层厚度(依据标准 CSA G164)

材料分类	材料厚度/mm(或其他)	最小平均镀层厚度/μm
1 类:铸件(铁和钢)	所有	85
2 类:轧制、拉制、压制或锻钢制品(下列 3 类和 4 类除外)	<1.6 1.6~3.2 3.2~4.8 ≥4.8 结构钢厚度大于 6.35 mm 的板材,非离心	45 65 75 85 100
3 类:螺钉、螺栓、螺母、铆钉、钉子和类似紧固件	直径小于 12.7 mm 和垫圈厚度小于 6.4 mm	42
4 类:螺栓、螺母和螺纹紧固件	直径大于 12.7 mm 和垫圈厚度大于 6.4 mm	65

注:(1)依据数学计算 100 g/m² 的镀层对应的平均镀层厚度为 14.3 μm。

(2)对于表中所列各类材料组合的镀锌件,每类材料的平均镀层厚度应符合表中相应要求。

镀层厚度可通过电磁法或称重—镀锌—称重方法等无损检测的方法测定;也可以通过称重—脱锌—称重或金相检验等破坏性检测方法测定。镀层厚度用电磁法测量和金相法测量时,任何测试点的镀层厚度读数不得小于测试材料类别所需最小平均镀层厚度的 90%。五个读数的平均值不得小于该测材料类别的最小值。

加拿大标准协会标准 CSA G164 和美国试验和材料协会标准 ASTM A123、ASTM A153 都以表格形式列出了镀锌件的最小平均镀层厚度,但对材料类别表述和要求的最小平均镀层厚度有所不同。标准 A123 的表格中标明材料为结构型材、带材和棒材、板材、管材、线材和钢筋,标准 CSA G164 中材料分类包括铸件,轧制、拉制、压制或锻钢,以及螺钉、螺栓、螺母、铆钉、钉子和类似的紧固件。而标准 ASTM A153 中材料分 4 类:1 类为铸件(可锻铸铁、钢),2 类为轧制、压制或锻钢制品(包含在 3 类和 4 类中的制件除外),3 类、4 类为厚度不同的紧固件和螺纹制品。

2-13　热镀锌层满足标准 ASTM A123 或 ASTM A153 的要求，是否也能满足标准 ISO 1461 和 GB/T 13912 的相应要求呢？

国际标准组织的 ISO 1461《钢铁制件热镀锌层　技术要求及试验方法》是一个通用热镀锌标准，该标准基本上等同于 ASTM A123/A123M《钢铁制件热镀锌层标准规范》和 ASTM A153/A153M《钢铁五金件热镀锌层标准规范》。虽然 ISO 1461 与 ASTM A123、ASTM A153 没有大的差别，但还是有小的差异。

标准 ISO 1461 中列表给出了任何基本测量面上测得的平均镀层厚度必须满足的最小平均镀层厚度，允许个别测点镀层厚度小于表中规定厚度。标准 ASTM A123 要求制件镀层厚度应满足相应等级的要求，任何一个基本测量面的镀层平均厚度最小值至少应达到要求等级的下一个镀层等级要求；单个点或大致同一地点的测量值不能作为拒收依据。标准 ASTM A153 允许任何基本测量面个别测点镀层厚度小于表中规定厚度，但如果有单个点测不到镀层厚度，需要根据标准有关规定(见本章问题 2-24)修复。

标准 ISO 1461 及 GB/T 13912 与 ASTM A123 对应钢件厚度的镀层厚度要求比较见表 2-12，标准 ASTM A123 对大多数类型和厚度的钢镀件要求的镀层通常较厚。因此，能满足标准 ASTM A123 对镀层的要求，通常也就能满足标准 ISO 1461 的要求。

表 2-12　标准 ISO 1461 及 GB/T 13912 与 ASTM A123 对镀件镀层厚度要求的比较

ISO 1461 和 GB/T 13912 （不经离心处理）		ASTM A123	
钢件厚度	最小平均镀层厚度/μm	钢件厚度	最小平均镀层厚度/μm
>6.0	85	6.0 mm<结构型钢厚度<6.4 mm	75
		结构型钢厚度≥6.4 mm	100
		6.0 mm≤板材厚度<16 mm	75
		板材厚度≥16 mm	100
		管材厚度>6.0 mm	75
3.0 mm~6.0 mm	70	3.0 mm<结构型钢和板材厚度<3.2 mm	65
		3.0 mm<管材厚度<3.2 mm	45
		3.2 mm≤结构型钢、板材、管材厚度≤6.0 mm	75
1.5~3.0	55	1.6 mm≤结构型钢和板材厚度≤3.0 mm	65
		1.5 mm≤结构型钢、板材厚度<1.6 mm	45
		1.5 mm≤管材厚度≤3.0 mm	45
<1.5 mm	45	结构型钢、板材、管材厚度<1.5 mm	45

2.4 热镀锌层厚度检查相关标准

2-14 有哪些标准涉及热镀锌层厚度的测量方法?

测量热镀锌层厚度的方法大致分为非破坏性测量和破坏性测量方法。标准 ASTM E376《用磁场或涡流(电磁)检验法测量涂层厚度的操作规程》适用于非破坏性测量,使用磁性测厚仪进行涂层厚度测量就是其中一种常用的方法。磁性测厚仪可以测量磁铁与涂层及基材之间的磁性吸引力,或者测量穿过涂层和基材的磁路的磁阻,从而测量磁性基底上非磁性涂层的厚度。涡流检验法适用于测量非磁性金属基材上的非导电覆盖层厚度。

标准 ASTM E376 中指出,测量的准确性除与仪器、箔片密切相关外,还取决于仪器校准和标准化情况,另外还受其操作条件、零件几何形状(曲率)、磁导率、电导率和表面粗糙度等影响。干扰测量的主要因素和操作指南如下。

(1)仪器校准。仪器每次投入使用时,都要在现场检查仪器的校准情况,并在使用过程中经常检查,以确保性能正常。非磁性箔用于标准化测量非磁性涂层的磁性测厚仪。

(2)基底金属的磁性。磁性测厚仪受基底金属磁性能变化的影响。应使用基准金属(俗称标准块)对仪器进行标准化校准,基准金属应具有与试样相同的磁性;如果可行,基准金属最好使用涂敷前的制件材料。

(3)边缘效应。磁性测厚仪检测方法对试样表面突变很敏感,在过于靠近边缘或内角的地方进行测量是无效的,除非该仪器专门针对这种测量进行了标准化。该影响通常从表面突变部位外延 3~13 mm,这取决于测量仪器和探头的配置。因此,不应在距离试样边缘、拐角、内孔等小于 13 mm 的位置读取读数,除非已证明此类测量的校准有效性。

(4)检测表面的曲率。测量涂层厚度对试样测量面的曲率较敏感,并且随着曲率的增加而变得更加明显。不同的仪器对测量面曲率的敏感度有很大的差别。如果涂层测量面的曲率太大,以至于不能在平面上标准化,那么放置箔片的基板应与涂层测量面具有相同的曲率。如果仪器已经用相似曲率的样品进行了标准化,测量和标准化时探头方向一般应该相同。

(5)测量读数。测量点应该尽可能广泛分散。由于正常的仪器波动性,有必要在每个位置取多次读数。涂层厚度的局部变化也可能要求在任何给定区域进行多次测量。

(6)表面(包括基底金属)的平滑度。粗糙表面可能导致某些仪器读数较高,继而导致单次测量不准确。大量测量将提供更能真实代表整个涂层厚度的平均值。

(7)表面清洁。应经清洁去除表面杂质,如灰尘、油脂和腐蚀产物,但不应去除涂层材料。在进行测量时,应避免样品上有难以清除的可见污染物的区域,如酸斑、渣滓和氧化物。

在理想条件下,按本操作规程测定的涂层厚度与真实厚度的偏差在$\pm 10\%$之内或$\pm 2.5~\mu m$之内(取两者中较大者)。热镀锌层的测量精度受表面轮廓、锌与钢基材之间形成合金层的影响;但使用磁性测厚仪测量镀层通常仍然可以获得偏差小于$\pm 15\%$的精度。

标准 ASTM E376 提到有些涂层厚度是以单位面积重量来表示的,不同单位间的转换示例见表 2-13。

表 2-13 单位面积的重量和等效厚度转换示例

涂层材料	单位面积的重量	等效厚度
锌	305 g/m²	0.043 mm

镀锌钢筋及紧固件等小零件的厚度测量可采用镀锌前后称重的方法,也可根据标准 ASTM A90/A90M《镀锌和镀锌合金钢铁制品镀层重量(质量)的测试方法》用脱锌方法测量。

镀锌钢筋及紧固件等小零件可采用光学显微镜测量镀层厚度,在显微镜下观察试样横截面并测定镀层厚度,依据的标准是 ASTM B487/B487M《用横断面显微观察法测定金属及氧化物涂层厚度的方法》。

用光学显微镜测量镀层厚度时,需从样品上截取试样,试样经镶嵌、打磨、抛光及腐蚀后供显微观察测量。这是一种破坏性测量技术,它通常只用于检验单试样工件,可用于研究或解决测量争议。光学显微镜测量的准确性高度依赖于操作者的专业水平。

2-15 标准 ASTM A123 关于抽样有哪些重要术语?

检验一个项目的每一个制件或制件上每块材料的热镀锌层厚度往往是不现实的,为保证镀锌成品质量,标准 ASTM A123/123M《钢铁制件热镀锌层标准规范》制定了抽样方案。为正确理解抽样方案并进行操作,首先应了解 ASTM A123 抽样标准方案涉及的重要术语。

(1)批次(lot)。批次是生产或装运的单位,从中抽取测试样本。除非镀锌厂和买方之间另有协议，否则批次应为如下所述：对于镀锌厂检测来说，批次是一个或多个相同类型和尺寸的工件，具有一份订单或一份交货单；或由镀锌厂确定在同一个生产班次和同一镀液中生产的某一数量的镀件作为一个批次；但应选择所含镀件数量较少者为批次。

（2）样本（sample）。样本指根据相关标准的规定从单个批次中选择的单个产品的集合，并代表该批次的验收。样本应从批次中随机抽取，而不考虑样本中单个单元的感知质量或外观。样本包含一个或多个测试工件。

（3）试样（specimen）。试样指要进行厚度测量的单个测试工件或测试工件的一部分表面，是该批次的成员或代表该批次的样本的成员。使用磁性测厚法时，试样应排除可能经历某些工艺（如火焰切割、机加工、螺纹加工等）的表面区域，这些区域可能会导致表面状况无法代表测试工件的一般表面状况，或测量方法不适用。

（4）测试工件（test workpiece）。测试工件指产品样本中符合本标准检测相关要求的单体。

（5）单试样工件（single‑specimen workpiece）。单试样工件指表面积等于或小于 100000 mm^2，或者是在热镀锌后进行离心法或其他类似处理，以去除多余锌液的单个镀件。进行厚度测量时，单个镀件的整个表面构成一个试样；如果此类镀件包含表 2‑4 中所描述的一种以上的材料类别或厚度范围，则该镀件将包含一个以上的试样。

（6）多试样工件（multi‑specimen workpiece）。多试样工件指表面积大于 100000 mm^2 的单个镀件，进行厚度测量时，镀件表面被细分为三个连续且通常面积相等的部分，每个部分构成一个试样。任何部分的表面如果包含表 2‑4 所示的一种以上的材料类别或厚度范围，则该表面将包含一个以上的试样。

2‑16　标准 ASTM A123 对单试样工件抽样和镀层厚度检查是如何规定的？

根据 ASTM A123/123M《钢铁制件热镀锌层标准规范》，单试样工件的抽样、检查和仲裁方法如下。

1. 抽样和测厚要求

图 2‑2 显示了从一批单试样工件中抽取的样本和个体试样。对于单试样工件，每一批样本中所有测试工件镀层厚度的平均值必须满足表 2‑4 中最小平均镀层厚度的等级要求，并且每个试样的平均镀层厚度应不低于表 2‑4 中要求等级的下一镀层等级。单个测量值没有规定最小值，但镀件镀层上不允

许有裸露区域。

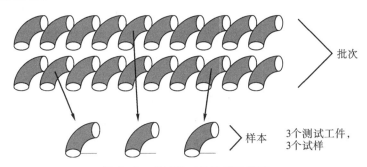

图 2-2　单试样工件抽样示意图

测试工件的数量和选取的方法应由镀锌厂和买方商定，否则测试工件应从每批次中随机选取；同时，每批次中选取测试工件的最少数量应如表 2-14 所示。

表 2-14　最少测试工件数量

一批样本中的工件数量	最少测试工件数量
≤3	全部
4～500	3
501～1200	5
1201～3200	8
3201～10000	13
≥10001	20

2. 镀层厚度测量方法

镀层厚度可以通过以下四种方法中的一种或多种确定。

(1)磁性测厚仪测量。镀层厚度应根据 ASTM E376《用磁场或涡流(电磁)检验法测量涂层厚度的操作规程》用磁性测厚仪测量。如果是螺纹部件，镀层的厚度应在不包括任何螺纹的部位上测量。磁性测量方法适用于大型工件。较小的工件如有足够的平坦表面区域供探针尖端按标准 ASTM E376 平放在表面上时，也可采用此方法。

对每个试样进行 5 次或以上的测量，测量点应尽量分散，以尽可能反映工件整个表面镀层厚度的实际情况。对每个试样取 5 个或以上测量值的平均值为试样的镀层厚度。

(2)脱锌方法。脱锌方法是一种破坏性测量方法，适用于单试样工件，不适用于多试样工件。

镀层的平均重量应根据 ASTM A90/A90M《镀锌和镀锌合金钢铁制品镀层重量(质量)的测试方法》，通过一个测试工件或从测试工件取出的一个试样脱锌，或对一组测试工件（如果是非常小的物品，如钉子等）脱锌来确定，并由单位面积镀层重量根据表 2-5 转换为等效镀层厚度值。

(3)镀锌前后称重方法。前后称重法适用于单试样工件，不适用于多试样工件。镀层的平均重量应由工件镀锌前后的称重确定，即从镀锌后重量中减去镀锌前重量，得到镀层重量，将其除以镀锌表面积，由此确定的单位面积镀层重量，再根据表 2-5 转换为等效镀层厚度值。

(4)显微镜测量。显微镜方法是破坏性测试，适用于单试样工件，不适用于多试样工件。镀层厚度应根据 ASTM B487/B487M《用横断面显微观察法测定金属及氧化物涂层厚度的方法》，用光学显微镜在试样横截面上测量确定。应尽可能在试样截面分散的位置进行至少 5 次厚度测量，以不少于 5 次测量值的平均值为试样镀层厚度。

3. 仲裁方法

如果对镀层厚度测量有争议，应通过以下方式解决。从该批材料中随机抽取新样本，新样本的测试工件数量是不合格样本测试工件数的 2 倍。新样本的测量方法应由买方和镀锌方共同协商选择。如果发现新样本不合格，则镀锌方有权通过对该批工件逐个测试分类，对不合格品进行重新镀锌，或依据 ASTM A780/A780M《热镀锌层损坏及漏镀区域的修复实施规程》及相关标准对不合格品进行修复。

2-17 标准 ASTM A123 对多试样工件抽样和镀层厚度检查是如何规定的？

根据 ASTM A123/123M《钢铁制件热镀锌层标准规范》，对于多试样工件，依照 ASTM E376《采用磁场或涡流(电磁)检验法测量涂层厚度的操作规程》，采用磁性厚度测量方法进行厚度检查。抽样方法如图 2-3 所示，即从一个批次抽取测试工件组成样本，样本中一个测试工件被细分为 3 个连续的、通常表面积相同的部分，每一部分为一个单独的试样。样本中每个测试工件的镀层厚度为其所含的 3 个试样所测镀层厚度的算术平均值，必须满足表 2-4 对应等级的最小平均镀层厚度；并且构成每个测试工件总平均值的每个试样的镀层厚度，不小于表 2-4 对应等级下一等级的最小平均镀层厚度(需 5 个或更多广泛分布的测量点)。单个点的测量值没有规定最小值，但工件上不允许有裸露区域。

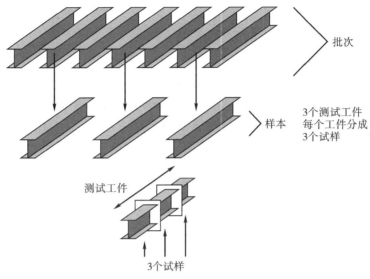

图 2-3 多试样工件抽样示意图

样本工件选取的方法和数量应由镀锌厂和买方商定，否则应从每批次中随机抽取，抽取测试工件的最小数量应满足表 2-14 的规定。

对于多试样工件，如果对镀层厚度测量有争议，应通过以下仲裁方法解决。从该批次材料中随机抽取新样本，新样本的工件数量是不合格样本测试工件数量的两倍。如果批次中工件数量较少，使得新样本工件数量不能加倍，则样本中工件数量应与以前相同，但是广泛分布的测量点数量应该翻倍。该新样本应使用磁性测厚仪进行测量，测厚仪应根据材料厚度进行精度校准。如果发现新样本有镀层厚度不合格件，则镀锌方有权通过逐件测试分辨出该批次中的合格产品，对不合格品进行重新镀锌，或依据 ASTM A780/A780M《热镀锌层损坏及漏镀区域的修复实施规程》及相关标准对不合格品进行修复。

2-18 标准 ASTM A153 对五金件抽样和镀层厚度检查是如何规定的？

根据 ASTM A153/A153M《钢铁五金件热镀锌层标准规范》，五金镀锌件的抽样、镀层厚度和重量（质量）测量方法、拒收和重新测试有关规定如下所述。

1. 抽样

为检查测量某批次五金件热镀锌层厚度，应从该批次工件中随机抽取工件组成样本。抽取方法和测试工件数量应由镀锌厂和买方商定；否则，每个批次最少测试工件数量与 ASTM A123/A123M《钢铁制件热镀锌层标准规范》的规定相同，见表 2-14。

2. 镀层厚度测量方法

测量镀层厚度可以选用以下测量方法之一。

(1)磁性厚度测量。对于螺栓、螺母和螺钉等紧固件，镀层厚度的测量应在工件非螺纹部分进行。根据标准 ASTM E376，使用磁性测厚仪对每个测试工件应至少在 5 个分散点上测量厚度，这些测量值的算术平均值为测试工件的镀层厚度。任何单独点的测量值都不应成为拒收的原因；如果单个点漏镀，则必须依据 ASTM A780/A780M《热镀锌层损坏及漏镀区域的修复实施规程》及 A153/A153M《钢铁五金件热镀锌层标准规范》对修复尺寸等的规定修复该点。这些测试工件镀层厚度的算术平均值为该批次工件的镀层厚度。

(2)显微镜测量。根据标准 ASTM B487/B487M《用横断面显微观察法测定金属及氧化物涂层厚度的方法》用光学显微镜在试样横截面上测量镀层厚度。一测试工件上应取不少于 5 个测试点，这些测试点的镀层厚度的平均值为测试工件的镀层厚度；所有测试工件镀层厚度的平均值为该检验批次工件的镀层厚度。

3. 镀层重量(质量)测量方法

测量热镀锌工件镀层的平均重量(质量)，可依照标准 ASTM A90/A90M《镀锌和镀锌合金钢铁制品镀层重量(质量)的测试方法》用脱锌方法或者镀锌前后称重的方法来确定。测试工件镀层重量(质量)的平均值为该批次工件的镀层重量(质量)。

4. 拒收和重新测量

(1)允许一批次中不合格的测试工件数量应由热镀锌生产方和买方商定。

(2)依照本标准要求，如果一批次的样本测量结果不符合本标准的要求，则应另外抽取测试工件组成两与前样本数量相同的测试样本，两测试样本的测量结果都应符合要求，否则该批次工件应被拒收。

(3)因非脆化原因而被拒收的镀锌件，容许进行脱锌、重新镀锌和重新提交检测，重检结果须符合本规范的要求。

2-19 标准 ASTM A767 对钢筋抽样和镀层厚度检查是如何规定的?

根据 ASTM A767/A767M《用于钢筋混凝土的镀锌钢筋标准规范》，钢筋镀层厚度和重量（质量）检查方法、抽样和测量次数、重新测量有关规定如下。

1. 镀层厚度和重量测量

镀层厚度和重量测量应根据以下测量方法进行。

（1）磁性测厚仪测量。镀层厚度应根据 ASTM E376《采用磁性或涡流（电磁）检验法测量涂层厚度的操作规程》通过磁性厚度测量方法来确定，并可依据表 2-7 的备注确定镀层等效的单位面积重量（质量）。应允许使用以下一种或多种方法来验证磁性测厚仪测量的结果。

（2）脱锌方法。根据 ASTM A90/A90M《镀锌和镀锌合金钢铁制品镀层重量（质量）的测试方法》，通过去除钢筋表面上的镀层来确定镀层重量（质量）。

（3）镀锌前后称重方法。通过镀锌前后称重钢筋得到的两个测量值之间的差值即为镀层重量（质量），除以钢筋的表面积则得到单位面积镀层的重量（质量）。

上述称重测量方法仅适用于面积不小于 2000 mm² 的试样。由于变形钢筋的表面积随变形模式和钢筋尺寸的变化而改变，这种试验方法不得用于变形钢筋。

（4）显微镜检查。根据 ASTM B487/B487M《用横断面显微观察法测定金属及氧化物涂层厚度的方法》用光学显微镜在试样横截面上测量镀层厚度，钢的横截面试样应预先进行抛光。不得在位于纵向肋或横向变形上的点处测量厚度。根据表 2-7 中的注可将镀层厚度转换成镀层的等效重量（质量）。

2. 抽样和测量次数

（1）使用磁性测厚仪测量镀层厚度时，每个批次应随机抽取 3 个测试工件进行测量；应在每个测试工件的整个表面的不同区域进行 5 次或更多的测量；3 个测试工件不少于 15 次测量读数取平均值，以获得该批次钢筋镀层厚度。

（2）使用脱锌法和称重法确定镀层厚度或等效重量（质量），应从每批次中随机抽取 3 个镀锌测试工件进行测量。

（3）使用显微镜方法确定镀层厚度或等效重量（质量），应从每批次随机抽取 5 个镀锌测试工件进行测量。每个测试工件应在 4 个以上位置进行取样测量，取不少于 20 个测量值的算术平均值，以获得该批工件镀层厚度。

表 2-15 列出了用上述不同测量方法测量每批次钢筋镀层厚度所需的测试工件数量及每个测试工件所需测量读数次数。

表 2 - 15　每批次钢筋测试工件数及每个测试工件测量读数次数

测试方法	测试工件数及测量读数次数		
	每批次测试工件数	每个测试工件测量读数次数	取算术平均值的测量读数次数
磁性方法	≥3	≥5	≥15
显微镜方法	≥5	≥4	≥20
脱锌和称重	≥3	—	—

3. 重新测量

如果平均锌镀层厚度或等效重量(质量)不符合表 2-7 的要求，则应允许从该批次随机抽取另外 6 个测试工件进行测量。如果 6 个测试工件的平均镀层厚度或等效重量(质量)符合表 2-7 的要求，则该批次为合格。

2.5　热镀锌件的设计、选材、制造和成本分析涉及的常用 ASTM 标准

2 - 20　标准 ASTM A385 对获得高质量热镀锌层有哪些表述?

ASTM A385/A385M《提供高质量镀锌层(热浸镀)的实施规程》叙述了为获得高质量热镀锌层应采取的措施。对于特定产品如果有经验表明可以放宽本标准的某些规定，则制造商和买方应达成可接受的变更协议。

标准 ASTM A385 叙述了化学成分对镀层组织、锌层厚度和外观的影响。推荐了批量热镀锌的钢材化学成分，列出了碳、锰、硅和磷等元素的最佳添加量范围。标准 ASTM A385 指出钢材硅含量处于圣德林(Sandelin)区域及超过 0.25% 将产生较厚的外观灰暗的镀层。标准 ASTM A385 根据最近的研究指出，即使在硅和磷单独保持在理想范围内的情况下，它们之间的组合效应也可以产生具有斑驳或暗灰色外观的厚镀层。在事先知道钢的化学成分的情况下，有经验的镀锌者可以在某些情况下(但不是所有情况下)对镀层进行有限的控制。钢的化学成分报告中的硅含量可以预示但不能确定钢在热镀锌过程中的活性，最佳做法是对试件进行镀锌处理，以更好地显示钢的活性。但重要的是，试镀件必须在化学成分和厚度上准确代表最终要镀锌的部件，并且试镀确定的浸镀锌时间应对实际构件浸镀锌时间有可靠的指导作用。

镀件中采用不同厚度或不同类型的钢材组合，可能会导致镀层不均匀。

设计者、制造商和镀锌者应根据他们的经验来选择钢材。

一般来说，注重的是镀层的防腐蚀性能而非其外观。标准 ASTM A385 指出，在防腐蚀实际应用中，各种色泽的镀锌层都是可以接受的。但有证据表明，较厚的活性钢镀层(外观灰暗)比非活性钢镀层(外观光亮)更脆，附着性较差。

标准 ASTM A385 指出，低硅(硅含量＜0.02%)、低磷(磷含量＜0.02%)钢可能难以满足 ASTM A123/A123M《钢铁制件热镀锌层标准规范》或 ASTM A153/A153M《钢铁五金件热镀锌层标准规范》的镀层厚度要求。在这种情况下，镀锌方和购买方应就较薄的镀层厚度达成一致的行动计划。例如选择接受较薄的镀层厚度，在镀层上涂装形成双涂层体系；或在热镀锌前对钢进行喷砂处理以利增加镀层厚度。该标准还提到，喷砂处理也是限制活性钢镀层快速生长的一种方法。

标准 ASTM A385 指出了提高热镀锌层质量需注意的一些工艺技术问题。对采用了不同类型、规格及成分或不同表面状态的材料组合件来说，对整个组件进行喷砂处理通常会提高镀锌质量；组合焊接时应选用成分与母材相同或相近的焊条，避免用硅含量高的焊条焊接，以防止在焊缝区域形成过厚或过暗的热镀锌层；需采用喷砂等适用技术清除焊剂残留物。该标准还规范了工件识别标记的方法。

标准 ASTM A385 在设计问题上提出的建议，如重叠表面、间隙配合件，以及镀锌螺母、螺栓、间隙孔和螺纹孔的设计问题，需要特别注意。该标准指出热镀锌工艺会带来尺寸的改变，在设计中关键尺寸需加以考虑。规范中最重要的内容是关于如何在设计中适应清洁溶液、助镀剂、空气和锌液自由流动的细节。这些细节包括排气孔和导液孔的位置及尺寸，增强板、角撑板、裁剪角或缺口的位置和尺寸，所有这些都是热镀锌安全生产和获得光滑一致的镀层所必需的。

2－21 标准 ASTM A384 对热镀锌件变形问题有哪些表述？

ASTM A384/A384M《防止钢组装件热镀锌时翘曲和扭曲的规程》详述了热镀锌件产生变形的因素，提出了避免热镀锌过程中翘曲和变形的最佳设计实践。

(1)组件中最常发生扭曲和翘曲的构件是厚度为 0.812～6.35 mm 的薄板或板材，它们通常用焊接或铆接的方法与棒材、角钢、槽钢、T 型钢等进行组装。

(2)金属板和槽钢等非对称截面型材框架形成的组件在热镀锌过程中会加

剧翘曲，应尽可能使用对称形状或截面的型钢作为框架件。

(3)由于花纹板截面的不对称性，花纹板在镀锌过程中可能发生翘曲或扭曲。可以在热镀锌之前将花纹板固定到框架上以减小变形。

(4)建议在拐角处使用尽可能大的弯曲直径。如果弯曲直径非常小的弯头不可避免，建议依据标准 ASTM A143/A143M《热镀锌结构钢产品防止脆化的实践及检测脆性的方法》进行去应力热处理，以避免热镀锌过程产生翘曲或扭曲。

(5)某些焊接方法、焊缝尺寸和焊接规范及焊接部件之间的厚度差异会使焊接件产生较大的内应力，可能导致钢件热镀锌时变形。

(6)当两块钢板的重叠面采用密封焊接时，重叠部分必须按照标准 ASTM A385 进行适当排气。如果重叠区域排气不良，热镀锌时重叠区域内滞留气体膨胀产生的压力会导致重叠区域焊接在一起的两块钢板变形，甚至会导致钢板或焊缝爆破。

(7)当装配组件对于在用的锌锅来说太大，需要进行渐进镀锌时，易导致装配件变形。

(8)如果这些变形的因素组合在一起，会增加发生变形的可能性。

标准 ASTM A384 对面板制造防止变形提出了一些建议，如：焊接时各部件要尽可能精确对准和无约束就位；板材和框架在分别镀锌后用镀锌铆钉组装；应尽可能避免部件厚度不均匀；如果制件是非对称的，并且其他使翘曲和扭曲最小化的尝试都失败了，则可以将两个制件临时连接起来，形成一个对称的组件进行热镀锌。

2-22 标准 ASTM A143 对热镀锌钢脆化问题有哪些表述？

ASTM A143/A143M《热镀锌结构钢产品防止脆化的实践及检测脆性的方法》给出了防止加工制造后热镀锌钢可能发生脆化的实施规程，并概述了检测脆化的试验程序。脆化是指钢的塑性大幅降低的一种现象，钢材或钢件在没有明显变形的情况下会开裂或断裂。热镀锌钢发生脆化常与应变时效、冷加工和吸氢有关。

(1)使钢的塑性丧失的脆化通常与应变时效有关。应变时效是指冷加工应变引起敏感钢中出现硬度和强度的延迟增加，而塑性和冲击韧性降低的现象。室温下应变时效的产生较缓慢，但是在温度升高时时效会加速进行，在大约 850 ℉(454 ℃)的镀锌温度下会快速进行。

(2)氢脆是指钢吸收氢原子发生的脆化现象。钢发生氢脆的敏感性与钢的类型、热处理经历和冷加工经历及程度有关。钢在镀锌前的酸洗过程是一个潜在的氢来源。在锌浴内加热过程中会部分排出已经吸收的氢。实践表明，只有当热镀锌钢的抗拉强度超过约 1100 MPa 或在酸洗前经过深度冷加工变形，才会出现氢脆问题(也有研究表明，易产生氢脆的钢的抗拉强度阈值是 1170 MPa)。

(3)严重冷加工变形会增加应变时效脆化和氢脆的发生率。冷加工钢的塑性损失取决于许多因素，包括钢自身的特性(强度等级、时效倾向等)、钢的厚度和冷加工变形的程度等，应力集中区域(如缺口、孔、小半径圆角、急剧弯曲区域等)的塑性损失会加剧。

(4)低温会增加所有普通碳钢的脆性破坏风险。不同的钢材，其塑性随温度下降而降低的程度是不同的。因此，在选择镀锌钢材时，应考虑预期的使用温度。

标准 ASTM A143 还具体规定了避免脆化的冷加工和热处理工艺、镀锌前处理工艺，以及设计、制造和镀锌各方对避免工件脆化所需承担的责任。标准 ASTM A143 还规范了钢件脆化试验的方法。有关内容将在本书第 5 章、第 7 章和第 11 章等相关问题中较详细地讨论。

2-23 标准 ASTM A1068 对选择钢铁产品防腐蚀体系有何指导作用？

ASTM A1068《钢铁产品防腐蚀系统生命周期成本分析实施规程》提供了分析各种腐蚀防护体系生命周期成本(life cycle cost，LCC)的数学模型和技术，并对生命周期成本计算进行了标准化。

标准 ASTM A1068 涵盖的内容如下。

(1)本规程包含采用 LCC 分析技术评估能满足相同功能要求可供选择的防腐蚀体系设计的程序。

(2)LCC 技术可衡量在指定时间周期内生产及恢复可供选择的防腐蚀体系所有环节(如表面处理、涂敷、修复或更换等)相关成本的现值。

(3)利用 LCC 分析的结果，决策者可以根据所有成本现值最低者确定可选方案。

由此可见，标准 ASTM A1068 的实际意义和用途如下。

(1)LCC 分析是一种从经济角度评估备选方案的方法，用于评估在指定的项目寿命期内以不同现金流为特征的备选方案。该方法能详细计算能够满足项目功能要求的每个备选方案的 LCC，并对它们进行比较，以确定在项目设计寿命期内哪个方案的 LCC 估算值最低。

（2）LCC 方法特别适用于将初始成本较低但未来成本较高的方案，与初始成本较高但可降低未来成本的某种方案（修复或更换）进行比较，看哪个方案在经济上更合理。

标准 ASTM A1068 对腐蚀防护系统进行 LCC 分析的程序如下。

（1）确认项目目标、目的、供选方案和制约因素。例如，为某个住宅开发项目设计停车库。设计必须满足规定的目标，如结构明细、荷载系数和净空高度等。不同的备选防腐蚀方案，防腐蚀体系或防腐蚀材料不同，可能会有不同的初始成本及可预期的未来成本。

（2）基本假设。对所有备选方案的 LCC 分析建立统一的假设。这些假设包括贴现率的选择、通货膨胀的处理、项目设计寿命等。

（3）编制数据。针对考虑中的每个备选方案编制下列数据：

①初始成本。评估备选系统达到功能就绪状态所需的成本。

②材料使用寿命。可供备选材料的预期使用年限。

③未来成本。为使腐蚀防护体系在整个项目设计寿命期内满足性能要求，应对所有重要分项进行成本估算。

（4）LCC 的计算。将初始成本现值（present value of initial cost，PVIC）和修复成本现值（present value of restoration cost，PVRC）相加，得到生命周期成本现值（present value of the life cycle cost，PVLCC）。

标准 ASTM A1068 中给出了 LCC 计算示例。

在选择工程防腐蚀体系时，生命周期成本比较是一个很好的方法。美国热镀锌协会（AGA）开发了在线生命周期成本计算器（ life cycle cost calculator，LCCC）。在线 LCCC 遵循标准 ASTM A1068，应用标准 ASTM A1068 中的数学模型，实现了计算自动化，在热镀锌应用中表现得很好。

2.6 热镀锌后修复和涂装涉及的 ASTM 标准及其引用的 SSPC 表面处理标准

2-24 标准 ASTM A780 是如何阐述热镀锌层修复问题的？标准 ASTM A123、ASTM A153 及 ASTM A767 对允许修复面积有何规定？

ASTM A780/A780M《热镀锌层损坏及漏镀区域的修复实施规程》阐述了修复热镀锌漏镀区域及受损热镀锌层可能采取的方法。镀层受损可能是由于焊接和切割（火焰）造成镀层烧伤所致，也可能是由于发运或安装时极度野蛮操作而使热镀锌层损坏。该标准介绍了特制的低熔点锌合金修复棒或粉末的使用方法和涂敷富锌漆及热喷涂锌的实施方法。合同双方应认可所使用的修复方法及允许修复区域范围。

标准 ASTM A780 要求用以修复的涂料产品有以下特性。

(1)施涂一道,需要修补材料满足至少有 50.8 μm 的涂层厚度。

(2)施涂的涂层能够提供防腐蚀屏障保护,且对于钢材最好为腐蚀电池的阳极。

(3)涂料可以在车间或现场条件下施涂。

标准 ASTM A780 指出,热镀锌漏镀区域的修复要求应包含在钢件的热镀锌规范中。标准 ASTM A123/A123M《钢铁制件热镀锌层标准规范》、ASTM A153/A153M《钢铁五金件热镀锌层标准规范》、ASTM A767/A767M《用于钢筋混凝土的镀锌钢筋标准规范》对热镀锌漏镀区域的修复分别叙述如下。

标准 ASTM A123 标准规定允许修复的范围须同时满足以下条件。

(1)需修复区域仅允许在二维尺寸中的一个方向上超过 25 mm,如图 2-4 示例。

(2)每件工件的修复总面积不得超过该工件要求镀锌面积的 1%,按工件重量计不可超过 256 cm²/10³kg。

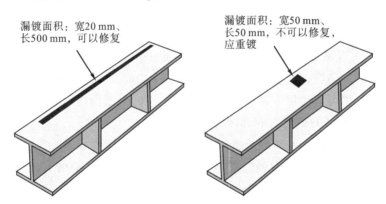

漏镀面积:宽20 mm、长500 mm,可以修复

漏镀面积:宽50 mm、长50 mm,不可以修复,应重镀

图 2-4 允许修复的漏镀表面区域示例

根据标准 ASTM A153,可进行修复的总漏镀斑点面积不得大于镀锌表面积(不包括该镀件螺纹面积)的 1%。根据标准 ASTM A767,镀锌钢筋每0.3 m 长度的表面内可进行修复的总漏镀斑点面积不得大于该表面积的 1%,这个限制不包括剪断或切断的端部。

要注意的是,镀层修复前需要先对待修复区域进行表面处理,上述尺寸限制是对表面处理之前待修复区域而言的。另外，ASTM 标准没有规定已交付使用的镀锌件的镀层允许修复的最大尺寸。

标准 ASTM A123 规定，用热喷涂锌和锌基合金修复时，修复的涂层厚度应符合相应材料种类和厚度范围的镀层等级要求。用富锌漆修复时，最小平均厚度为 75 μm，最大平均厚度为 100 μm，涂层太厚往往导致开裂。标准 ASTM A153 规定用热喷涂锌和锌基合金修复时，修复厚度应和周围的镀层相同；而如果是用富锌漆来修复，修复区域漆膜厚度应该大于该类别材料标准规定的镀层厚度的 50%，但是不超过 100 μm。标准 ASTM A767 规定，交付后的镀锌钢筋由于后续加工、装运、工作现场操作而造成镀层损坏，均应按照标准 ASTM A780 使用富锌漆进行修复；在后续加工过程中，镀锌钢筋剪切、锯切或通过其他方式切断后，应根据标准 ASTM A780 对切割端进行富锌漆涂敷。

2-25　标准 ASTM A780 对修复热镀锌层的富锌漆干膜中的锌含量有何要求？

标准 ASTM A780 第 4.2.2 节指出，富锌漆通常由有机黏合剂和锌粉混合调配而成，专门用于钢材表面涂敷；富锌漆干膜内锌粉浓度为 65%～69% 或超过 92%。干膜内含有这两种不同浓度锌粉的富锌漆对受损镀层的修复同样有效。修复用漆料应由镀锌厂家选择，除非客户指定了特定的浓度或漆料。

标准 ASTM A780 给出了富锌涂料干膜中两种不同的锌粉浓度，在测试过程中两者的防腐蚀表现均相当好。换言之，如果选择使用富锌漆对镀锌钢进行修复，则可以使用干膜锌粉浓度在 65%～69% 范围内的富锌漆，或者使用锌粉浓度为 92% 或更高的富锌漆。

几项针对不同锌粉浓度的富锌涂料效果的研究数据显示，干膜锌粉浓度为 69%～92% 的涂料防腐蚀效果不如浓度为 65%～69% 或 92% 以上的涂料。在某些情况下，这是因为锌粉浓度超出建议范围的涂料无法黏附在钢材上，从而达不到期望的防腐蚀效果。

2-26　对热镀锌层表面涂装预处理，标准 ASTM D6386 和 ASTM D7803 有哪些表述？

ASTM D6386《热镀锌钢铁产品和五金器具表面漆涂装预处理操作规程》详细说明了热镀锌钢和五金件涂装前表面处理的最佳规程。该标准不适用于薄板镀锌产品，也不适用于卷材涂装或连续辊涂工艺。薄板和卷材的表面处理可根据 ASTM D7396《用于涂漆的新型连续镀锌钢表面的制备标准指南》进行。

标准 ASTM D6386 规范了新镀锌、镀层部分风化、镀层完全风化情况下的表面制备方法，以改善漆层与锌表面的结合，确保合适的漆附着力。

ASTM D7803《热镀锌钢铁产品和五金器具表面粉末涂装预处理操作规程》为热镀锌钢粉末涂装前表面的制备提供了合适的方法。粉末涂装是一种干涂敷工艺，使精细研磨的颜料和树脂颗粒带静电而喷涂到待涂装的工件表面。这些工件是电气接地的，因此投射到它们上面的带电粒子附着在表面上，并保持在那里，直到在固化炉中熔化并融合成光滑的涂层。

标准 ASTM D7803 叙述了在钢件新镀锌表面和部分风化、完全风化的镀锌件表面上进行粉末涂装前的准备程序。正确的表面制备可提高粉末涂层与锌表面的结合力，从而延长使用寿命。热镀锌钢和五金件涂装前的表面处理包括清洁、表面轮廓处理。该规程不适用于薄板镀锌产品，也不适用于卷材涂装或连续辊涂工艺。

标准 ASTM D6386 和 ASTM D7803 指出，为防止镀层表面产生白锈，镀锌后可能会进行铬酸盐钝化处理；在镀层表面进行涂漆和粉末喷涂之前，须去除钝化膜层。标准 ASTM D6386 和 ASTM D7803 都给出了去除铬酸盐钝化膜层的程序。

镀层不同腐蚀阶段不同的腐蚀产物决定了表面制备的类型。标准 ASTM D6386 和 ASTM D7803 对经过不同风化时间的镀锌钢表面的准备程序及相关问题，详见第 15 章关于双涂层体系的内容。

2-27　与热镀锌行业有关的 SSPC 表面处理标准有哪些？

美国防护涂料协会（The Society for Protective Coatings），简称 SSPC，这个简称来源于该机构前身——钢结构涂料委员会（Steel Structure Painting Council）。SSPC 公布并施行了许多与涂料行业相关的标准，主题包括涂料要求、承包商资格评估标准、表面处理标准等内容；标准代号中的 SP 是表面制备（surface preparation）的英文首字母。与热镀锌行业相关的 ASTM 标准经常引用这些表面处理标准，以下是热镀锌行业中经常引用的表面处理标准情况的简述。

1. SSPC-SP 1《溶剂清理》

溶剂清理旨在去除钢表面所有可见的油、油脂、污垢、拉丝和切割所用润滑剂或冷却剂残留，以及所有其他可溶性污染物。该标准要求在溶剂清理前用硬毛刷去除灰尘；溶剂清理后，应用干净的干燥空气吹扫或真空吸除灰尘。该标准列出了几种不同的表面溶剂清洁剂的使用方法，包括用溶剂擦拭或擦洗表面，将溶剂直接喷洒到表面上，用溶剂浸泡，以及使用碱性清洁剂和蒸汽清洁。

2. SSPC - SP 2《手动工具清理》

手动工具清理是使用非动力手动工具清洁钢表面的方法，旨在去除所有松散的污染异物，例如氧化皮、铁锈、漆涂层和其他松散的异物。但不主张用此工艺去除黏附的氧化皮、铁锈和漆涂层。不能用钝油灰刀清除的氧化皮、铁锈和漆涂层，则认为它们是黏附的。

用手工冲击工具清除所有焊渣和分层铁锈；使用非冲击方法，例如刮擦以去除所有非黏附的材料；打磨黏附的漆涂层边缘，以便重新涂漆的表面具有合适的平滑外观。这些都是该标准列举的手动工具清理方法。在用手动工具清理之前根据 SSPC - SP 1 去除油和油脂，在清洁工作完成后，用干净干燥的压缩空气吹扫或真空吸除灰尘。

3. SSPC - SP 3《动力工具清理》

该标准叙述了采用动力工具清洁钢表面的要求和方法，旨在从表面上去除与标准 SSPC - SP 2 所列相同的污染物。不主张采用此工艺去除黏附的氧化皮、铁锈和漆涂层，不能用钝油灰刀清除的氧化皮、铁锈和漆涂层，则认为它们是黏附的。该标准包括使用旋转、冲击动力工具或电动刷清除松散的铁锈、漆涂层和氧化皮；要求使用动力工具时应防止形成毛刺、尖锐的棱线和尖锐的切口。对表面余留的黏附涂层边缘需要进行打磨处理，以使重新涂漆的表面具有合适的平滑外观。在实施此清理方法之前，要依照标准 SSPC - SP 1 去除油和油脂，在清洁工作完成后，使用干净干燥的压缩空气吹扫或真空吸除灰尘。

4. SSPC - SP 5/NACE No. 1《喷砂清理到金属表面呈彻底的金属光泽》

美国防护涂料协会和美国腐蚀工程师协会（National Association of Corrosion Engineers，NACE）联合制定了标准 SSPC - SP 5/NACE No. 1。该标准表述了使用磨料对钢材表面进行喷砂清理到出"白"的要求，这些要求包括表面要达到的最终状态及验证最终状态所需的材料和程序。

该标准 2.1 节规定，在不放大的情况下，金属出白喷砂清理的表面应无任何可见的油、油脂、灰尘、污垢、铁锈、涂料、氧化皮、腐蚀产物和其他异物。

选定涂层材料后，应将表面粗糙化至适合指定涂料施涂的程度。在即将施涂涂料前，整个表面应符合本标准规定的清洁度。

该标准规定干喷砂为首选方法，湿喷砂为双方协商确定的备选方法。所用喷砂磨料介质的尺寸和类型取决于选定涂层体系规定的表面粗糙化状态。该标准要求金属表面喷砂处理后，要清除表面油、油脂和灰尘。

5. SSPC - SP 10/NACE No. 2《喷砂清理到金属表面呈金属光泽》

标准 SSPC - SP 10/NACE No. 2 表述了使用磨料对钢材表面进行喷砂清理以达到"近白"的要求。这些要求包括表面的最终状态及实现和验证最终状态所需材料和程序。该标准允许表面喷砂清理后存在少量污渍，规定了任一约为 5776 mm^2 的单元表面(即大约一个 76 mm×76 mm 的正方形)上污渍面积不得超过 5%。SSPC SP 10/NACE No. 2《喷砂清理到金属表面呈金属光泽》要求的清洁程度优于 SSPC - SP 6/NACE No. 3《商业级喷砂清理》的要求，但次于 SSPC - SP 5/NACE No. 1《喷砂清理到金属表面呈彻底的金属光泽》的要求。SP 6 允许任一单元表面上的污渍面积不超过 33%，SP 5 则在不放大的情况下不允许表面留下任何可见污渍。

6. SSPC - SP 11《动力工具清理至金属裸露》

标准 SSPC - SP 11 表述了使用动力工具清洁以产生裸露金属表面并保持或产生至少峰高为 25 μm 的表面轮廓的要求。该标准适用于要求粗糙、干净、裸露的金属表面，而喷砂清理不可行或不允许的场合。该标准与 SSPC - SP 3《动力工具清理》的不同之处在于，SP 3 只要求去除松散黏附的材料，未提及产生或保留表面轮廓的要求。该标准与 SSPC - SP 15《商业级动力工具清理》的不同之处在于，SP 15 允许不超过标准规定的锈迹、油漆或氧化皮残留在表面，而 SP 11 只允许在原始表面凹坑的底部可以有少量这些残留物。

该标准规定表面轮廓的波峰和波谷应形成一个连续的形态，中间不得有光滑的非粗糙块点。涂漆前，表面应符合本标准规定的清洁程度。研磨工具和冲击工具都是达到规定清理水平的可接受手段。清理程序前后都必须清除油、油脂和灰尘。SSPC - SP 11 的动力工具清理方法可为漆涂装提供一个合适的表面轮廓。事实上，动力工具清理方法已成为一种可接受的热镀锌层表面处理方法。

标准 SSPC - SP 11 及 SSPC - SP 5、SSPC - SP 10 中都指出，可接受不影响标准规定的表面清洁度的外观差异，包括由钢的类型、原始表面条件、钢的厚度、焊接金属、打磨或制造的标记、热处理、热影响区或各种动力工具的使用引起的外观色泽变化。

7. SSPC - SP 12/NACE No. 5《涂装前金属以水喷射方式进行的表面处理及清洁》

标准 SSPC - SP 12/NACE No. 5 叙述了在施涂防腐蚀涂料之前，可采用水喷射方法使表面清洁度达到规定的要求。这些要求包括表面的最终状况，以及为检验最终状况所必需的程序。本标准仅限于水喷射。

水喷射能有效去除水溶性表面污染物，尤其是那些聚集在金属严重腐蚀所形成的凹坑底部的污染物。如仅采用干磨料喷砂清理，则可能无法清除这些凹坑底部的污染物。水喷射也用于其他无法采用磨料喷砂进行表面清理的情况。

采用高压水流清洁表面方法，工作区域的空气质量优于开放式干磨料喷砂处，所以对于呼吸装备的要求，没有其他表面处理方法那么严格。

水喷射不会在钢板表面产生锚纹——涂料行业中称作"表面轮廓"。然而，如果表面已经存在适合于漆涂装或粉末涂装足够的粗糙度，可以用水喷射来清洁以暴露现有轮廓。涂装之前必须均匀地去除所有松散的铁锈、松散的氧化皮和松散的涂层。

8. SSPC－SP 16《已涂装和未涂装的镀锌钢、不锈钢和有色金属的扫砂清理》

标准 SSPC－SP 16 阐述了使用磨料对碳钢以外无涂层或有残留涂层的金属表面"扫砂清理"的方法和要求。可通过这些方法制备的金属基底包括但不限于表面镀层、不锈钢、铜、铝和黄铜。在本标准中，对热镀锌钢而言，金属基底是镀层，而不是基体钢。

涂敷防护涂层体系前对有色金属基材进行扫砂清理的作用：①清除表面可能导致涂装早期失效的物质；②获得合适的表面轮廓（粗糙度），以增强新涂层体系的附着力。

该标准规定：扫砂清理干净的有色金属表面，当不放大观察时，应无可见的油、油脂、污垢、灰尘、金属氧化物（腐蚀产物）和其他异物；允许保留完整的紧密黏附涂层；如果不能用钝的油灰刀将其除去，则认为该涂层牢固黏附。

该标准表示的清洁程度类似于 SSPC－SP 7/NACE No. 4《扫砂清理》中为碳钢基材定义的清洁程度。该标准规定裸金属基底表面轮廓深度不小于 20 μm。表面经过扫砂处理后，应在金属基底上形成致密均匀的表面轮廓，表面轮廓的波峰和波谷应呈连续的形态，没有留下平滑的低粗糙度区域。

依据标准 SSPC－PS 16 对镀锌钢表面进行扫砂处理的工艺技术问题请参见第 15 章问题 15－10。

2－28　标准 ASTM A780、ASTM D6386 和 ASTM D7803 引用了哪些 SSPC 表面处理标准及内容？

ASTM A780/A780M《热镀锌层损坏及漏镀区域的修复实施规程》叙述了热镀锌层修复区域的表面处理方法。ASTM D6386《热镀锌钢铁产品和五金器具表面漆涂装预处理操作规程》和 ASTM D7803《热镀锌钢铁产品和五金器具表面粉末涂装预处理操作规程》则详细介绍了热镀锌层涂装前的表面处理方法。ASTM A780、ASTM D6386 和 ASTM D7803 都引用了美国防护涂料协会和美国腐蚀工程师协会联合制定的表面准备标准。表 2-16 列出了标准 ASTM 引用标准 SSPC-SP(或 SSPC-SP/NACE)的具体情况。

表 2-16 ASTM 标准引用标准 SSPC 情况

SSPC-SP 标准及 SSPC-SP/NACE 标准	引用标准 SSPC 情况		
	ASTM A780	ASTM D6386	ASTM D7803
SSPC-SP 1《溶剂清理》	—	5.3.2、6.3、7.1 节：去除表面油和油脂内容	5.1.2.3、5.2.3、5.3.1 节：去除表面油和油脂内容
SSPC-SP 2《手动工具清理》	A2.1.2 节：若条件不允许喷砂或动力工具清理时，用于富锌漆修补的表面预处理内容	(1)5.2.1、6.1 节：对凸出的高点和粗糙边缘进行平滑处理(例如锌液滴流而造成的厚而粗糙的边缘，会导致漆膜间隙)内容；(2)5.3.3、6.2 节：清理锌反应产生的轻微沉积物。(如轻微白锈)	5.1.1、5.2.3 节：对凸出的高点和粗糙边缘进行平滑处理内容
SSPC-SP 3《动力工具清理》	—	(1)5.2.1、6.1 节：对凸出的高点和粗糙边缘进行平滑处理内容 (2)5.3.3、6.2 节：清理锌反应产生的轻微沉积物，如轻微白锈内容	5.1.1、5.2.3 节：对凸出的高点和粗糙边缘进行平滑处理内容

续表

SSPC - SP 标准及 SSPC - SP/NACE 标准	引用标准 SSPC 情况		
	ASTM A780	ASTM D6386	ASTM D7803
SSPC - SP 5/NACE No.1《喷砂清理到金属表面呈彻底的金属光泽》	A3.3 节：用于热喷涂锌修复的表面预处理内容	—	—
SSPC - SP 10/NACE No.2《喷砂清理到金属表面呈金属光泽》	A2.1.2 节：若预计使用条件包括浸泡时，用于富锌漆修复的表面预处理内容	—	—
SSPC - SP 11《动力工具清理至金属裸露》	A2.1.2 节：在不太严重的现场暴露条件下，至少应根据标准 SSPC - SP 11 进行富锌漆修复的表面预处理内容	5.4.2、6.2 节：粗化新镀锌或半风化镀锌表面，产生适合漆附着的表面轮廓内容	—
SSPC - SP 12/NACE No.5《涂装前以水喷射方式进行的金属表面处理及清洁》			5.3.2 节：动力清洗全风化镀锌钢表面，除去表面的松散颗粒，并保持原有的表面粗糙度内容（喷射水压应小于 10 MPa）
SSPC - SP 16《已涂装和未涂装的镀锌钢、不锈钢和有色金属的扫砂清理》	—	5.4.1、6.1、X1.3.3 节：新镀锌、半风化镀锌钢去除铬酸盐转化膜层及表面轮廓粗化内容	5.1.2.1、5.1.3.1、5.2.1 节：新镀锌、半风化镀锌钢去除铬酸盐转化膜层及表面轮廓粗化内容

>>> 第3章　热镀锌钢防腐蚀机理

3.1　钢的腐蚀原理

3-1　金属为什么会发生腐蚀？其主要驱动力是什么？

自然状态下的纯金属非常罕见，更常见的是它们与其他元素结合形成的矿石。将矿石通过冶金或化学方法还原为纯金属，这个过程必须消耗大量能量。在钢铁工业中，人们付出了巨大的努力从天然铁矿石中得到钢铁。另外，还要消耗能量经过冷热加工、铸造等工艺过程使金属转换为所需形状或具备所需性能。腐蚀可以被看作是被施于大量能量而生产、成形和改性的金属回归到自然的、较低的能量状态的一种趋势。从热力学的角度来看，减少能量的趋势是金属腐蚀的主要驱动力。

金属腐蚀包括金属在环境中氧化及发生电化学反应的过程。当钢铁暴露在氧气和水中时，会发生腐蚀，在钢铁表面形成氧化物；在一些情况下钢铁会与硫化物和碳酸盐反应。金属发生电化学腐蚀，意味着在金属表面形成了腐蚀原电池，发生了电子流动和化学反应，大大加速了金属向矿石状态的转变。

尽管对腐蚀的科学研究已久，但对开发防腐蚀新材料、腐蚀防护新技术新方法的需求一直呈不断增长的趋势。人们对腐蚀和减缓腐蚀了解得越多，我们的世界就会变得越安全、越可持续。不断加深对腐蚀的理解，以及减少环境中存在的腐蚀现象，人们还有很长的路要走。

3-2　金属电化学腐蚀的原理是什么？电化学腐蚀的四个要素是什么？

引起腐蚀的原电池主要有两种类型：电偶电池和浓差电池。浓差电池，顾名思义,是由于物质的浓度差产生电势的一种电化学电池。以下仅讨论电偶电池的工作原理。

电偶电池由接触电解质溶液的两种不同金属极组成,如图3-1所示。当两个电极与导电路径形成闭合回路后会产生电流(电子流),电偶电池的电子流从阳极流向阴极。由于规定了电流方向为正电荷移动的方向,电流方向是从阴极流向阳极,所以阴极是正极,阳极是负极。阳极——电化学反应产生电子的电极,腐蚀发生在阳极。阴极——接收电子的电极,阴极被保护免受腐蚀。

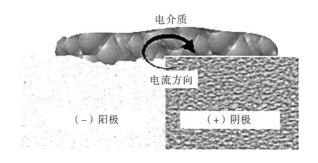

图3-1 电偶电池

在电偶电池中发生腐蚀需要四个必备要素:

① 两个金属极(两个要素),它们的电极电位不同(金属惰性不同),一个为阳极,另一个为阴极。

② 电解质,运送电流的导体,使电流形成回路。电解质包括水溶液和其他导电液体。

③ 两极间的电流通道,通常由两种金属基体接触形成,是电流回路的一部分。

这四个要素都是腐蚀发生的必要条件。去除这些要素中的任何一个都会阻止电流流动,不会发生原电池腐蚀。用不同的金属代替原有的阳极和阴极可能引起电流方向逆转,引起经受腐蚀的电极转换。

3-3 钢材是如何被腐蚀的?

钢暴露在大气中会自然腐蚀,腐蚀产物是氧化物颗粒,具有独特的棕红色(所谓铁锈色)。如果在钢表面形成活跃的电化学腐蚀电池,则会加速腐蚀过程。发生在裸钢表面的腐蚀过程很复杂,钢的化学成分和组织(包括杂质的含量和分布)、内应力和环境等因素都会影响腐蚀过程。

暴露在环境中的钢表面微观区域很容易彼此形成相对的阳极或阴极,在裸露的钢材表面可以形成大量这样的区域。在活性高的钢表面同一小区域内极有可能存在许多电偶腐蚀单元。

随着腐蚀过程的进行,腐蚀产物往往会在金属的某些部位积聚;这些腐蚀产物的成分与钢表面原始成分不同,会导致阳极和阴极区域变化,使得先前未腐蚀的金属表面区域受到腐蚀,从而加速整个钢表面的腐蚀。图3-2形象地展示了一块裸钢的腐蚀过程。

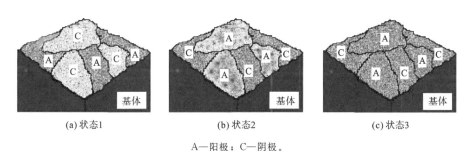

(a) 状态1   (b) 状态2   (c) 状态3

A—阳极;C—阴极。

图3-2 钢表面腐蚀过程阳极和阴极区域的变化示意图

(1)钢材表面如马赛克般镶嵌的许多阳极和阴极区域被底层钢电连接。空气中的水分在钢材表面形成电解质并提供了阳极和阴极之间的电流通路。由于电势的不同,电流随着阳极区的消耗而流动。阳极产生的铁离子与外界的氧反应形成片状氧化铁,称为铁锈[见图3-2(a)]。

(2)随着阳极区域腐蚀,其成分和组织发生改变而导致其电极电位变化,使得微区内阳极和阴极的位置发生改变[见图3-2(b)]。

(3)随着时间的推移,以前未受腐蚀的区域被腐蚀,表面腐蚀程度趋于一致。这种微区内阳极和阴极的位置不断变化,使钢材不断腐蚀消耗[见图3-2(c)]。

3-4 金属腐蚀速率受哪些环境因素的影响?

生产的钢中碳钢大约占85%,碳钢比较容易受到自然氧化和电化学腐蚀。在典型的大气条件下,腐蚀速率是众所周知的。但是对于设计工程师来说,必须充分精确了解局部或微环境条件,以确保设计对象的可靠性和使用寿命。微环境主要包括暴露于淡水和咸水(或咸水区域的大气)或埋于土壤中等情况。

由于在任何给定的微环境中都存在许多变量,碳钢甚至合金钢在微环境中的腐蚀可能非常复杂。例如，水中的腐蚀必须考虑诸如氧含量、搅拌程度、波浪作用、温度、氯离子水平等因素，因此很难绘制适用于广泛环境条件的腐蚀图表，目前已有的许多腐蚀速率图表一般只针对特定的位置和条件。

以下是有关各种环境下钢材腐蚀速率的更多详细信息。

1. 在大气中

金属最常见的暴露环境是大气环境。当钢、铜、镁、铝等暴露在大气中时，它们与自由流动的空气和水分反应生成氧化物。暴露在大气中的金属的抗腐蚀性能取决于五个主要因素：温度、湿度、降雨量、空气中二氧化硫浓度和空气盐度。对这些金属在大气中的腐蚀进行研究，可预测每种金属的腐蚀速率。

当空气相对湿度为 70%～80% 且空气温度高于 0 ℃时，碳钢会发生腐蚀。溶解在冷凝水或雨水中的空气杂质及金属表面沉积的灰尘和污垢可能会加速腐蚀速率。表 3-1 提供了碳钢在不同大气环境中的一般腐蚀速率。应该注意的是，微环境中的腐蚀速率可能大大超过表 3-1 中给出的腐蚀速率。

表 3-1　碳钢在不同大气环境中的一般腐蚀速率

大气环境	大气腐蚀速率/($\mu m \cdot a^{-1}$)
农村	4～60
市区	30～70
工业	40～160
海洋	60～170

2. 在土壤中

在土壤中钢的腐蚀情况会受到一系列因素的影响，这与大气环境下的情况大不相同。人们对钢在土壤中的抗腐蚀性能的了解不如大气环境下了解得多。自然界存在多种不同类型的土壤，钢在各种土壤中的腐蚀速率不相同，难以预测。钢发生腐蚀需要氧气、水分和溶解盐，如果其中任何一种缺失，腐蚀反应将停止或进行得非常慢。钢在酸性环境中腐蚀得很快，当碱度增加到一定程度时，腐蚀进行得很慢或者根本不腐蚀。在有利条件下，钢在土壤中的腐蚀速率可以在每年 0.2 μm 以下；在极具腐蚀性的土壤中腐蚀速率可以达到每年 20 μm 或更高。

土壤环境复杂，金属在土壤中的腐蚀速率变化很大，但有可能对土壤类型和腐蚀性作一些概括说明。决定土壤腐蚀性的主要因素是含水量、酸碱度和氯化物含量，而它们的作用受到附加条件的影响，如通风、温度、电阻率、土壤质地或颗粒大小等。任何给定的土壤都是非常不均匀的物质，由三个相组成：固相、气相和水。固相由土壤颗粒组成，这些颗粒的大小、化学成分和夹带有机物质的水平各不相同。按照颗粒大小可以分为沙土、壤土、黏土三类。由于黏土颗粒尺寸较小和容易吸水，它比沙土、壤土具有更高的腐蚀能力。气相由土壤孔隙中夹带的空气组成。气体(空气)进入土壤的多少取决于土壤的渗透性。较干燥的土壤或较粗粒的土壤将允许更多的氧气进入地下，与氧气较少的土壤相比，钢的腐蚀速率增加。土壤水分是腐蚀进行的媒介。水溶液的相对酸度是影响腐蚀速率的最重要的因素。水溶液 pH 值较低时在钢表面不易形成保护膜，使得钢腐蚀继续；但在碱性溶液中，钢表面会形成保护膜从而降低腐蚀速率，碱度越大，腐蚀速率越慢。在中性溶液中，曝气等其他因素变得更加重要，则更难对土壤的腐蚀性进行概括性表述。

3. 在水中

金属直接浸没或暴露在水中不是一种普遍的情况。水对大多数金属(包括钢、铝和锌)具有高度腐蚀性。水有许多不同类型，如纯水、天然淡水、经处理的饮用水和海水等，每种水都有影响腐蚀速率的不同因素。影响金属在水中腐蚀的参数包括酸碱度、氧含量、水温、搅动、抑制剂的存在和潮汐条件等。

海岸地区的码头、港口、造船厂会受到海水腐蚀；近海石油和天然气平台暴露在海水盐雾和浸泡在海水中，腐蚀情况特别严重。

4. 在管道中

管道腐蚀取决于所输送产品的性质、暴露条件、操作条件(不间断或间断)及维护保障情况，使用寿命可能有较大差异。

3.2 锌对钢的防腐蚀保护作用

3-5 为什么钢制件广泛采用热镀锌进行防腐蚀保护？

钢是一种耐用和性能优良的工程材料，它经济实惠、美观和坚固。然而，钢暴露在大气中会被腐蚀，因此，在实施某个项目时，考虑暴露钢材的防腐蚀措施是很重要的。

锌是一种天然、健康和丰富的元素，锌金属具有许多特性。锌在大多数环境中具有优异的耐腐蚀性，这是它能成为钢铁产品非常适合的防腐蚀镀层的原因。无数的实例表明,锌防腐层即使在一些最恶劣的环境中也可为钢提供几十年的免维护寿命。热镀锌得到广泛应用的原因是镀层的三重保护性质。

(1)屏障保护。镀层作为一种屏障,与基体金属冶金结合,完全覆盖钢表面,将钢"密封"起来免受环境的腐蚀作用。只要这个屏障完好无损,基底钢材就受到保护,不会发生腐蚀。如果屏障被破坏,基底钢材腐蚀就会开始。根据环境的不同,锌的腐蚀速度约为钢的 $1/10 \sim 1/40$。

(2)阴极保护。锌的牺牲行为能保护钢,即使在镀层出现某些细小碰伤、划伤或轻微不连续的情况下,锌的牺牲行为仍能保护钢。

(3)形成碱式碳酸锌层。镀层自然风化会在表面形成一层额外的保护层。当新鲜的镀层表面暴露在大气中时,风化腐蚀反应很快发生,锌的腐蚀产物在表面迅速发展,最终会形成碱式碳酸锌层,在钢铁和环境之间起着额外的屏障作用。

3-6　什么是阴极保护?为什么热镀锌层可以对钢进行阴极保护?

阴极保护也被称为牺牲保护。图3-3是按照一系列金属和合金在盐水(电解质)中的电极电位递增(即电化学活性递减)顺序排列的电极电位序。金属电极电位的高低决定了两种金属在腐蚀电池内,哪种金属将成为阳极或阴极。电极电位较低的金属成为阳极,阳极金属比电位高的阴极金属更易失去电子。

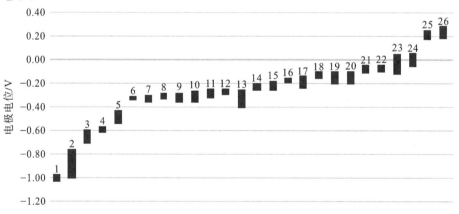

1—锌;2—铝合金;3—低碳钢、铸铁;4—低合金钢;5—高镍奥氏体铸铁;6—锡;7—铜;

8—锰青铜;9—50锡-50铅焊料;10—不锈钢(AISI 410、416型)-钝化;11—锡青铜;

12—硅青铜;13—黄铜;14—不锈钢(AISI 430型)-钝化;15—铅;16—因科镍合金600-钝化;

17—镍铝青铜;18—银;19—镍;20—银钎焊合金;21—不锈钢(AISI 302、304、321、347型)-钝化;

22—不锈钢(AISI 316、317型)-钝化;23—钛;24—Alloy 20不锈钢-钝化;25—铂;26—石墨。

图3-3　金属在盐水中的电位序排列

阴极防腐蚀保护主要有两种方法。一种是牺牲阳极的方法，阳极金属会牺牲(腐蚀)自己保护阴极材料免于腐蚀，一直持续到受保护区域及附近的所有阳极金属被消耗完为止。

另一种形式的阴极保护方法称为外加电流法。在该方法中，施加一个外加电流，使被保护钢铁结构成为阴极。这个系统通常不需要消耗大量的电能，但安装和维护比较麻烦，费用也比较昂贵。

锌的电位比钢低，因此，当有电解质存在并且锌和钢相接触时，便形成了腐蚀电池，锌是阳极，钢是阴极，锌被腐蚀而保护了钢。镀层对钢基体提供防腐蚀保护，牺牲自己保护钢免于腐蚀。

如图3-2所示，裸钢暴露在大气中时，钢表面微观区域很容易形成彼此相邻的阳极或阴极，在电解质的参与下，阳极开始腐蚀，最终会导致整个表面生锈和腐蚀。在系统中引入牺牲阳极会停止这一过程，热镀锌在钢表面形成镀层引入牺牲阳极，腐蚀消耗牺牲阳极，保护了钢，钢则为一个无腐蚀的阴极。

3-7 热镀锌层自然风化过程是如何在表面形成一层额外保护层的？

热镀锌层表面是相当有活性的，暴露于大气中会自然腐蚀。随着时间的推移，表面上可能形成三种不同的腐蚀产物。

镀层和大气中的氧反应最初形成的表面腐蚀产物是氧化锌。镀锌件如暴露在湿气(雨水、露水、雾水等)中时，氧化锌颗粒则与水反应，形成多孔的凝胶状氢氧化锌。在干湿循环过程中，空气中的二氧化碳与氢氧化锌反应，转化成一层薄薄的、致密的、与镀层紧密结合的碱式碳酸锌层。随着碱式碳酸锌膜的形成，镀层表面呈哑光灰色。镀层的自然腐蚀过程如图3-4所示。

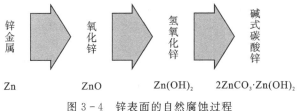

锌金属	氧化锌	氢氧化锌	碱式碳酸锌
Zn	ZnO	Zn(OH)$_2$	2ZnCO$_3$·Zn(OH)$_2$

图3-4 锌表面的自然腐蚀过程

氧化锌到氢氧化锌的转换在氧化锌形成不久后就会发生，取决于空气中的含水量或露水、冷凝水等存在的情况。锌的腐蚀产物氧化锌和氢氧化锌是水溶性的，所以它们通常会被雨水或冷凝水从表面洗掉。碱式碳酸锌形成速率因环境条件而异，通常需要大约6~12个月才能完全形成。完全形成的碱式碳酸锌膜是一种钝化的、稳定的膜，附着在锌表面，不溶于水，不会被雨雪洗掉。碱式碳酸锌膜的腐蚀非常缓慢，在相同环境下它的腐蚀速率大约只有钢的1/30，从而保护了下面的镀层。

3-8 热镀锌层和其他涂层出现不连续情况对裸露的钢基体还可以起到防腐蚀保护作用吗？

保护涂层，如漆涂料和粉末涂料，涂敷于钢铁表面提供屏障保护。屏障保护也许是最古老和使用最广泛的防腐蚀方法。它的作用是将基底金属和环境隔离开。只要这层屏障完好无损并与基体结合完好，钢材就受到保护，不会发生腐蚀。然而，如果屏障被破坏，腐蚀就会开始。

大多数的漆和粉末是多孔的，容易损坏，电解质（水分）也容易到达基体钢。如果不进行定期维护，涂层可能在相对较短的时间内失效。图3-5说明了只有涂层屏障保护的情况下，涂层有刮痕或缺口时腐蚀将立即开始和发展。

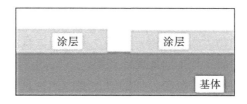

图3-5　膜下腐蚀引起涂层剥离和脱落

如图3-5所示，暴露的钢开始腐蚀，形成一个生锈的腔体。因为形成铁锈后体积会增大，此腔体胀大并从金属表面顶起了涂层，也就是"起泡"。腐蚀坑和起泡继续增长，直到涂层完全失效。

热镀锌层的硬度、延性和附着力相配合，使镀锌件具有无与伦比的抵御运输、现场装配及服役过程因野蛮操作造成伤害的能力。镀层与基体的冶金结合可保证不发生镀层下腐蚀。镀层不只是提供屏障保护，锌还会被优先腐蚀而对基底钢进行阴极保护。事实上，即使镀层在小尺寸范围（如小缺口）物理损坏到钢裸露的程度，镀层的阴极保护作用仍然可以使基底钢免遭腐蚀，直到损坏部位一定范围的锌全部消耗掉。

图 3−6 示意的是镀层有划伤而使钢裸露时，通过电化学作用，锌层慢慢地牺牲自己保护基底钢的情况。只要划伤口附近区域有锌残存，这种牺牲保护行为就会持续。

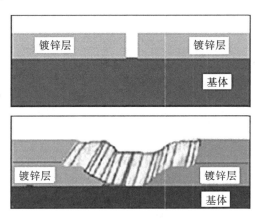

图 3−6　镀层对裸露钢提供牺牲保护

热镀锌层为钢表面引入牺牲阳极。锌作为阳极，钢作为阴极，两者之间的冶金结合形成了电流路径。当深层划痕使钢基底裸露出来后，大气、土壤及有水条件为锌和新裸露的钢之间提供电解质，从而形成完整的原电池回路。在这原电池中，基底钢受到保护，镀层被消耗掉。镀层还可以为镀锌后因切割而裸露的切面提供阴极保护。热镀锌镀层的阴极保护作用可使镀锌件具有很长的使用寿命。

3−9　热镀锌层对裸露部分钢基体的阴极保护作用受哪些因素影响?

热镀锌层作为钢基体的物理保护屏障，往往在运输和搬运过程中因操作不慎而局部损坏，使基体钢材暴露在环境中。镀层能否仍然保护已裸露钢基体免受腐蚀，取决于以下几个因素。

(1)受损区域的宽度。镀层受损后的阴极保护作用受到受损区域宽度的限制。研究表明，锌层对镀层受损区域已裸露基体钢的阴极保护作用存在一个最大临界保护距离。在轻微的腐蚀环境下，镀层能进行阴极保护的受损区域的临界宽度约为 4 mm。

研究人员对钢和锌组成的电偶的阴极保护距离进行了研究和测试，将部分有镀层的镀锌钢样品持续暴露在大气环境下三个月，然后去除样品上的锈迹，检查锈迹下的腐蚀损伤情况，发现样品无镀层的裸露钢表面由两个区域组成，一个区域有腐蚀坑，另一个区域没有被腐蚀，见图3-7。在有腐蚀坑区域，坑的密度和大小随着与镀层边缘的距离增加而增加，这表明原来无锌层的裸露钢表面被腐蚀的程度不同。从图3-7中还可看出，镀层的腐蚀仅局限在锌层边界处非常窄的腐蚀微区（小于0.2 mm）。只有在狭窄的腐蚀微区中的锌层完全消耗后裸露钢的边缘才向前推进。

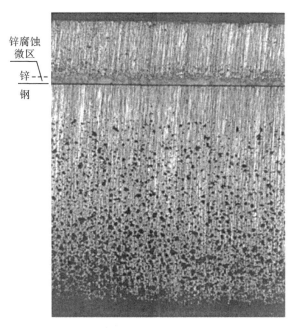

图3-7　暴露在大气中三个月后镀层与
裸露钢边界附近表面除锈后的照片

部分无镀层的镀锌钢在湿气不严重（如大气环境）下发生电化学腐蚀的情况，如图3-8所示。镀锌钢表面上有5个区域。在镀层侧，镀层表面区域（1区）仅经历正常腐蚀（无电化学腐蚀），而镀层边界处的狭窄微区（2区）发生了电化学腐蚀。在边界无镀层的裸钢侧，有3个区域：靠近镀层最近的区域（3区），钢完全受到阴极保护，该区域宽度即为保护距离（protection distance，PD）；其次是钢受到部分保护的区域（4区）；远离锌的区域（5区）未受到阴极保护，发生了正常腐蚀。PD仅表示完全受保护的区域；受到电化学保护的整个表面区域（包括部分受保护区域）明显大于PD。

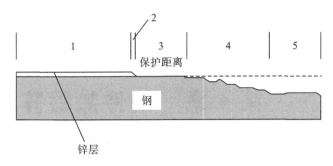

1—锌正常腐蚀；2—电偶腐蚀为主；3—完全受到阴极保护；

4—部分受到阴极保护；5—没有阴极保护的正常腐蚀。

图 3-8　镀层与裸露钢边界附近表面不同区域腐蚀示意图

　　研究人员在各种实验室和现场条件下测定钢/锌电偶的电偶保护距离 (PD)的研究结果表明，PD 与没有锌层的钢表面宽度有关。对于给定的测试环境，有一个临界宽度。当没有锌层的钢表面宽度小于临界宽度时，裸露钢表面受到完全保护；超过临界宽度时，只有一部分钢表面区域受到保护，而且 PD 随没有锌层的钢表面宽度的进一步增加而减小。

　　(2)锌表面活性。锌的表面活性对 PD 大小有很大的影响，PD 随着锌表面活性的增加而增加。当锌表面是低活性状态时，锌提供的阴极保护作用基本为零。因此，当锌暴露在环境中逐步钝化时，锌提供的保护距离 PD 会随着时间的推移而减小。

　　(3)电解质。镀锌钢所处环境也是影响锌对裸露钢阴极保护作用的主要因素之一。电解质的电阻或电导率，会改变锌提供的 PD，PD 随着电解质电阻的增加而减小。镀锌钢暴露在盐水环境中时，锌的 PD 大于暴露在干燥气候中时的 PD。盐水具有更好的导电性，从而使锌具有更大的阴极保护面积，但这种更大范围的保护是有代价的，即锌的消耗速度会更快，从而减少了镀层的整体寿命。

　　将镀锌件镀层的任何损坏及时修复都会增加镀层寿命从而增加镀锌件的整体寿命。但是，从经济上讲，有时可能没有必要。轻度腐蚀气候条件下，宽度小于 4 mm 的小划痕不一定需要修复，锌的阴极保护将防止钢的腐蚀。在高度腐蚀的环境中，防腐蚀是最重要的考虑因素，应对损伤及时进行修复以确保镀锌件的最长使用寿命。无论环境如何，较宽的大划痕都应该及时修复。

>>> 第4章 钢件热镀锌层使用寿命及环境的影响

4.1 钢件热镀锌层在大气环境中的耐腐蚀寿命

4-1 钢件热镀锌层在大气条件下的使用寿命如何？

热镀锌钢可用于不同环境条件，包括大气、水和土壤等环境，热镀锌层在这些环境中可给钢基体提供屏障和阴极保护作用。但在不同环境条件下镀锌件的抗腐蚀机理和耐腐蚀性可能是不同的。热镀锌钢最常见的暴露环境是大气环境。锌镀层腐蚀受大气条件的影响，这些大气条件包括温度、湿度、降雨、空气中二氧化硫浓度和空气盐度等，一般不是单因素独立地影响镀层腐蚀速率，而是多因素共同作用。

当镀层暴露在自然干湿环境中时，在表面会产生碱式碳酸锌层。碱式碳酸锌是稳定的，除非大气环境中有腐蚀性氯化物或硫化物存在。碱式碳酸锌是影响镀层在大气中使用寿命的关键因素。在工业、城市、农村和海洋环境中含有不同程度的氯化物、硫化物和其他腐蚀物质。研究人员对在不同环境服役的镀锌钢样品进行了几十年的跟踪测试，得到了大量的镀锌钢在实际应用中的性能数据。美国热镀锌协会采用了来自25个不同地域的环境数据，以及利用锌涂层寿命预测器(zinc coating life predictor，ZCLP)创建了首次维护时间(time to first maintenance，TFM)与平均镀层厚度关系图，如图4-1所示。

从图4-1能够看出，镀锌钢暴露于5种大气条件下的首次维护时间(估算)与平均镀层厚度线性相关。

工业环境通常是腐蚀性最强的环境。排放气体中可能含有硫化物等腐蚀

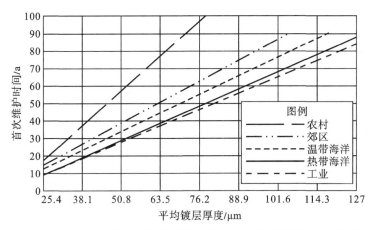

图 4-1　不同大气条件下热镀锌件首次维护时间与平均镀层厚度的关系

性物质，它们会造成镀层的消耗。汽车和工厂废气是排放这些物质的例子，所以大多数城市地区被归类为中等工业区。

热带海洋环境是温度很少低于水的冰点的气候区域。高湿度加上空气中的氯化物，使得大气环境几乎和工业环境一样具有腐蚀性。热带海洋大气温度较高，提高了镀层表面腐蚀物质的活性水平，从而使镀层腐蚀速率加快。风速和风向，以及镀层与海岸的距离也是影响海洋环境中镀层腐蚀速率的因素。

由于温带地区的温度和湿度水平较低，温带海洋环境的腐蚀性低于热带海洋环境。但是，在任何海洋大气中，海水飞沫带来的氯化物都会与本可起到保护作用的腐蚀产物（碱式碳酸锌）反应，形成可溶性氯化锌而被冲走，暴露出的新鲜的锌层会继续受到腐蚀。氯化物、风速、风向和离海距离等都会影响镀层在温带海洋大气中的腐蚀速率。

城市郊区处于城市周边，没有或几乎没有重工业，大气的腐蚀性一般低于中等工业区。

乡村大气环境是5种环境中最不具腐蚀性的。这是因为这种环境中的硫和其他排放物含量相对较低。

在大多数情况下，热镀锌层在某一特定大气环境的腐蚀速率能很好地表明镀层在类似环境中的表现。然而，腐蚀是一个复杂的问题，环境之间存在细微的差别，可能会极大地改变腐蚀速率，使得镀层表现出来的防腐蚀性能不是预测的那样。一般说来，镀层暴露在室内大气中的寿命将明显长于暴露在室外的寿命。

首次维护时间定义为镀锌件表面出现5%的锈蚀区域的时间，即95%的表面仍存有镀层，建议进行首次维护，以延长镀锌件的使用寿命。根据ASTM A123/A123M《钢铁制件热镀锌层标准规范》，厚度(指平均厚度)不小于6.4 mm的钢结构型材表面必须至少有100 μm的镀层，通常情况下，锌层厚度往往会大于最低要求，因此，如图4-1所示，即使在最具腐蚀性的工业环境中也能提供大于65年的首次维护寿命。实际上，该图只能用作快速近似估算和直观解释热镀锌钢首次维护时间的工具。为了更准确地预测首次维护时间，应收集项目特定位置实际的气候数据，利用锌涂层寿命预测器输入该环境的特定参数，可获得镀层首次维护的估计时间，或者计算达到指定寿命所需的镀层厚度。

锌涂层寿命预测器是由美国泰克金属有限公司的格雷戈里·张博士(Dr. Gregory Zhang)利用各种真实环境下的腐蚀数据、统计方法和神经网络技术开发的软件程序。自20世纪20年代以来，其对真实环境下的腐蚀数据的持续收集表明，反污染运动使镀锌钢的腐蚀速率有了实质性的降低。因此，锌涂层寿命预测器提供的预估首次维护时间，以及由此绘制的首次维护时间图上确定对应的点，对21世纪的情况来说偏于保守。

4.2　钢件热镀锌层在水和化学溶液里的耐腐蚀情况

4-2　热镀锌层在水中的腐蚀速率受哪些因素影响？

潮湿环境对包括钢和锌在内的大多数金属都有很强的腐蚀性。镀锌钢暴露在大气中时，由于自然天气现象造成的周期性干湿循环，随着时间的推移会在热镀锌层上形成碱式碳酸锌层。在浸水环境中，由于镀层表面始终是湿的，不会像在大气中那样在镀层上形成碱式碳酸锌层。

世界各地的水品质差异很大，这使得预测镀层的腐蚀速率变得困难。有许多因素影响金属在水环境中的腐蚀速率，包括pH值、氧含量、水温、搅拌情况、抑制剂的存在和潮汐条件等。水可以分为多种不同的类型，纯水(如蒸馏水或去离子水)、天然淡水或海水等，每种水对金属都有不同的腐蚀机制以决定腐蚀速率。因此，决定某一工程是否适合应用镀锌件于水环境时，第一步要确定镀锌件是在什么类型的水中使用。

(1)纯水。纯水也就是去离子水或蒸馏水，如果不含氧气和二氧化碳，镀层在纯水环境中的腐蚀速率较低。但纯水中溶解有氧和二氧化碳时，则对镀层具有很强的腐蚀性。溶解有氧的纯水对镀层的腐蚀性随着曝气量的增加而增加，可以是纯水中溶解有二氧化碳时的腐蚀性的 5～10 倍。

（2）淡水。热镀锌钢已被成功地用于淡水环境。淡水是指除海水以外的所有形式的自然水。淡水可以根据其来源或用途进行分类，包括冷热生活用水、工业用水、河水、湖水和地下水。镀层在淡水中的腐蚀是一个复杂的过程，主要受水中杂质的控制。即使是雨水，也溶解有氧、氮、二氧化碳和其他气体，此外还会含有灰尘和烟雾颗粒。地下水携带有微生物、侵蚀的土壤和腐烂的植被等，溶解有钙、镁、铁、锰等金属盐和悬浮的胶体物质。所有这些物质及水的 pH 值、温度、流动情况等都会影响在镀层表面形成的腐蚀产物的结构和组成。淡水含杂质等情况即使差异相对较小都可能会导致腐蚀产物和腐蚀速率相对较大的变化。因此，镀层在淡水中的腐蚀速率没有简单的规律可循。

实际应用中常将淡水环境分为两种主要类型：硬水和软水。影响镀层在淡水中腐蚀速率的主要因素有硬度、溶解气体、流速和氯化物等。

①硬度。在水中，镁离子和钙离子（Mg^{2+} 和 Ca^{2+}）能在镀层上形成保护膜，这些离子的浓度越高，水就越硬。中、高硬度的水提供足够的镁离子和钙离子并在镀层上形成保护层，起到屏障的作用，从而提供腐蚀防护。由于软水中的镀层表面形成不了保护膜，所以，软水的腐蚀性要比硬水大得多。当然，水的硬度只是影响镀锌钢在水中耐腐蚀性的因素之一。

②溶解气体。水中含更多的氧气会增加腐蚀速率，意味着镀层表面会形成更多的腐蚀产物。镀件完全浸入水中要比部分浸入好，因为水下氧气相对较少。井水中氧含量往往较低，因此腐蚀性较低；而地表水和泉水的腐蚀性较高。

③流速。较高的流速会加速水中镀锌件的腐蚀。流动水的作用类似于大气中的风，会使磨损增加；而且水的搅动可以去除锌与钙、镁离子形成的保护膜。这也是为什么在飞溅区镀锌件的腐蚀会更严重的原因。

④氯离子。水中氯离子对锌的腐蚀作用最强，水中氯离子浓度超过 50 mg/L 时，则有强的腐蚀性，这在碳酸盐含量低于 80 mg/L 的软水中更为明显。而硬水中的碳酸盐含量为 700 mg/L，碳酸盐沉积保护膜可在一定程度上保护镀层免受氯离子侵蚀。

（3）海水。镀层对浸在海水中和暴露在盐雾中的镀锌件的保护作用相当显著。在淡水中影响镀层腐蚀的因素同样适用于海水。但海水中影响镀层抗腐蚀性能的最大因素是海水的温度和离子的作用等。

①温度。海水温度变化很大，从两极的 -2 ℃到赤道附近的 35 ℃。对于所有的水来说，水温越高，对镀层的侵蚀性就越大，因为在较高的温度下氧

气和锌的反应进行得更快，这就是热带海水比温带海水腐蚀性更强的原因。有冰冻周期的海水，冰冻期对镀锌钢的腐蚀性通常比软水更小。

②pH 值。表层海水 pH 值一般为 8，这是由过量的碳酸盐造成的。在停滞水域中，pH 值可能会降到 7。水深也对 pH 值有影响。pH 值随深度的增加而降低。pH 值在 5.5~12 范围内，对镀层抗腐蚀有利。

③离子的作用。在中等温度范围内，锌与镁和钙形成不溶于水的盐，这些化合物形成于镀层表面，阻挡了锌金属与氧气和氯化物的反应，从而减缓镀层的腐蚀速率。热带水域温度往往保持在 21 ℃或以上，在镀层表面很难形成这些化合物阻挡层。温度越低，这些化合物越容易形成。

海水中氯离子的含量很高，锌的腐蚀速率可能会很高。然而，海水中镁、钙离子的存在对这种环境中的锌腐蚀有很强的抑制作用。实验室加速腐蚀试验有时使用简单的氯化钠(NaCl)溶液来模拟海水对镀锌钢的影响，而现实海水环境下的腐蚀情况往往与实验室加速腐蚀试验的结果有很大的不同。

④潮汐带。镀锌钢腐蚀最严重的海域之一是冲刷区和潮汐带。海水的冲刷作用加快了镀层的腐蚀速率。海水冲刷会去除表面形成或趋于形成的钝化层，暴露出新鲜的锌层，镀层表面又趋于形成新钝化层，这会导致镀层腐蚀速率的增加。

虽然海水中的一些因素对镀层抗腐蚀性能有不利影响，但值得注意的是，钢热镀锌仍然是水中应用最好的防腐蚀方法之一。热镀锌钢在海水中很好地服役 8 到 12 年的实例是很常见的。

4-3 化学溶液的 pH 值如何影响锌的腐蚀速率？

在化学溶液环境中，影响热镀锌层腐蚀行为的主要因素是溶液的 pH 值。由溶液的 pH 值可确定溶液中氢离子的浓度，如表 4-1 所示。低 pH 值的酸性溶液有高的氢离子浓度，高 pH 值的碱性溶液中氢离子浓度较低。溶液的 pH 值决定了其他组分在溶液中的溶解度。一些固体物质在酸性溶液中溶解度高，也有一些固体物质在碱性溶液中溶解度高。某些物质既可溶解于酸性溶液又可溶解于碱性溶液，这些物质被称为是两性的。当镀锌件从锌锅移出后，表层自由锌与大气中的氧气反应形成氧化锌。氧化锌是两性的，所以表面覆盖氧化锌的镀层在中性溶液中是稳定的，腐蚀速率最小。

表 4-1　pH 值和氢离子浓度[H⁺]的对应关系

$[H^+]/(mol \cdot L^{-1})$	0.1	0.01	0.001	0.0001
pH 值	1	2	3	4

　　图 4-2 显示了锌的相对腐蚀速率与溶液 pH 值之间的关系。曲线底部位置稍微偏于碱性侧。镀层在 4.0<pH<12.5 的溶液中的耐腐蚀性表现良好，因为在这个酸碱度范围内，锌表面会形成保护膜，使镀层腐蚀减慢到非常低的速率。需要指出的是，图中曲线只是反映出了一般的规律。它们二者之间的关系不是一成不变的，会受到众多因素的影响，例如搅拌、通风、温度、极化和加入抑制剂等因素会明显改变镀层的腐蚀速率。另外，腐蚀过程化学溶液的 pH 值也可能会受到溶液本身某些因素的影响而改变。

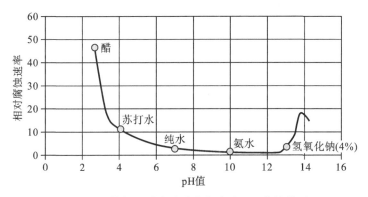

图 4-2　锌的相对腐蚀速率与溶液 pH 值的关系

　　由于许多化学溶液的 pH 值在 4.0～12.5 范围内，因此镀锌钢容器可以广泛用于储存和运输一些化学溶液。但也应该注意，某些化学物质会与锌反应生成酸性产物，从而加快镀层的腐蚀速率。pH<3 或 pH>13.5 的化学环境不推荐采用镀锌件，因为镀层会快速腐蚀，可考虑使用其他防腐蚀材料或防腐蚀体系。

4.3　钢件热镀锌层在土壤中的耐腐蚀寿命

4-4　钢件热镀锌层在土壤中的使用寿命如何？

　　预测钢件热镀锌层在土壤中的耐腐蚀性是一项复杂的任务。决定土壤腐蚀性的主要因素是含水量、pH 值和氯化物含量，还受到诸如通风、温度、电阻率、质地或粒度等特性的影响。

　　首先要对土壤进行分类。根据颜色对土壤进行分类是最简单也是最普遍的方法之一。红色、黄色或棕色土壤表明土壤含有一定量的氧化铁，土壤通气性良好。灰色土壤表明存在还原铁，土壤通气不良。通气性差的土壤通常对锌更具腐蚀性。

土壤粒度对判断热镀锌钢是否适用于某种土壤起着重要作用。粒度决定土壤内的通风量，以及镀锌钢处于湿润状态的时间。土壤颗粒由大到小通常分为三类：沙粒、粉粒和黏粒。较大的颗粒尺寸允许空气进入颗粒之间，促进土壤的通气，属于通气性土壤。与颗粒较小的通气性差的土壤相比，通气性土壤便于雨水或其他来源残留在土壤中的水分快速蒸发。通气性土壤的良好通气性和较短的湿润时间使锌镀层腐蚀速率较低。土壤中高含量的细菌往往会消耗土壤中的氧气，使土壤通风不良。降雨量和降雨频率影响土壤的湿润时间，湿润时间越长，土壤的腐蚀性越大。

研究表明，土壤的pH值可以从2.6～10.2不等。与接触化学溶液的镀锌件一样，pH值对锌的腐蚀速率有显著影响。一般来说，具有中性或轻微碱性酸碱度、通气良好的砂质土壤对镀层的腐蚀性较弱。极低pH值（高酸性）的土壤对镀层的腐蚀性是很强的。

温度对镀锌件在土壤中的腐蚀速率也起一定作用。一些研究表明，当温度从4 ℃升至20 ℃时，镀层的腐蚀速率加倍；温度越高，土壤电阻率越低，在电阻率低的土壤中，镀层的腐蚀速率较高。

许多研究都涉及镀锌件在各种土壤中的腐蚀速率。《波纹钢雨水管和涵管的状况和腐蚀调查：总结报告》(*Condition and Corrosion Survey on Corrugated Steel Storm Sewer and Culvert Pipe：Final Report*)是关于镀锌件在土壤条件下耐腐蚀性能的重要信息来源。该报告是由科尔普公司与美国钢铁协会(American Iron and Steel Institute，AISI)合作，为美国波纹钢管协会(National Corrugated Steel Pipe Association，NCSPA)编写的。

美国热镀锌协会分析采用了这份报告中的信息，于2011年创建了四个图，如图4-3所示。利用这些图，可以粗略估计镀锌钢在各种土壤中的使用寿命。但图中仅考虑了对镀锌钢腐蚀速率影响最大的土壤特性，包括土壤的氯化物含量、水分含量和pH值，而没有分析土壤各种特性及其对镀层腐蚀速率的影响。图(a)是高氯化物含量、低水分土壤；图(b)是高氯化物含量、高水分土壤；图(c)是低氯化物含量而pH值高的土壤；图(d)则是低氯化物含量、pH值低的土壤。四张图显示了在不同特征土壤中镀层厚度与使用寿命之间的关系，中间的线代表该类土壤特征平均值；上面的线表示该类别土壤特征值是对镀层最有利的；下面的线代表该类别中最差的土壤。直线之间的区域显示了pH值和水分含量的变化影响预计的使用寿命的趋向。假设埋在土壤中的热镀锌钢镀层厚度为101.6 μm，在最恶劣的土壤中镀层寿命约为35年，如图4-3(b)所示；而如图4-3(a)所示，镀层最小厚度为101.6 μm时，镀层最低寿命却超过130年。

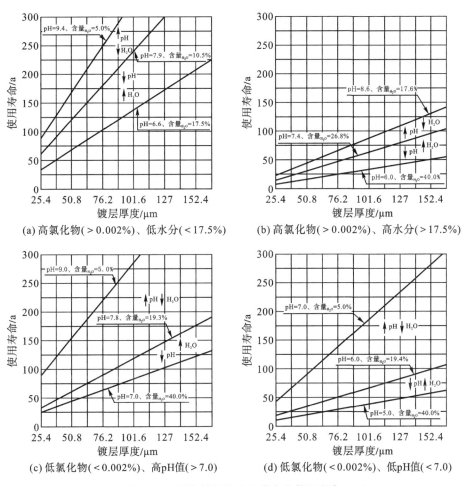

图 4-3 钢热镀锌件在土壤中的使用寿命

（使用寿命是指土壤中部件至进行必要的更换或维护时所经历的时间）

沃伦·罗杰斯博士(Dr. Warren Rogers)在20世纪70年代进行了一项题为《地下储罐平均腐蚀失效时间》[*Mean Time to Corrosion Failure（MTCF）of Underground Storage Tanks（USTs）*]的研究，他对地下储罐腐蚀速率影响最大的四个变量及其相互作用进行了研究分析，结果如下。

（1）氯化物。氯离子的存在导致电阻率降低，使镀层更容易腐蚀。随着土壤中水分含量的增加，高氯化物含量会增加镀层的腐蚀速率。

（2）pH值。土壤的pH值越低（<7.0），镀层的腐蚀速率越高。如果pH值大于7.0，则会延长锌镀层的使用寿命。

（3）含水量。对于热镀锌钢，土壤含水量主要影响氯离子的活性。当含水率低于17.5％时，氯离子浓度对锌的腐蚀速率影响不大。当含水率在17.5％

以上时，氯离子浓度对锌的腐蚀速率有显著影响。

(4)电阻率。该参数随氯离子浓度而变，高电阻率意味着低氯离子含量，致使镀层腐蚀速率较低。

他的研究成果也是美国热镀锌协会制定上述土壤中热镀锌钢预计使用寿命图的重要资料来源。

实践中，项目技术人员对项目区域土壤样品进行实验室测试，可确定影响土壤腐蚀性的因素，并选用对应的土壤中热镀锌钢预计使用寿命图来估算使用寿命。

土壤中的氯化物含量可依据 ASTM D512《测定水中氯离子含量的标准试验方法》，通过测试土壤水提取物中氯化物的含量确定。

土壤中的含水量可依据 ASTM D2216《实验室测定土壤和岩石的水(水分)含量的标准试验方法(按质量计)》，经过称重—烘烤—称重得到土壤样品的水分含量(百分比)。pH 值测试可按 ASTM G51《腐蚀试验用土壤 pH 值测量的标准试验方法》进行。

钢热镀锌件在大多数土壤条件下表现良好(使用寿命超过 75 年)。使用钢热镀锌件的最佳土壤类型是残留水分含量低的沙质粗土；使用热镀锌钢最差的土壤类型是高残留水分的密实土壤和高水分低 pH 值的沼泽土壤。干旱地区的一些土壤含有很高的氯化物，以及其他一些碱性物质，即使水分保持率很低，也可能对镀锌件具有很强的腐蚀性。

4.4 热镀锌层和异种金属接触对镀锌件基体金属防腐蚀的影响

4-5 镀锌件与异种金属接触会发生什么情况？怎么应对？

正如第 3 章所介绍的，当两种不同金属接触并有电介质覆盖的情况下，由于各自的电极电位不同，可能构成腐蚀原电池，电位较正的金属为阴极，发生阴极反应，腐蚀受到抑制；而电位较负的金属为阳极，发生阳极反应，导致腐蚀。这也就是所谓的电偶腐蚀机理。如果镀锌件与其他金属接触，就有可能消耗锌镀层而保护镀锌件钢基体以外的其他金属，而不是设计的初衷——保护镀锌件钢基体。

镀锌件与不同金属组合应用在大气环境中时，最可能存在的电解质是雨水或露水，这两种形式的水都是不良的电解液，因为它们不含或很少含可大大提高它们导电率的盐。而海洋环境水气及撒有融雪盐的道路融化水是非常好的电解质。

为了研究镀锌件与其他不同金属接触后可能发生的情况，首先了解一些金属在盐水中的电极电位。各种金属在盐水中的电极电位如第3章图3-3所示。

金属发生电化学腐蚀需要具备四要素（见第3章问题3-2），所以，要防止电化学腐蚀必须阻隔或去除某个因素。

（1）在无法避免不同金属组合的情况下，采用电位差最小的金属材料组合。

（2）阻断与异种金属间的电流通道。可以在镀锌件与原组合的异种金属之间放置电惰性隔离材料将它们之间可能的导电通路阻断。橡胶、塑料或陶瓷等，是吸湿能力非常低的电惰性隔离材料。在盐水浸渍的情况下，最常见的绝缘体是橡胶。必须适当地选择隔离材料，因为如果它破裂，不同的金属可以接触并产生一个双金属电偶，使某一金属加速腐蚀。

（3）隔离电解液。在大气环境下的建筑物内部，通常不会有电偶腐蚀。暴露在大气中或在浸泡条件下，使用耐用的油漆系统可以最大限度地减少异种金属组合件与环境中电解质的接触。

4-6　镀锌件和几种常用金属接触对热镀锌层防腐蚀保护作用有何影响？可采取哪些应对措施？

在工程中使用的热镀锌钢可能会接触到其他几种常用金属。如果锌镀层表面与电位更高的金属接触，锌可能会成为双金属腐蚀电池的阳极而发生腐蚀，腐蚀的程度主要取决于另一种金属在金属电位序中相对于锌的位置。下面简述热镀锌钢与几种常见金属接触时的腐蚀情况和可采用的防护办法。

（1）铜材。如果安装镀锌件与铜材在潮湿的环境中接触，锌可能会快速腐蚀。哪怕是流经铜材表面的水，也可能含有足够多的铜离子，也会导致热镀锌层快速腐蚀。如果镀锌件接触铜或黄铜材料是不可避免的，应采取预防措施。可在镀锌件和铜材之间加装绝缘垫或垫圈等，阻断两种金属之间的导电回路。另外，设计水路时应确保水不循环，水流方向应从镀锌表面流向铜或黄铜表面，而不是相反方向。

（2）耐候钢。当镀锌螺栓用在耐候钢上时，镀层最初会自我牺牲，直到与螺栓接触的耐候钢上形成一层保护层。一旦这保护层形成，它就形成了一个绝缘层，可防止锌的进一步牺牲腐蚀，这通常需要几年时间，所以镀层必须足够厚，才能持续到保护层形成。大多数热镀锌螺栓都有足够厚的镀层，足以持续到耐候钢上的保护性锈层形成，且镀层只是损失部分寿命。

(3)铝和不锈钢。在轻度至中等湿度的大气条件下，镀层表面与铝或不锈钢接触不太可能显著加速腐蚀。然而，在非常潮湿的条件下，镀锌表面可能需要与铝或不锈钢电绝缘，以防止形成导电回路。

金属间电位差越大，腐蚀反应的可能性越大，腐蚀速率也可能比较大。锌和铝的电位差很小，发生腐蚀反应的驱动力小。铝的表面会氧化形成绝缘薄膜，不锈钢表面会形成钝化层，所以当它们与不同的金属接触时，绝缘薄膜或钝化层可以作为电绝缘体阻断电回路。

除了电位差，腐蚀情况还与两种接触金属表面积的相对大小有关。

4-7 双金属电化学腐蚀系统中阴极和阳极的表面积对腐蚀速率有何影响?

在其他条件不变的情况下，阴极与阳极表面积之比增大，阳极的腐蚀速率也随之增大；阴极与阳极表面积之比减小，阳极的腐蚀速率减小。这种情况可用铆接连接件加以描述。用热镀锌铆钉连接不锈钢板时，如图4-4所示，阴极(不锈钢板)与阳极(热镀锌铆钉)表面积之比很大，铆钉会因此加速腐蚀而迅速失效。用不锈钢铆钉连接热镀锌板时，如图4-5所示，阴极与阳极的面积比很小，虽然腐蚀影响到铆钉附近热镀锌板相对较大的范围，但腐蚀程度很小，连接件不会因腐蚀而失效。异种金属接触时腐蚀速率与金属表面积之比的关系如表4-2所示。

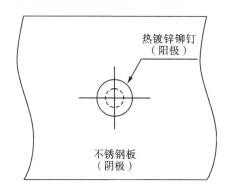

图4-4 热镀锌铆钉连接不锈钢板

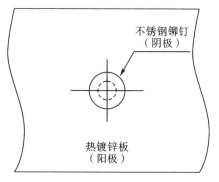

图4-5 不锈钢铆钉连接热镀锌板

表4-2 异种金属接触时腐蚀情况与金属表面积之比的关系

锌与不锈钢表面积之比	腐蚀情况
小	严重腐蚀
大	轻微腐蚀

4-8 混凝土中热镀锌钢筋和裸钢接触会发生什么情况？可采取哪些防护措施？

如果裸钢和热镀锌钢筋在有电解液的情况下接触，即使在混凝土中，镀锌钢筋的热镀锌层也会为接触的裸钢牺牲自身，而不完全是保护镀锌钢筋的钢基体，镀层消耗的速度比正常预期的要快，这会降低镀锌钢筋的使用寿命。

含氯化物或其他矿物质的水与纯水相比较，增加了所接触的异种金属之间的腐蚀电流。这一点对分析混凝土中钢筋的腐蚀情况非常重要。融雪盐在许多地区的道路上普遍使用。融雪盐与雨水或融雪水混合便形成电解质。电解质会通过钢筋混凝土中的裂缝渗透到钢筋部位，从而会加速镀层的腐蚀消耗。

这样的腐蚀机理同样会发生在其他暴露在大气中的钢筋混凝土结构中，如钢筋混凝土楼梯、车库、墙壁、栅栏及体育场构架等。

为防止混凝土中热镀锌钢筋与裸钢接触发生电偶腐蚀，可以用电绝缘胶带包裹镀锌钢筋或裸钢，使它们之间不能直接接触，阻断腐蚀电回路。在钢筋混凝土表面刷合适的涂料，可防止混凝土表面的电解质向内部渗透，使钢筋混凝土中热镀锌钢筋与未镀锌紧固件、裸钢之间不能形成电偶腐蚀。再者，正如问题4-7所讨论的，如能保持阳极表面积（镀层面积）比阴极（裸钢）面积大得多，即使有一些电偶腐蚀，腐蚀速率也会很低。

4-9 热镀锌件采用锌或铝排气孔塞，哪个更好？

为了保证热镀锌质量和镀锌人员的安全，热镀锌件上需要开设排气孔和导液孔。热镀锌后通常用锌或铝塞将这些排气孔和导液孔密封，这些锌或铝塞被推入孔中并加工使其与周围镀层相平。这样做的目的，主要是防止雨水和其他杂物进入热镀锌件内腔引起腐蚀和污染；同时也为使用安全考虑。例如，堵塞热镀锌扶手上这些孔，可以防止儿童将手指伸进这些孔中造成伤害，同时防止飞虫、爬虫等进入里面筑巢安家。

放置排气孔、导液孔塞通常由制造商进行，但也可以由镀锌厂完成。不论由哪一方堵塞，最好要了解清楚镀锌产品的用途、设计寿命，以及产品是否会暴露在高湿度或高氯化物环境中。根据这些信息，可利用对问题4-5至4-8所陈述的防腐蚀知识和机理，正确选择制造堵塞件的材料。

实践中一般采用锌或铝制堵塞件。使用锌塞时，不会产生附加电偶腐蚀，因为锌塞和热镀锌层是相同的金属。所以，锌塞更适合腐蚀性环境(包括高湿度、高氯化物环境)中要求最长设计寿命的项目。

铝的电极电位略高于锌，而阳极表面(镀层)与阴极表面(铝塞)面积比很大，所以，铝塞与镀锌件镀层接触只会对镀层的腐蚀速率产生很小的影响，这在大多数非高湿度和非高氯化物环境的应用中通常是可以接受的。

4.5　热镀锌钢在化学品和食品环境中的应用

4-10　化学品对热镀锌层有何危害?

热镀锌钢(钢镀锌件)与一些化学品接触使用，常常表现出良好的抗腐蚀性，但有些化学品则不应与热镀锌钢接触使用，在指定应用镀锌件的场合，应谨慎避开它们。下面介绍一些化学品对热镀锌层的腐蚀性。

(1)漂白剂。漂白剂与水混合，对镀层有很强的腐蚀性。

(2)氯水。氯水对镀层有很强的腐蚀性，镀锌件不能在氯水中使用。而热镀锌钢在室内氯池上方使用时，其性能是可以接受的，但建议在室内氯池环境使用经过漆涂装或粉末涂装的镀锌钢结构件，这样可以大大提高其使用寿命。

(3)铝清洁剂。其对镀层极具腐蚀性，不能应用于清洗热镀锌钢。

(4)道路防结冰、融雪盐。防结冰、融雪盐干燥时，不会对镀层产生过度腐蚀；但溶于水后对镀层具有极强的腐蚀性。所以在用镀锌容器储存或运输防结冰、融雪盐过程中应充分注意这一点。

(5)生石灰。生石灰中最主要的成分是氧化钙，这是一种广泛使用的化合物。例如，用于混合砂浆，用作冶炼助熔剂及废水处理剂等。干燥生石灰对镀层没有过度腐蚀性，但当它与水结合时，会产生氢氧化钙，氢氧化钙对镀层具有极强的腐蚀性。而且生石灰与水的反应是放热反应，释放的热量会进一步加剧镀层的腐蚀。

(6)化肥。化肥普遍对镀层有很强的腐蚀性。液体肥料和潮湿的颗粒肥料特别具有腐蚀性。就颗粒肥料而言，含低至3%的水分就足以侵蚀镀层。

(7)汽油。在较大的汽油燃料箱中，镀层通常不存在过度腐蚀问题。然而，在小型汽油罐中，如割草机上使用的汽油罐，形成的锌腐蚀产物会堵塞过滤器。

(8)木材处理剂。经过处理的木材通常用于室外或高湿度地区的建筑领域。2003年相关标准对木材处理剂的使用进行了修改。对于住宅用木材加压处理，放弃使用铬化砷酸铜(chromated copper arsenate，CCA)，用新的化学品取而代之，以避免处理过程中一些潜在的有害元素。工业应用木材将仍可用 CCA 处理。现用于木材压力处理的两种最受欢迎的化学品是烷基铜铵(alkaline copper quaternary，ACQ)和铜唑(copper azole，CA)，它们都是活性高的腐蚀性化学品，增加了所处理木材与金属零部件接触时的腐蚀性。与这些经压力处理的木材一起使用的金属件，例如连接板、托梁吊架、支撑板和所有类型的紧固件，仅推荐使用热镀锌件和不锈钢件。与其他种类的镀锌紧固件相比，热镀锌件具有更厚的锌层。

4-11　热镀锌钢在食品行业应用的情况如何？

热镀锌钢在食品行业应用中总体表现很好，主要是因为其一般处于室内，避免了暴露于室外大气中。美国卫生与公众服务部(U.S. Department of Health and Human Services)《1997 年食品法典》(1997 Food Code)第 4-101.15 节"镀锌金属，使用限制"中规定：镀锌金属不得用于与酸性食品接触的器具或设备的食品接触面。根据这部食品法典，所使用的热镀锌钢接触肉类、非酸性水果和蔬菜是可以接受的。美国食品和药物管理局(Food and Drug Administration，FDA)已批准热镀锌钢可用于除高含酸量的食品之外的食品制备和运输器具。高含酸量食品包括西红柿、橙子、柠檬等，这些酸性食品对锌镀层的腐蚀性特别强，这与镀锌件与酸性环境接触时发生的情况相同。当锌与酸性食物或饮料接触时，会发生反应生成锌盐，而锌盐很容易被身体吸收。人体吸收过量的锌盐会导致某些疾病，尽管这方面相关疾病的报告还很少。所以，镀锌件不应使用于高酸性食品环境。

如果食品储存在塑料或其他材料制成的容器中，或其他不与食品发生直接接触的情况下，许多设施、装置及物品，如食品储藏架、冷却器中的搁架、肉类储存挂钩及食品生产现场的装置和物品，采用镀锌件是非常合适的。在农场，镀锌件也随处可见，如乳制品搁架、牛奶罐、鸡笼等。

大多数食品厂的梁、柱、楼梯、栏杆、踏板和架空单轨等，都采用了热镀锌钢。

4.6　环境温度对热镀锌层性能的影响

4-12　热镀锌层在高温和低温环境下的表现如何？

热镀锌层在很宽的温度范围内都非常耐用，甚至是在极热和极冷的温度下也非常耐用。但在一些实际应用中还是应该认真考虑温度对镀层性能的影响。

(1)高温环境。在高温环境下使用热镀锌钢可能会出现镀层分层，俗称脱皮。分层是由冶金变化引起的。新镀锌件非常缓慢地冷却时，或者镀锌件长期处于高温环境时，锌层内反应可以继续。表面自由锌层是进一步反应的锌源，在锌层反应过程中锌从自由锌层向内部合金层扩散而逐步被消耗，而在它和金属间化合物界面上形成一系列密集的小孔洞。这些小孔洞逐步增多增大，连接起来后导致表面自由锌层和底层的锌铁合金层分离，如图4-6所示，这种现象被称为柯肯德尔效应(Kirkendall effect)。

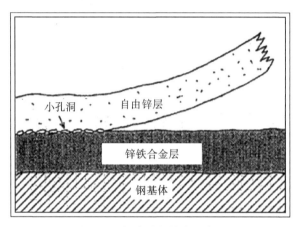

图4-6 柯肯德尔效应示意图

图4-7显示了热镀锌钢发生镀层分层与环境温度的关系，从图中可看出，使用温度在低于行业推荐的200℃以下，可以防止镀层分层。

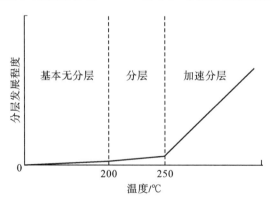

图4-7 镀层分层与环境温度关系的示意图

长期连续暴露于温度在 200 ℃ 以上的环境，钢镀层中的外层自由锌层与金属间合金层会发生分层。镀层分层可能导致镀层的腐蚀防护性能降低，并可能使镀层的力学性能也发生变化。镀件处于 250 ℃ 以上高温时会加速分层，这与锌的扩散速率有关。

镀层分层现象除了主要受温度、持续时间的影响外，分层的进程还受镀层厚度、自由锌层和铁锌合金层的相对厚度及各层均匀性的影响，因为这些因素会影响锌扩散路径长度或铁、锌相互扩散的反应速率。镀层内部的因素都会或多或少地影响镀层分层的速度和程度。研究人员发现，当镀锌层中的铅含量非常低(<0.001%)时，分层程度会大大降低。

镀层发生分层并不意味着镀层的腐蚀防护能力丧失了。发生分层只是外部的自由锌层脱落，留下的锌铁合金层能继续为钢提供腐蚀防护，防护寿命取决于剩余合金层的厚度。一般情况下，发生分层的区域会留下一些镀层，厚度通常在 $50\sim150\ \mu m$ 的范围内。但还是要指出，热镀锌件长期连续暴露的最高温度为 200 ℃，以确保镀层最大程度的防腐蚀保护作用，而不建议在 250 ℃ 以上的温度使用。

(2)短时高温环境。一次性高温暴露时间少于 24～48 h 或多次高温暴露每次少于 2 h 时，建议镀锌件的最高使用温度不超过 350～370 ℃，以确保镀层的完整性和性能。

此建议也适用于镀锌后需要进行热矫正变形或镀锌后需要进行热弯曲的镀锌件。例如，热镀锌后变形的镀件可以紧接着在 340 ℃ 左右的温度进行矫正，而不用担心镀层会分层损坏。

(3)火灾中。火灾环境的温度很容易超过 538 ℃，但是一般不会持续很长时间。尽管表面自由锌层的熔化温度为 419 ℃，金属间合金层的熔点范围为 530～780 ℃，火灾中也存在镀层损坏的可能性。但经验发现，火灾中热镀锌钢损坏的程度很小，通常在镀层表面上会出现一些颜色(橙色、铁锈色)和一层黑色碳粉，而底下的镀层仍然完好。

澳大利亚镀锌协会(Galvanizers Association of Australia，GAA)在一项研究中，通过小规模燃烧测试来模拟丛林大火的火焰特性，以评估暴露在灌木丛大火中的热镀锌电线杆的受损情况。试验结果表明，即使表面温度达到了 520 ℃，整个镀层仍然完好，但确实出现了一些颜色。

(4)低温情况。研究表明，热镀锌层在低于 -40 ℃ 的低温环境下的腐蚀速率，与在常温大气中相比，差异极小或几乎没有差异。热镀锌钢被用于一些极地设施，并已使用多年，这样的实例并不鲜见，但像其他一些钢材一样，在非常低的温度，镀锌件可能会产生低温脆性。

4-13 热镀锌钢发生锌极性反转是怎么回事?

极性反转效应的实例发生在非常特殊的情况下。热镀锌极性反转引起镀锌件加速腐蚀的情况,最初是在住宅和商用热镀锌热水加热器热过早失效时发现的。热水器只用了几年就出现了泄漏,随后的调查发现,热镀锌层出现了裂纹,裂纹下面的钢材已被完全腐蚀。一些研究者回到实验室试图复制这种腐蚀过程。他们将热镀锌件加热到与加热器中的热水相同的温度,即 $60\sim$ $82\ ^\circ\mathrm{C}$,没有观察到镀层发生变化。但将镀锌件浸泡在相同温度的软水中时,镀层会出现裂缝,钢会牺牲自己来保护锌层。

进一步研究表明,某些离子的存在对产生极性反转现象有很大的影响。在没有溶解氧离子的水溶液中镀锌件没有出现极性反转的迹象。水中溶解有碳酸氢盐和硝酸盐时,增加了镀锌件腐蚀防护产生极性反转的可能性。水中含有这些盐电离产生的离子,可使锌层电极电位增高,而铁的电位保持不变,这样使铁变成了阳极,而锌则成了阴极,从而导致基体钢腐蚀却保护了锌层。

另外一些盐,如氯化物或硫酸盐,溶解在水中产生的离子会对镀层的表面造成稍微不同的影响,这些离子的存在可使锌电极电位降低,因此镀层对钢保持阳极状态,不会发生极性反转。软水中通常溶解有大量的氧和极少量的氯化物和硫酸盐。硬水中氯化物和硫酸盐的含量较高,还含有碳酸氢盐。所以,镀锌容器能否用在温度 $60\sim82\ ^\circ\mathrm{C}$ 的水环境,是根据水的性质权衡的。

温度升高会改变极性反转出现的时间。如果能引起极性反转的水溶液的温度刚好高于 $60\ ^\circ\mathrm{C}$,出现极性反转可能需要经历一个月的时间;如果温度接近 $82\ ^\circ\mathrm{C}$,极性反转可能会在几个小时内发生。

总之,热镀锌钢极性反转效应不是在任何高温应用中都会发生,而是在一些特定的条件下发生的。热镀锌钢必须与水溶液接触,该水溶液必须溶解有氧,还须含有一些碳酸氢根或硝酸根离子,温度必须在 $60\sim82\ ^\circ\mathrm{C}$ 范围内,只有具备这些条件,热镀锌钢才可能会发生极性反转。

>>> 第5章 钢的热镀锌层组织和镀件的力学性能

5.1 热镀锌层组织及镀层完整性

5-1 热镀锌层的显微组织是怎样的？

批量热镀锌是将钢制件完全浸入熔融的锌浴中而产生热镀锌层的工艺方法。图 5-1 所示的是硅含量低于 0.04% 的低硅钢批量热镀锌后典型的镀层横截面显微组织照片。镀层包含三个金属间化合物层，其中和钢基体紧密结合的是很薄的 γ 层，依次是块状的 δ 层和柱状成长的 ζ 层，最外层是锌液最后凝固形成的自由锌层，称其为 η 层。η 层使镀锌产品具有特有的光泽和闪烁的外观。这些合金层是在浸镀过程中，钢中的铁和锌之间发生冶金反应形成的。

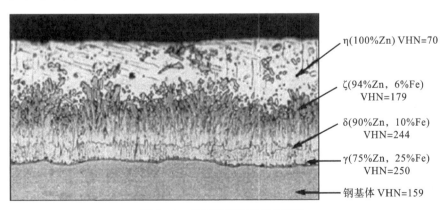

η(100%Zn) VHN=70

ζ(94%Zn, 6%Fe) VHN=179

δ(90%Zn, 10%Fe) VHN=244

γ(75%Zn, 25%Fe) VHN=250

钢基体 VHN=159

图 5-1 热镀锌层显微组织照片

图 5-1 中还标出了每一层组织中锌、铁的大致含量及维氏硬度值（Vickers hardnes number，VHN）：γ 层含 75%Zn 和 25%Fe（质量分数，下同）；δ 层含 90% Zn 和 10%Fe；ζ 层含 94%Zn 和 6%Fe；最外层 η 为 100%Zn。通常，γ、δ 和 ζ 层比下面的钢基体硬度更高，而自由锌层 η 层的硬度只有钢基体的一半左右。

实际上，η 层并不是纯锌层，因为镀锌液中还含有其他元素。镀锌厂加入锌锅中的锌锭的化学成分应符合标准 ASTM B6《锌标准规范》的要求，该标准规定了五个锌等级，可供镀锌厂选用。每一等级锌都含有一定杂质，但含锌量都大于 98%。另外，为了提高镀锌质量或镀层某些所需性能，会在锌锅中加入其他金属或非金属元素。这些杂质元素和所添加的元素都有可能在 η 层中存在。

图 5-1 所示是非常典型的镀层组织，并不是不同情况下形成的镀层都包含上述所有的化合层和纯锌层。钢铁化学成分、加工状态和热镀锌工艺等不同，所获得的镀层组织也会有所不同。

虽然镀层微观组织可以多种多样，但基本上不改变镀层的抗腐蚀能力。腐蚀防护能力是镀层厚度而不是镀层组织的函数，光亮的镀层与哑光灰色的镀层使用寿命是相似的。

5-2 热镀锌可提供完整均匀的镀层吗？

热镀锌层是由锌液中的锌和钢中的铁发生冶金反应而形成的。锌与铁独特的冶金结合，使镀层具有其他涂层体系无法比拟的综合性能，对钢基体能提供均匀保护是其显著特点之一。锌与铁之间的冶金反应是一种扩散反应，镀层垂直于镀件表面生长。因此，在角落和边缘的镀层基本会与平面处一样厚。另外，只要钢基体表面洁净，就能形成均匀的镀层。

相比之下，电镀和涂漆工艺在边缘和凸角处形成的涂层会很薄。机械镀锌法采用锌沉积工艺，产生的镀层厚度也不会像热镀锌那样均匀。这些工艺方法形成的涂层，最有可能在边缘、凸角处首先遭到腐蚀破坏。热镀锌层不存在这种弱点。图 5-2 是某个热镀锌件横截面显微照片，显示了凸角处镀层厚度是均匀的。

热镀锌的另一个特点是镀层对镀锌件表面完全覆盖。热镀锌过程需镀锌部分完全浸没在锌液中，锌液能浸润制件需镀锌的所有内、外表面，例如空心结构内表面和复杂零件的凹槽等，可使所有暴露表面都能形成镀层，从而得到镀层的防腐蚀保护。

在空心结构内部，易于出现潮湿和冷凝水汽，腐蚀发生率很高，所以如

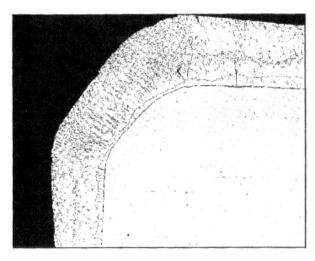

图 5-2　热镀锌件边缘横截面显微照片

能在内表面涂敷防腐层是非常有益的；但采用涂料涂敷是很难做到的，而热镀锌能形成完整、均匀的镀层，确保了内表面及凹槽等复杂部位与一般平整外表面一样得到相同的防腐蚀保护。

当镀件从锌液中取出后，镀层是否完整是显而易见的。因为在不清洁的钢表面不能获得良好镀层，表面处理的任何不足会立即显现出来。在镀锌现场就可立即采取纠正措施，从而可以保证交付的镀锌件是合格的。

5.2　热镀锌层的力学性能

5-3　热镀锌层的力学性能如何？

热镀锌层一般由自由锌层和一系列锌铁合金层组成，它与钢基体之间为冶金结合，结合强度大约是 24.8 MPa。而电镀锌层及漆涂层与基体的结合强度较小，容易被刮擦掉。

热镀锌层中 γ、δ 和 ζ 金属间化合物层比基底钢硬，由它们组成的合金镀层硬度也较高，从而使得热镀锌层具备良好的耐磨性能。

热镀锌层最外面的 η 层的塑性好，具有一定的抗冲击性。镀层的硬度、塑性和附着力相结合，表现出极坚韧的性质，能在很大程度上避免装运、生产及服役过程中因粗暴操作对镀层造成损伤。

但在不常见的镀层过厚的情况下，镀层会变得比较脆而可能出现剥落现象。尤其是当基体钢为活性钢时，锌铁合金层要比典型的正常镀层厚，甚至可能使表面自由锌层消失。在外因（热梯度、剧烈冲击）作用下，可能会使 γ 层与 δ 层之间裂开而使镀层从镀锌件上剥落，如图 5-3 所示。如果在镀层已经剥落的区域测量残留镀层厚度，测量值将接近或几乎为零，这表明钢上只剩下 γ 层。

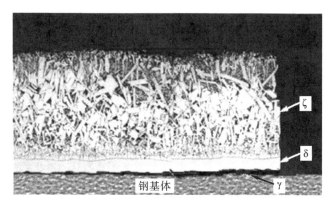

图 5-3　镀层剥落区域的横截面显微组织

5.3　热镀锌钢的脆化与开裂

5-4　热镀锌钢为什么会产生应变时效脆化？

应变时效脆化是冷变形的钢经过一定时间后发生脆化的现象。一般认为钢材中自由的碳原子和氮原子（主要是氮原子）是引起低碳和低合金结构钢应变时效的主要原因。碳原子和氮原子通过扩散作用富集在位错附近并沿位错线排线，形成所谓的气团，该气团对位错具有钉扎和阻滞其移动的作用。由于金属材料的塑性变形是借助位错在晶体中的移动来实现的，所以气团的存在导致材料强度升高、塑性下降和脆性增加。

冷加工使钢材发生塑性变形，金属晶格发生畸变，并使位错的数量大量增加，应变时效倾向增大。在室温下，应变时效的发生非常缓慢；但是加热到一定温度，如热浸锌温度，应变时效可以很快发生，伴随着材料的塑性变差和脆性增加，在内、外应力的作用下，可导致材料开裂或断裂。例如，经过弯曲、冲压或剪切等冷加工钢件，如果在热镀锌之前，这些冷加工产生的应力没有得到释放，那么在浸锌加热过程中产生的热应力可能与它们叠加，就可能使产生应变时效的镀件开裂。

钢产生应变时效的倾向与钢材的质量、化学成分、应变量、微观组织、时效温度及变形工艺密切相关。例如，钢筋由质量较低的钢材制成，材料中所含杂质元素通常比较多，更容易发生应变时效脆化现象。

镀锌件因应变时效脆化而开裂的情况，既可能在镀锌后立即发生，也经常在服役现场显现出来。通常情况下，产生应变时效脆化的镀锌件，一些简单的操作（例碰撞）都有可能导致裂纹的产生。

5-5　热镀锌钢为什么会产生氢脆？可以避免吗？

氢原子进入钢内，在钢的晶界、亚晶界、位错等处聚集，就会产生氢脆，使钢的塑性降低、脆性增加。

钢在热镀锌前的酸洗过程中会吸收氢，但对于拉伸强度较低的钢，在镀锌温度升高时，氢通常会被排出。然而，对于抗拉强度大于 1170 MPa 的高强度钢，氢原子扩散受晶粒细小和其他强化因素的影响，不易排放出来，产生氢脆的倾向较大。酸洗前经深度冷加工，酸洗温度过高，延长酸洗时间等因素会增加发生氢脆的可能性。

与应变时效脆化不同，氢脆往往要在持久载荷作用下才显现出来。

可以通过以下措施避免热镀锌钢发生氢脆。

(1)首先，设计者要尽量选择抗拉强度小于 1170 MPa 的钢。这些类型的钢吸入的氢，可以通过加热逸出。

(2)需要对高强度钢进行热镀锌时，可改进镀锌工艺，将氢脆的可能性降到最低。改进工艺包括采用喷砂处理对钢件表面进行机械清洁。为了清除喷砂残留物，必须进行快速酸洗（其在酸洗液中的时间不超过 30 s，不可按正常酸洗时间进行酸洗），从而大大减少钢吸入氢的量。

(3)酸洗后和热镀锌前加热到 150 ℃，在大多数情况下可排出酸洗时吸收的氢。

5-6　热镀锌钢开裂与焊接或火焰切割有什么关系？如何防止？

金属在外应力的作用下会发生弹性、塑性变形。因某些原因在金属内部也可能存在彼此牵制的所谓内应力。当外应力或内应力或内外应力叠加超过材料的强度极限时，材料就会开裂甚至发展到断裂。例如，氧-乙炔火焰切割或电弧焊过程经常会遇到切口附近或焊缝及热影响区出现裂纹的情况。氧-乙炔火焰切割时，切口附近热影响区内受热、冷却极不均匀；钢材表面粗糙、切口上有许多沟槽会引起应力集中。这些因素在金属内部造成极大的内应力，如果切割火炬和切割速度控制不当，就会产生裂纹。

又例如，电弧焊接形成的焊缝金属由液态凝固后冷却到室温，一直受到母材体的牵制和约束；热影响区内距焊缝远近不同的部位受热温度不一，组织变化也不一样，组织硬化的部位塑性降低脆性增加，在内应力的作用下容易产生裂纹。研究表明热影响区内硬度值高于 HRC35（洛氏硬度）的部位极易开裂，尤其是在承受拉应力载荷时。

热镀锌生产中有时会发现热镀锌件出现裂纹，如图 5-4 所示的照片。从照片中可以看出，所有的裂纹都源于焊接区域。而且还可看到，该构件是由两种不同厚度的钢件焊接在一起的，它们在焊接过程膨胀和收缩极不一致，会产生很大的内应力。这些裂纹可能在镀锌前的黑件上已存在，也可能是热镀锌时发生的。当工件浸入锌液时，焊接残余应力与热应力重叠，可能会引发焊接区域产生裂纹。

图 5-4　裂纹源于焊接区域

镀锌前对钢制件进行消除应力热处理，可大大减小钢中的内应力，降低开裂的可能性。热处理还可降低焊缝区域的硬度值，更重要的是，降低焊接热影响区的硬度值。

有许多因素会对结构钢的开裂起作用。合理设计制造以尽量避免可能产生高应力的潜在因素，或在镀锌前释放这些应力，是避免热镀锌构件发生开裂最重要的措施。

5-7　什么是液态金属致脆？热镀锌钢与不锈钢焊接会发生液态金属致脆吗？

液态金属致脆（liquid metal embrittlement，LME）指固态金属与某种液态金属接触引起的开裂。受应力作用的金属或合金与液态金属的特殊组合会导致灾难性的晶间开裂。汞和锌液容易导致铝和铝合金产生 LME 而开裂；汞和锂容易导致铜和铜合金产生 LME 而开裂；熔融镉能导致钛开裂；熔融锌、铝或铅能导致奥氏体不锈钢开裂。观察到裂纹经常是单一的沿晶裂纹，它可以 25 cm/s 的速度快速扩展。

LME 的机理显然不是电化学性质的，很可能是液态金属原子吸附在易受影响的金属或合金上时，降低了金属晶界的结合强度，在拉应力作用下，裂纹会沿晶界快速萌生和扩展。

防腐蚀热镀锌层处于固态，所以不会引起被保护金属产生液态金属致脆现象。但有时需将镀锌件与不锈钢件进行焊接，焊接过程镀层的锌熔化，并且可以沿不锈钢晶界向里渗透，导致镀层开裂。为了防止这种情况出现，在焊接前应将待焊接区域的镀层去除。《腐蚀控制设计基础：设计者的辅助工具》(*Fundamentals of Designing for Corrosion Control：A Corrosion Aid for the Designer*)一书中指出，去除焊接区镀层的最佳方法是用 20％盐酸(或别的酸)进行腐蚀擦除，并在焊接前彻底清洗和干燥。而更常见的做法是将焊接区的锌层打磨掉，但这样有可能会在焊接区域留下锌颗粒，焊接后导致不锈钢产生 LME。热镀锌层不是唯一可能导致不锈钢产生 LME 的涂层，所有其他类型的锌涂层，包括富锌涂料，在加热至熔化并与不锈钢接触时都可能导致 LME。

一般来说，可以通过以下方法防止液态金属致脆。

(1)避免接触会引起 LME 的液态金属或被其污染。

(2)不要使用熔点在加工工艺温度或工作温度附近的低熔点金属。

(3)采用金属涂层或包层作为屏障保护，使制件基体与会引起 LME 的液态金属隔离。

5.4　热镀锌对结构钢力学性能的影响

5-8　热镀锌对结构钢的力学性能有何影响？镀锌后焊接是否会影响焊缝的力学性能？

已有很多学者和机构研究了热镀锌对不同类型钢的力学性能的影响。工业镀锌股份有限公司(Industrial Galvanizers Corporation Pty Ltd，IGCPL)的研究人员研究了热镀锌对钢的强度的影响，目的是要确定热镀锌工艺是否会影响高强钢的屈服强度。他们测试了无涂层和经热镀锌(锌层被剥离)两种钢板的屈服强度，结果表明，非镀锌钢板与镀锌钢板的屈服强度差异小于 1%，换句话说，热镀锌对钢的屈服强度没有影响。

研究人员在他们的"热镀锌工艺对镀锌钢性能的影响"的研究中，对四种类型的钢进行了热镀锌，研究测试了热镀锌工艺对受试钢的冲击强度、屈服点、极限强度、塑性等力学性能及显微组织的影响。结果表明，未镀锌钢和镀锌钢的力学性能差异可以忽略不计，热镀锌对钢的力学性能几乎没有影响。他们还测试比较了未热镀锌钢和经热镀锌钢的缺口冲击韧性，结果显示，它们之间的差异也非常小，这个非常小的差异很可能是微观结构的不均匀性所致。总体结论是热镀锌对钢的性能没有任何影响，热镀锌也没有改变钢的微观组织。

英国有色金属技术中心(British Non - Ferrous Metals Technology Centre，BNFMTC)和国际铅锌研究组织(International Lead Zinc Research Organization，ILZRO)进行的"结构钢及其焊接件的镀锌特性"研究确定，热镀锌不会影响结构钢的抗拉强度、屈服强度、弯曲或冲击性能；冷加工后的钢材经过镀锌处理后，一些力学性能发生了微小的变化；较大的弯曲直径可以减轻热镀锌对钢性能的影响。

对于热镀锌后必须进行焊接的镀锌件，焊缝的拉伸、弯曲和冲击性能与未热镀锌钢焊缝的性能相当。

一般来说：热镀锌工艺对不同成分的钢的强度、塑性等力学性能和微观组织没有影响。热镀锌后焊接不会影响焊缝的力学性能。但正如本章问题 5 - 4、5 - 5、5 - 6 所述，某些情况下热镀锌会引发热镀锌钢的脆化。

>>> 第6章 热镀锌工艺

6.1 热镀锌的工艺流程

6-1 热镀锌有哪些工艺步骤?

热镀锌是将钢制件浸入装有熔融锌的锌锅中形成表面热镀锌层的过程，热镀锌是一种工厂控制的工艺，热镀锌厂一般能够在任何气候条件下工作，可以迅速完工，准时交货。

为了获得良好的热镀层，钢制件必须以特定工艺顺序进行准备和处理，一般的热镀锌(干法)的工艺步骤如图6-1所示。这些步骤中的每一步对获得高质量的镀层都是重要的。

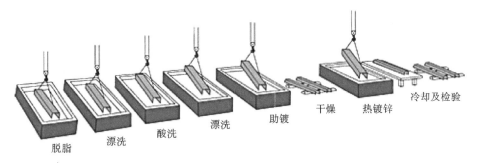

图6-1 热镀锌(干法)流程

热镀锌过程包括四个主要步骤。

(1)预先检查。根据钢制件的结构特点，应有必要和适当的排气口和导液孔；对于易变形的制件或制件的某些部位应有适当的加强措施；应具有获得高质量锌层所必需的整体表面状况。

（2）表面处理。钢制件浸入脱脂溶液中去除表面有机物，如油脂、污垢；随后浸入酸浴(盐酸或硫酸)中去除氧化皮和铁锈。脱脂、酸洗后都要进行清水漂洗；最后浸入助镀液，助镀剂可防止钢再被氧化，并在镀锌时促进锌和钢的反应。

（3）镀锌。锌锅中的锌液一般被加热到 $435\sim454$ ℃。清洁的制件以一定方式浸入锌液并停留在锌液中，直到制件加热到锌液温度并停留适当时间。制件在锌浴中，锌与制件中的铁反应，形成一系列冶金结合的锌、铁金属间合金层。形成一定厚度的镀层后，镀件从锌液中缓慢地提出，并通过排液、振动或离心等方法去除表面多余的液态锌。通常镀层表面是一层耐冲击的自由锌层。镀件从锌液中提出后，只要保持接近锌液温度，冶金反应仍会继续进行，所以，通常将镀锌件提出锌液后浸入清水中或浸入钝化溶液中冷却，也有进行空冷或风冷的。

（4）最后检查。依据相关标准检查镀件的镀锌质量。目视检查镀锌件外观，随后用磁测厚仪等测量镀层厚度。

本章内容主要涉及热镀锌工艺中浸镀锌之前的表面处理和浸镀锌部分，关于热镀锌层检查和后处理的内容将在以后章节讨论。

6-2　干法热镀锌工艺和湿法热镀锌工艺有什么不同？湿法热镀锌和渐进浸镀为什么可能发生助溶剂残渣污染？

有两种不同的助镀方法：干法和湿法。所谓干法，是将待镀锌钢制件在氯化锌铵溶液中助镀，然后提出并在镀锌前彻底干燥。图 6-1 所示是干法批量热镀锌的一般流程。所谓湿法，是在锌浴表面覆盖一层熔融助镀剂，待热镀锌的钢制件通过助镀剂覆盖层而浸入锌液。湿法批量热镀锌流程如图 6-2 所示。镀件从锌锅提出时应先刮开助镀剂覆盖层，以防止漂浮的助镀剂黏附在工件上。实际操作中，镀件从锌锅提出时常会发生助镀剂附着在工件表面的情况，应加以清除。

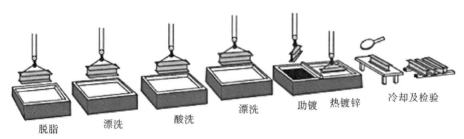

脱脂　　漂洗　　酸洗　　漂洗　　助镀　热镀锌　　冷却及检验

图 6-2　热镀锌(湿法)流程

如果某些大制件不能一次完全浸入锌锅内的锌液中，可以采用渐进浸镀方法，即首先将制件的一部分浸入锌液完成镀锌后提出，然后再将另一部分浸入，完成整个工件的镀锌。渐进浸镀的重叠线附近，特别是空腔内壁，可能黏附助镀剂残渣而造成助镀剂残渣污染。助镀剂残渣如得不到很好的清理，则会严重影响镀件使用寿命。1988 年在美国亚利桑那州大量只服役了 11 年的输电杆发生了贯穿腐蚀而过早失效，就是典型事例，如图6-3所示。

图 6-3　输电杆严重的贯穿腐蚀

经过检查研究发现，从杆件内部开始的加速腐蚀是内壁黏附助镀剂残渣的结果。湿法热镀锌、渐进浸镀产生的助镀剂残渣污染和通风不良等几个因素的共同作用导致了在非腐蚀性环境中发生极端腐蚀的情况。这种管状制件以湿法热镀锌工艺渐进浸镀时，助镀剂残渣黏附在渐进浸镀重叠线区域；镀锌后，内部没有清理，它们滞留在管件内表面，且管件头部焊接有端板，管件基本上是密封的，阻止了内部空气流动。随着温度的变化，管件内形成冷凝水，助镀剂残渣遇水产生了类似酸的腐蚀性液体，加速腐蚀掉了镀层和钢基体而造成严重后果。

不同于湿法热镀锌，干法热镀锌工艺中，氯化锌铵助镀液盛放于一个单独的槽中，制件完全浸入弱酸性助镀液中，助镀液能浸润制件所有暴露表面；助镀液处理后进行干燥处理。进行了预先助镀液处理并干燥后的制件浸入熔融锌不大会发生助镀剂残渣污染的情况。现在大多数热镀锌企业都采用干法热镀锌，因此，本书主要涉及干法热镀锌工艺。

6.2 热镀锌前检查和表面处理

6-3 制件热镀锌前镀锌厂要进行哪些主要的准备工作和检查?

为了能使镀锌生产顺利进行并获得良好的热镀锌质量,镀锌厂需要进行如下准备和检查工作:

(1)了解制件的结构特点,考虑构件热镀锌是否需要专用吊具或装置;如果需要,应制订计划及时设计制作。

(2)核对待镀锌制件清单,并检查制件表面状况,检查制件的排气及导液通道布局是否合理和畅通,尤其是密封焊接的容器、中空结构和大面积重叠表面的排气及导液通道。如发现问题,应采取补救措施或与制造商联系寻求解决方案。

(3)质量管理人员和操作人员阅读并熟悉制件热镀锌的要求及涉及的相关标准;了解制件标识,了解镀件是否有防镀锌区域、镀锌后表面是否进行涂敷等。检验人员应进行相关检验培训,熟悉有关热镀锌产品检验的标准并熟练掌握镀件检查和检测的方法。

(4)查看客户提供的制件化学成分报告,分析其对制件热镀锌镀层厚度的影响,并对可以采取的控制措施做到心中有数,如有必要,做好试镀预案。

(5)确认制件热镀锌表面预处理溶液和锌浴成分符合要求,备足调整锌浴成分的中间合金。

(6)确认搬运和提升装置在内的镀锌设施适用于制件的大小和重量,并能安全可靠运行。对需要渐进浸镀的大型工件,还要考虑操作空间。

(7)了解热镀锌件堆放方面有关要求,备好堆放场地和支撑及间隔材料。

6-4 热浸锌前为什么要进行表面处理? 表面处理有哪些工艺步骤?

热浸锌前表面处理的目的是去除表面所有的氧化物和其他污染残留物,获得尽可能干净的钢表面。这一点至关重要,因为锌不会与不干净的钢表面亲密接触并发生反应形成良好的镀层。表面处理不正确或不充分,往往造成镀层达不到预期的要求。表面处理是生产任何镀层或涂层的关键步骤。

表面处理和热浸锌,需要使用钢丝、钢链或专门设计的吊具或挂架吊挂工件,如图 6-4 所示。

图 6-4　利用吊具吊挂工件

热镀锌的表面处理主要包括三个工艺步骤。

(1)脱脂处理。将待镀锌制件浸入热碱溶液、弱酸性脱脂液或生物清洗液以去除钢表面的有机污染物，如油、油脂和污垢。脱脂后，须清水充分漂洗。

不能通过化学脱脂溶液去除的环氧树脂、乙烯基树脂、沥青或焊渣等必须通过喷砂或其他机械方法去除。美国防护涂料协会(SSPC)和美国腐蚀工程师协会(NACE)制定有喷砂清理、动力工具清理、手动工具清理和溶剂清理等标准，涉及多种常用表面处理方法，可有效去除这些物质。

(2)酸洗处理。在加热硫酸或室温盐酸的稀溶液中酸洗去除钢表面的氧化皮和铁锈。也可以用磨料清理或喷砂或喷金属丸方法替代酸洗，或两者相结合，只要钢的表面完全呈裸露清洁状态即可。镀锌时锌铁之间的反应与清洁方式无关。酸洗后用水漂洗，随后进行表面处理的最后一步，即助镀处理。

(3)助镀处理。助镀是浸镀前最后的表面处理工艺。助镀有两个用途，一是去除酸洗后残留的或新形成的氧化物；二是在钢表面沉积一层保护层，以防止在浸入熔融锌之前钢表面形成氧化物而提高镀锌时的表面活性。干法热镀锌是将工件浸入含有氯化锌和氯化铵呈弱酸性的助镀液中，湿法热镀锌则是将助镀剂覆盖在锌锅熔融锌的上面，二者的目的是相同的。

经过脱脂、酸洗和助镀处理后，钢件表面应没有任何氧化物或其他可能阻挡钢件中的铁和熔融锌反应的污染物。

6-5 有哪些因素会影响助镀液的助镀质量?

助镀液的工艺参数会极大地影响助镀的质量,从而影响热镀锌层的质量。了解助镀液的一般工艺参数并监控它们是至关重要的。

为了获得最佳助镀性能,应控制助镀液的浓度、助镀剂比和酸碱度(pH 值)及溶液中铁离子的浓度和污染物。这些工艺参数对助镀性能的影响说明如下。

1. 浓度和波美度

推荐的助镀液浓度值取决于空气湿度、助镀和镀锌之间的时间间隔、助镀剂配比和工件表面的氧化程度。助镀液的总浓度一般为 $200\sim400$ g/L。

如果助镀液的浓度太低,助镀干燥后工件表面可能迅速形成红锈,从而导致镀层出现漏镀等缺陷。对于处于高湿度或腐蚀性环境中的工厂,或清洁及酸洗后表面存有较重的氧化膜层时,应考虑较高的助镀液浓度。当助镀液浓度偏高时,由于制件表面盐膜过厚,不易干透,在浸锌时将会引起锌液飞溅并产生更多的锌灰、更浓的烟尘。为避免锌液飞溅,制件只能缓慢地进入锌浴,这将使浸锌时间延长,造成镀层厚度及不均匀性增加。

实际应用中,常使用波美计测量助镀液的波美度,查表或通过换算而得到助镀液浓度。波美度是表示溶液密度的一种方法,将波美计浸入所测溶液中,得到的数值称为波美度。波美度数值较大,读数方便。

波美计分为轻表和重表两种,分别用于测定相对密度小于 1 和大于 1 的液体。显然,对于助镀液应采用重表。波美度($°Bé$)与相对密度(d)之间存在下式的关系:

$$d=145/(145-°Bé)$$

液体相对密度是指其密度与标准大气压下 4 ℃纯水的密度的比值。在标准大气压下,温度 4 ℃,纯水的密度是 1 g/mL,液体的相对密度和密度(g/mL)在数值上是相等的,因此上式中相对密度 d 的数值就是助镀液密度 ρ(g/mL)的数值。助镀液密度与浓度之间的对应关系,可以查表得到。

2. 助镀剂比

助镀剂比是指助镀液中氯化锌($ZnCl_2$)与氯化铵(NH_4Cl)的质量比例。助镀剂比与镀层质量紧密相关。助镀液从钢表面去除氧化物的能力主要与氯化铵的量有关,助镀液浓度一定时,氯化铵含量越高,助镀剂比越低,助镀液的活性越强。

助镀剂比较低,助镀后制件干燥快,也有助于促进酸洗、清洗不完美的制件以形成镀层;但助镀盐膜热稳定性较差,保护制件表面避免再氧化的能力较差，所以助镀后和镀锌前的时间间隔不能过长。此外，低助镀剂比的助镀液会增加热浸锌时的烟气排放量和锌灰产出量。

氯化锌容易受潮，但热稳定性较好。高助镀剂比助镀液能为制件表面提供较好的保护，可防止助镀后和镀锌前的时间间隔内制件表面再次氧化，但要求前面的酸洗和清洗操作良好。当使用高助镀剂比助镀液时，还可以减少烟雾和锌灰的产出。

0.85 和 1.27 是两种最常见的助镀剂比。助镀盐膜中形成的复合盐 $ZnCl_2 \cdot 3NH_4Cl$ 和 $ZnCl_2 \cdot 2NH_4Cl$ 分别被称为三盐和双盐。锌铵比越高则形成的表面盐膜热稳定性越好。如助镀后烘干条件比较好，宜采用锌铵比高的助镀液。反之，则宜采用锌铵比低的助镀液。

3. 助镀液的 pH 值

通常，pH 值是溶液中氢离子浓度的量度。氢离子浓度高的助镀液具有低的 pH 值（呈酸性），氢离子浓度低的助镀液具有高的 pH 值（呈碱性）。盐酸或硫酸酸洗后，一些酸和铁离子被带入助镀液并影响其 pH 值。pH 值的变化会影响助镀液过滤除渣系统的效率。为了更好地去除铁离子和硫酸盐等杂质，需调节和保持助镀液的 pH 值；助镀液的 pH 值范围一般为 4～5。

如果助镀液酸性太强（低 pH 值），助镀液防止钢件表面氧化的能力就会降低，并可能在镀锌过程中导致漏镀，也会加剧助镀液加热系统的腐蚀。助镀液中铁离子的含量增加，会导致镀锌时锌锅中的浮渣增多。此外，如果用硫酸酸洗，助镀液也会被硫酸盐污染，而硫酸盐会干扰助镀剂的正常活性。

如果助镀液碱性太强（pH 值高），则会使助镀液中氯化锌发生水解，降低助镀效能，可能导致漏镀。

4. 助镀处理温度

适宜的助镀温度为 60～80 ℃，温度低于 60 ℃时助镀剂在工件表面形成不充分且不易干燥；温度高于 80 ℃时助镀剂会在工件表面沉积过多盐膜而形成外干内湿的双层盐膜结构，浸锌时会造成爆锌严重、镀层增厚和锌灰增多等问题。

6.3　热镀锌浸镀工艺

6-6　热镀锌对锌锭的化学成分有何要求？

制件表面被完全清理干净并经过助镀处理后，就可以浸入锌浴了。

依据标准 ASTM A123 和 ASTM A153 的规定，热镀锌采用的锌应满足 ASTM B6《锌标准规范》或 ASTM B960《上等西部再生等级（PWG - R）锌的标准规范》的要求；镀锌液的化学成分要求锌含量至少为 98%。

ASTM B6 和 ASTM B960 对各个级别锌锭的化学成分的要求见表 6 - 1，可以看出 ASTM B6 对 PWG（上等西部等级）级别的化学成分要求与 ASTM B960 对 PWG - R（上等西部再生等级）级别锌锭的要求是相同的。

有时也会在锌锅中加入镍、稀土或其他金属，以改善镀层的某些所需性能。

6 - 7　添加到锌浴中的一些合金元素起什么作用？

锌浴中锌含量必须在 98% 以上。为改善热镀锌层的某些需要性能，镀锌厂可自行决定向锌液中添加其他合金元素，例如铝、铅、铋、镍、锡和稀土，它们在镀锌中的用途各不相同。

1. 铝

铝是一种很常见的锌浴添加金属，在锌浴中的浓度通常为 0.001% ～ 0.005%。铝可增加镀层的亮度，减少锌灰的形成，改善锌液的流动性，减小锌花尺寸，可抑制高硅钢镀层的过度生长，最常用于提高镀层亮度并略微增加锌的流动性。流动性的增加有助于镀件多余锌的排出，并流回锌锅。

对于干法热镀锌，推荐锌浴中的铝浓度为 0.002% ～ 0.004%，最高含量应不超过 0.007%，以避免因铝和氯化锌铵溶剂反应而在镀件上生成黑点（漏镀斑点）等缺陷。对于湿法热镀锌，推荐锌浴中的铝浓度为 0.001% ～ 0.002%，铝浓度为 0.002% 以上时，铝会与助镀剂层中的氯化锌铵发生反应。

铝密度比锌小但熔点较高，以锌铝中间合金加入锌液比较适宜；如果以纯铝形式加入，则必须将其浸入锌液表面以下一定深度，并使其与锌液充分均匀混合，以防止其上浮到液面而迅速氧化。

2. 铅

一般情况下，铅往往不是有意添加到镀锌液中的，而是锌锭中的一种杂质。不同级别的锌锭含有不同量的铅。各种级别锌锭中的铅含量的最大值在 ASTM B6《锌标准规范》中作了规定。

铅比锌密度大，但熔点较低。铅具有降低锌液表面张力的有益效果。1% 的铅会使锌液的表面张力降低 30% 以上。铅添加到锌液中能增加锌液的流动性，锌液流动性的增加有助于镀件多余锌排出并流回锌锅，能减少锌瘤和流

表 6 - 1 锌锭的化学成分（依据标准 ASTM B6 和 ASTM B960）

标准	级别	Pb	Fe (不大于)	Cd (不大于)	化学成分/% Al (不大于)	Cu (不大于)	Sn (不大于)	非Zn总量 (不大于)	Zn (不小于)
ASTM B6	LME (London Metal Exchange grade) 伦敦金属交易所等级	≤0.003	0.002	0.003	0.001	0.001	0.001	0.005	99.995
	SHG(special high grade) 特高等级	≤0.003	0.003	0.003	0.002	0.002	0.001	0.010	99.990
	HG(high grade) 高等级	≤0.03	0.02	0.01	0.01	0.002	0.001	0.05	99.95
	IG(intermediate grade) 中等级	≤0.45	0.05	0.01	0.01	0.20	—	0.5	99.5
	PWG(prime western grade) 上等西部等级	0.5~1.4	0.05	0.20	0.01	0.10	—	1.5	98.5
ASTM B960	PWG - R(prime western grade - recycled) 上等西部再生等级	0.5~1.4	0.05	0.20	0.01	0.10	—	1.5	98.5

痕的形成，促使形成较薄的镀层。在锌液中超过饱和溶解度的铅沉入锌锅底部形成一个铅层，锌渣可以附在致密的铅层上，从而更容易去除锌渣。

3. 铋

铋通常用在低熔点合金中。铋的密度比锌大而熔点较低，铋添加到锌浴中会增加锌液的流动性，这有利于防止锌液在网孔上形成桥连、堵塞螺纹及在镀层表面产生流痕。铋在锌浴中非常稳定，添加量与锌的质量等级有关。如使用 HG 或 SHG 锌（见表 6-1），将铋添加到锌液中，某些方面可以达到与添加铅相同的效果，而又能保持锌液中的铅含量非常低。若 HG 及 SHG 锌浴中含 0.1% 铋，则锌液性能与用 PWG（见表 6-1）锌锭的锌浴性能相当。

根据美国热镀锌学会截至 2019 年的工艺调查，发现 90% 的受调查镀锌厂在使用 HG 及 SHG 锌，66% 的镀锌厂使用了铋。调查结果表明，许多镀锌厂选择用铋增加锌浴的流动性，使铅含量最小化，这可能会减少与镀锌件中铅含量相关的环境和健康问题。

但在欧洲曾发生由于铋添加不当导致锌锅加速腐蚀损坏的情况。添加铋时必须使铋在锌液中均匀分布，以避免这类事故发生。

4. 镍

镍通常用于高熔点的金属合金。其密度比锌高，且具有更高的熔点。镍通常被添加到镀锌液中，以减小金属间化合物的形成速度，从而抑制活性钢镀层的过度生长。只要镀锌钢中的硅含量低于 0.20%，这种添加就有效；但可能会使硅含量低于 0.03% 的低硅钢的镀层厚度低于标准要求。

镀锌液中的镍含量必须非常精确地控制。镍含量应低于 0.1%，通常保持在 0.04%～0.09% 范围内。向锌锅中添加镍一般有两种不同的方式。一种是在向锌锅中加入锌时，添加一定量的含 0.5%～2% 镍的锌镍中间合金。另一种方法是直接合金化工艺，即直接向锌液中添加粉末镍。必须经常监测和补充锌浴中的镍，因为锌浴中镍消耗得比较快，如果锌液中没有保持应有的含镍量，则对镀层的形成可能没有什么影响。

锌浴中添加镍的另一个吸引人的好处是镀层通常有更光亮的外观，出于审美原因，建筑师或工程师有时更喜欢这种外观。

热镀锌温度为 440 ℃时，锌浴中最高镍含量应不超过 0.05%，以避免形成过多的锌渣。

5. 锡

锡通常用于防腐蚀和低熔点金属合金。锡的密度比锌高，但熔点较低。

在锌浴中锡通常与铅联合使用以改善镀层外观。为了产生带锌花镀层并有助增加锌花尺寸及反差，锡含量最少应维持在 0.05%。锡在锌浴中也是非常稳定的，可以根据用锌量来计算锡添加量。

6. 稀土

常用于热镀锌的稀土中主要含有铈、镧等元素。稀土元素加入锌液中，能降低锌液的黏度，提高锌液的流动性，提高镀层的耐腐蚀性能，延长镀层的使用寿命。盐雾腐蚀试验表明，锌液中加入稀土元素后，镀层开始出现红锈的时间变长。有研究表明，锌浴中含有稀土元素铈可抑制 ζ 相的生长，从而在一定程度上控制镀层的超厚生长。锌浴中添加适量的铈稀土能有效除去锌浴中的杂质，改善镀层的表面状况。然而稀土的添加量并非越多越好，锌浴中含 0.08% 铈时，镀层的耐蚀性最佳。

热镀锌浴中添加各金属元素的作用简要说明见表 6-2。

表 6-2　锌浴中添加金属元素的作用

元　素	作　用
铝	增加镀层亮度，增加流动性，利于排流
铅	增加流动性，利于排流
铋	增加流动性，利于排流
镍	控制活性钢镀层厚度
锡	形成较好的整体外貌
稀土	增加流动性，提高镀层的耐腐蚀性能

6-8　锌浴中的锌渣与锌浴温度及锌浴中的镍含量有什么关系？

锌液中添加镍不仅影响镀件镀层中金属间化合物晶体的成长，也会影响铁在锌浴中的溶解度，过量的镍会降低铁的溶解度，尤其是在较低的镀锌温度下。铁在锌浴中的溶解度降低时，锌渣增加是不可避免的。图 6-5 显示了在一般的镀锌的温度范围不会形成过多锌渣的镍的最大含量。如果镀锌温度和镍浓度的交点在曲线上方，预期锌渣没有增加。如果它们的交点在曲线下方，锌渣量会增加并可能附着于镀层表面而出现颗粒。镍浓度保持在 0.05% 左右时，在大多数常用镀锌温度下锌渣量应该不会显著增加。

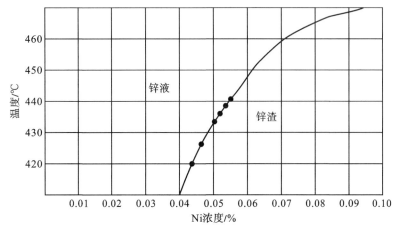

图 6-5　形成锌渣的临界镍浓度与镀锌温度的关系

6-9　如何使用锌铝合金棒向锌浴中添加铝?

锌浴中加入铝可以获得增加热镀锌层光泽等好处。铝在锌浴中应达到所需的浓度且必须均匀分布。建议以锌铝合金棒(光亮剂棒)的形式将铝加入锌浴中。ASTM B860《热镀锌用锌中间合金的标准规范》中列出了光亮剂棒的推荐品种和它们的最大杂质含量。在现有的光亮剂棒中,A-2型(90% Al - 10% Zn 的合金)的熔化温度与锌的熔化温度最接近,最常用于镀锌生产实践中。向锌浴中添加铝,不建议使用铝锭或废铝,因为其中可能存在不需要的和不受控制的杂质,如铁、铜、铬、锰和镁。此外,由于铝的密度低于锌,且其熔化温度 660 ℃高于常用的锌浴温度,大量铝将浮到锌液顶部,可能造成铝在锌浴中分布不均匀的问题。

可以按以下步骤计算所需光亮剂棒的数量:

(1)$W_{\text{Zn MELT}} = V_{\text{Zn MELT}} \times \rho_{\text{Zn MELT}}$

(2)$W_{90/10 \text{ BARS}} = W_{\text{Zn MELT}} \times (\% \text{Al}_{\text{TGT}} - \% \text{Al}_{\text{CUR}}) \div 0.10$

(3)$Q_{90/10 \text{ BARS}} = W_{90/10 \text{ BARS}} \div W_{\text{AVG } 90/10 \text{ BARS}}$

其中:$W_{\text{Zn MELT}}$ 为熔融锌的重量;$V_{\text{Zn MELT}}$ 为熔融锌的体积(即锌锅内部长度×宽度×锌液深度);$\rho_{\text{Zn MELT}}$ 为熔融锌的密度;$W_{90/10 \text{ BARS}}$ 为含 90% Zn - 10% Al 的光亮剂棒的总重量;$\% \text{Al}_{\text{TGT}}$ 为目标铝浓度;$\% \text{Al}_{\text{CUR}}$ 为当前铝浓度;$Q_{90/10 \text{ BARS}}$ 为光亮剂棒的数量;$W_{\text{AVG } 90/10 \text{ BARS}}$ 为光亮剂棒的平均重量。

向新锌锅中加入铝之前,锌锅内应该已装满熔融锌。用锌铝合金棒添加铝时,合金棒不应浮在液面上,而应放入锌液面以下甚至锌锅底部,并充分混合以使铝在锌液中均匀分布。也可将锌铝合金棒放在补充锌块的下方，一起吊运浸入锌液中，并沿着锌锅的长度缓慢地来回移动，直到合金棒及锌锭完全熔化。添加铝应少量多次，以避免锌液内铝浓度剧烈波动，也有利其均匀分布。

添加铝时，可能会有一些铝上浮至锌液表面而氧化，没有熔入锌液中。因此，计算出的光亮剂棒的数量是达到铝含量目标水平所需要的最小值，镀锌厂应依据经验和锌锅情况决定所需的额外铝量，但要注意不要使铝含量超过合理的目标值。向锌液中添加铝的过程中需从锌液中取样化验，从镀液铝的初始浓度到建立铝的目标浓度并在目标浓度稳定下来，一般需要频繁地采样化验和微调。

6－10 热镀锌层表面为何会出现锌花？锌花的大小和类型受哪些因素影响？

热镀锌层表面锌液凝固结晶时，由于晶粒取向不同和长大过程的差异，镀层表面出现反光不一的花状晶体外观，即形成所谓的锌花。锌花的产生是多种因素综合作用的结果，其中锌浴中添加的微量元素和浸镀后的冷却速度是最主要的因素。产生锌花的锌浴中添加的微量元素有铅、锡、铝、镉、锑、铜等，最常用的锌浴组分是 Zn－Pb－Sn 或 Zn－Al－Pb。锌浴中添加的合金元素及其浓度和工件冷却速度对锌花的大小和类型有很大的影响。图 6－6 和图 6－7 展示了 Zn－Pb－Sn 锌液成分和冷却速度对锌花尺寸（直径）的影响。从这两张图中可以明显看出，最大的锌花一般是在尽可能慢的冷却速度和较多的锡含量时产生的。

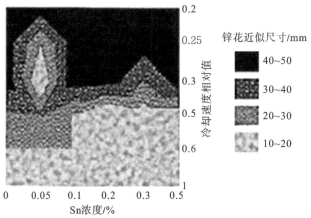

图 6－6 低铅（浓度＜0.5％）锌液锡深度和冷却速度对锌花尺寸的影响

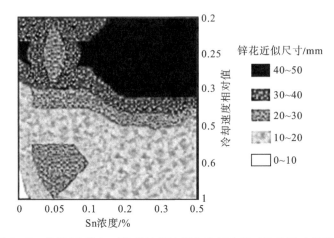

图6-7　高铅(浓度1.3%)锌液锡浓度和冷却速度对锌花尺寸的影响

　　锌花是由镀层表面薄薄的一层镀液凝固形成的晶体。晶体形核成长需要足够的时间。锌液中加入某种合金元素，如铅、锡等可以降低锌液凝固温度，延长其结晶过程，便于锌花的长大。另外，冷却速度慢、晶体生长时间长，也利于锌花长大。镀锌后水冷的镀件将使镀层快速冷却至低于锌花形成的温度，锌花将显著减少或不出现锌花。活性钢镀锌时，金属间化合物层的生长将消耗掉赖以产生锌花的自由锌，而形成灰暗的锌铁合金镀层；除非镀液中添加的合金元素能控制合金镀层的快速生长，否则在活性钢上不可能产生美观的锌花。

　　研究表明，金属基体的粗糙度和晶粒尺寸也影响锌花晶体的形成。与光滑、均匀的表面相比，粗糙的钢表面产生锌花晶粒的尺寸更小。

　　此外，从酸洗过程中吸收大量氢的钢产生的锌花较少。吸收的氢在热浸锌时释放出来会干扰镀层的形成，从而破坏锌花晶体的形成。

6-11　渐进镀锌适用于什么情况？应注意哪些问题？

　　设计镀锌制件过程中要考虑的一个重要因素是制件的尺寸和形状。由于制件要浸没在锌液中才能进行热镀锌，设计镀锌制件时必须考虑锌锅的尺寸和容量。设计方早期就锌锅的尺寸问题与镀锌厂沟通是明智的。大型结构可设计为组装件，以适应镀锌厂的锌锅大小，也可减小搬运和运输的难度而额外节省成本。镀锌后可通过焊接或螺栓连接来形成整体构件。如果某制件太大而无法一次性完全浸入锌锅中，也可采用渐进浸镀工艺，有时也称为双浸镀，即将制件划为两部分先后两次浸入锌液完成整个制件的热镀锌。

　　采用渐进镀锌法，主要需考虑以下几个问题。

1. 渐进浸镀的最大工件尺寸

第一步是评估锌锅内部可以容纳的最大制件尺寸，确定制件是否由于高度过高或长度过长而需要渐进浸镀。

对于过高制件，在制件总直径或宽度适合锌锅宽度的情况下，可以渐进浸镀的制件高度几乎可以是锌锅内锌液深度的两倍。但是，确定实施渐进浸镀制件的高度方向允许的最大实际尺寸，还应结合镀锌工的经验来判断，要为制件在锌锅中移动留出空间，以保证移动镀件时不搅动沉积在底部的锌渣，并为优化先后浸镀的重叠尺寸提供可能和空间。过高制件渐进浸镀如图6-8所示，先将制件的一部分浸入锌液镀锌，然后提出锌液重新吊挂，再将另外未镀锌的部分浸入锌液中镀锌。

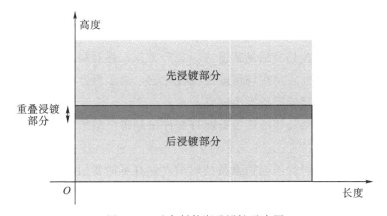

图6-8　过高制件渐进浸镀示意图

过长制件渐进浸镀如图6-9所示。

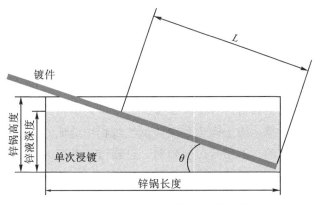

图6-9　过长制件渐进浸镀示意图

在制件总直径或宽度适合锌锅宽度的情况下，确定可实施渐进浸镀制件的最大实际长度，如图 6-9 所示。在理想情况下，根据锌锅高度和锌液深度算出单次浸镀时镀件与锌液面（或锌锅底面）的夹角 θ 及可浸镀长度 L。实际情况则同样应结合镀锌工的经验，为制件沿锌锅纵向移动留出空间，保证不搅动沉积在底部的锌渣，从而得出实际操作时的 θ 角和单次浸镀长度 L，进而确定实际上可实施渐进热镀锌的工件总长度。浸锌操作时，先将过长制件的一部分浸入锌液镀锌，然后提出锌液，直接沿锌锅纵向移动，使制件未镀锌的另一端浸入锌液中。如果空间不允许直接沿锌锅纵向移动，镀件吊出锌锅后需将镀件 180°转向并重新吊挂，这无疑增加了工作难度和操作时间。

2. 提升

渐进浸镀制件的最大尺寸和重量可能会受到热镀锌设备的布局和提升能力的限制。应确保制件重量在可用的起重设备的安全工作负荷范围内。要确定镀锌过程制件及挂具合适的提升点、提升方向、提升高度。要避免过长的制件在各个浴槽预处理及在锌锅渐进浸镀过程，由于提升方向改变导致制件或吊具与附近的墙壁或设备发生碰撞。

要确认使用的索具和吊装设备能将制件吊到每个浴槽及锌锅以上的足够高度。

大型制件通常用链条或钢索吊挂起吊；如有可能使用起吊辅具，可以减少或避免链条或钢索在镀锌件上留下印痕。如链条或钢索或吊具在镀锌件上留下印痕，则应根据标准对镀层的要求进行修补。起吊辅具应确保足够的承载能力，应在合理位置设置有放置起吊辅具的支架。

3. 翘曲和变形

渐进浸镀过程，制件的一段浸没在锌浴中，而另一段则暴露于空气中，加热和冷却不均匀、膨胀收缩不一致是不可避免的，制件内部会产生热应力，从而导致变形。设计方和镀锌厂事先应充分沟通，尽量降低因制件结构而导致变形的风险；此外，要确保排气孔和导液孔足够大，以使镀件能顺利快速浸入锌液和从锌液中提出。对于大型管段、敞口式水箱和其他类似结构可以设置永久或临时支撑，防止搬运和镀锌工艺过程中造成制件变形。分析首段浸镀情况是最关键的，由于后段浸镀时，已浸镀的首段尚保留有热量，镀件整体温度差相对较小。

4. 重叠线

渐进浸镀通常会在镀件上留有可见的重叠线，所谓重叠线实际上是一个重叠区域。首段浸镀后，应将已镀和未镀交界线附近区域清理干净，再进行后段浸镀，并在交界处有一定尺寸的重叠浸镀区，以确保镀件镀层全覆盖。重叠区域很可能会出现较深的颜色，镀层厚度有所增加。应事先与客户沟通，说明渐进浸镀会出现重叠线，重叠区域的颜色和厚度不在镀锌厂的控制范围内。但重叠线的存在不会影响镀层性能，是可接受的。如果需要，例如重叠区域恰好是与其他制件连接或配合的重要部位，可以将重叠线上多余的镀层厚度打磨掉，以满足装配要求。

>>> 第7章　热镀锌层的检查与检测

7.1　热镀锌层的检查内容和检测方法

7-1　热镀锌层的检查和检测主要有哪些内容和方法？

对镀锌件的镀锌质量需进行检测，以确保其符合相应的标准要求。因此，首先应对热镀锌层相应的标准要求和测量技术有清晰的理解，以便通过检测做出准确的评估。

一般情况下，热镀锌件的镀锌质量检测都是在镀件出镀锌厂前进行的。在镀锌厂进行检测方便而高效，可以及时发现和解决问题，且检测过程需要的劳力相对较少。

对热镀锌层进行的质量检查和检测内容及方法，概述如下。

（1）测量镀层厚度或镀层重量：

①测量镀层厚度：方法主要有磁性测厚仪测定、光学显微镜测定。

②测量镀层重量：方法主要有镀锌前后称重及镀后称重并去除镀层后再称重求出重量差。

（2）外观检查：目视检查表面光洁度、镀层完整性等。

（3）附加测试：某些类型的镀件，或某一特定项目上的镀锌件，根据需要也会进行一些附加的测试。

①附着性试验：硬刀试验。

②脆化倾向试验：弯曲试验、锤击试验和角钢试验等。脆化试验应按照ASTM A143/A143M《热镀锌结构钢产品防止脆化的实践及检测脆性的方法》的要求进行。

③铬酸盐钝化膜测试：点滴试验。钝化膜测试应按照 ASTM B201《锌和

镉表面铬酸盐涂层测试的标准实施规程》的要求进行。

ASTM A123《钢铁制件热镀锌层标准规范》第9.6节说明：镀件因基材脆化以外的原因被拒收，可允许脱锌重镀，并重新提交检验和测试结果，若确认符合标准要求，应予接受。

关于不同类型的热镀锌件的镀层厚度（重量）要求、检测抽样方法及试样数量，在第2章介绍的相应标准中，都有具体的规定。本章主要涉及检测方法，有关镀层外观和缺陷的相关内容见第8章和第9章。

7.2 热镀锌层厚度和重量检测

7-2 如何测量热镀锌层厚度？

测量热镀锌层厚度有两种不同的方法：磁性测厚仪测量法和光学显微镜测量法。磁性测厚仪测量法是最简单的非破坏性检测方法。磁性测厚仪可通过测量磁体和磁性底材之间的磁引力，进而得到镀层厚度，该磁引力受磁体和磁性底材之间非磁性镀层的影响；或者通过测量磁通量大小，进而得到镀层厚度，因为磁性探测头与磁性底材之间的间隔距离变化会引起磁通量改变。磁性测厚仪的使用方法见 ASTM E376《用磁场或涡流（电磁）检验法测量涂层厚度的操作规程》。磁性测厚仪的测厚精度一般为 $3\sim10~\mu m$。

常见的磁性测厚仪有三种类型，它们在镀锌厂或其他现场使用都很方便且容易掌握。

第一种是磁力平衡式磁性测厚仪，有时被称为"香蕉型测厚仪"，如图 7-1 所示。测量镀层厚度时，测厚仪放在镀件表面并与表面平行；顺时针旋转

图 7-1 磁力平衡式磁性测厚仪

刻度环，使仪器的测量头与镀层表面垂直并紧密接触，然后逆时针慢慢旋转刻度环，当与磁体相连弹簧的张力刚好超过磁体和镀锌样品基体之间的吸引力时，测量头与镀层表面脱离，操作者可以看到测量头与样品表面突然脱离接触，此时立即停止旋转刻度环，刻度环指针的位置显示镀层厚度。香蕉型测厚仪的优点是不受重力的影响，能够在不同方位测量镀层厚度。

第二种是拉脱式磁性测厚仪，如图 7-2 所示。这种测厚仪为袖珍型，形状有点像一支笔，也称为"笔式测厚仪"。在铅笔状容器中装有弹簧加力于磁铁，靠紧磁体有一表尖；按压表尖与镀件表面接触，然后缓慢匀速地释放松脱；在表尖脱离镀件表面前的瞬间，刻度尺指出镀层厚度。使用这种测厚仪可以非常方便快速地大致评估镀层厚度是否符合相关标准要求。

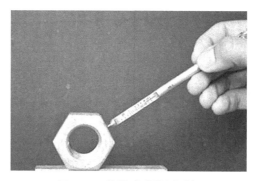

图 7-2　拉脱式磁性测厚仪

用笔式测厚仪测量镀层厚度时要求表尖垂直于测量面。由于磁体重力的关系，测量方向向上和向下的测量结果会产生较大误差。这种类型的仪表依据一次测量读数，很难确定真正的镀层厚度，因此需要进行多次测量。笔式测厚仪的准确性取决于检查员的技能。

第三种是电子磁性测厚仪，如图 7-3 所示。它是通过测量磁通量的改变来测量镀层厚度的。探头和磁性金属基体构成一闭合磁路，它们之间如存在非磁性镀层，则磁路磁阻发生变化，根据这种变化即可测得镀层的厚度。镀层越厚，磁阻越大、磁通量越小。这种测厚仪测量精确，也最容易操作。将电子磁性测厚仪的磁性探头放置在镀层表面上，数字显示镀层厚度。电子磁性测厚仪的优点是不需要根据探头方向进行校准，但需要根据实际测量的镀层厚度范围选择相应的厚度精准的垫片进行校准，以验证仪表的准确性。电子磁性测厚仪的另一个优点是能够存储测量数据和进行平均计算，从而简化检测数据处理过程。电子磁性测厚仪还能够连接各式各样的探头，以便对各种取向都能进行测量。

图 7 - 3　电子磁性测厚仪

测量镀层厚度的另一种方法是使用光学显微镜观察测量。样品从被检镀件上切割下来，经过镶嵌、打磨、抛光和适当腐蚀以显示热镀锌层横截面的显微组织，在显微镜下便可测得镀层厚度。因为这是一种破坏性测量方法，它通常只用于检验单试样工件，一般用于解决测量争议或研究。光学显微镜的准确性高度依赖于操作者的专业知识和技能。标准 ASTM B487/B487M《用横断面显微观察法测定金属及氧化物涂层厚度的方法》详细说明了准确测定镀层厚度所需满足的要求。

要获得镀层厚度的精确读数，需要很好地掌握试样镶嵌、表面抛光和腐蚀等技巧。

7 - 3　如何测量热镀锌层重量？

热镀锌层重量是指在镀件给定的单位表面积内热镀锌层的重量，它与室温下锌的密度($7.14 \ g/cm^3$)有关。测量热镀锌层重量，有两种不同的方法。

第一种方法是所谓的称重——镀锌——称重的方法，仅适用于单试样工件。镀锌前称重应在制件被清洁和干燥后进行，制件表面不应有液体、氧化铁等影响称重数据。镀锌完成后再次称重，镀锌后的重量减去镀锌前的重量得到全部镀层的重量。

在批量热镀锌中，镀层为纯锌层和铁锌化合物，而铁的密度大于锌的密度。这种称重法得到的是镀件上增加的锌的重量，实际镀层重量要大于此值。在许多情况下镀层重量会被低估多达 10%；根据称重得到的镀层重量和锌的密度转换出的镀层厚度也就小于实际的镀层厚度。另外，为了得到比较准确的单位面积镀层重量，还必须精确地确定表面积。但复杂钢结构的表面积测量和计算也非常困难，这使得单位面积镀层重量值往往更加不准确。这种方法还有一个缺点，如果制件是由几个不同厚度和类型的材料制成部件组装而成的，称重法给出的镀层重量转换得到的镀层厚度是整个组装件的镀层的平均值，并没有按照标准要求给出各个部件的实际镀层厚度。

确定镀层重量的第二种方法是脱锌法，即称重——脱锌——称重，详见标准 ASTM A90/A90M《镀锌和镀锌合金钢铁制品镀层重量（质量）的测试方法》。镀锌件冷却干燥后测量重量，然后去除所有镀层并再次称重，用重量差除以制件的表面积来计算单位面积镀层重量。这种方法是一种破坏性技术，只适用于单试样工件，通常仅用于钉子等小镀件。

脱锌时镀层中的锌铁合金层和纯锌层一起从样品上去除了，也就是说脱锌去除了镀层中的锌和铁。因此根据此方法得到的单位面积镀层重量和锌的比重转换计算出的镀层厚度会略大于实际的镀层厚度。

7-4 如何确定测量热镀锌层厚度的测量试样？

依据 ASTM A123/A123M《钢铁制件热镀锌层标准规范》，正确检测热镀锌件的镀层厚度，须从待检批次中随机抽取测试工件组成样本，抽取的测试工件最少数量见第 2 章表 2-14；然后需根据测试工件的表面积和表 2-4 中划分的材料类别及厚度确定测试工件是属于单试样工件还是多试样工件。

如果测试工件表面积小于或等于 1000 cm^2 且为一种材料类别和厚度范围，则是单试样工件。如果测试工件是由多种材料类别和厚度组成，或虽然是单一材料类别和厚度但表面积大于 1000 cm^2，则是多试样工件。

对于表面积小于或等于 1000 cm^2 的工件，按表 2-4 将测试工件中不同的材料类别和厚度范围划分开，每一种材料类别和厚度范围都成为单独的试样。图 7-4 所示的测试工件含板材和管材两个材料类别，板材又有两个厚度范围（底板和角撑板），所以要划分为三个试样进行检查。

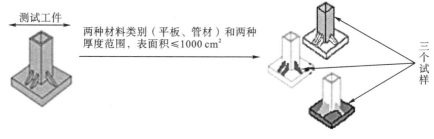

图 7-4　表面积≤1000 cm^2 多试样工件细分示例

对表面积大于 1000 cm² 的测试工件，如果整体属于一个材料类别和厚度范围，则必须进一步分为三个连续的、表面积基本相等的部分，而每个部分将成为一个试样，参见第 2 章图 2-3。图 7-5 所示是一个表面积大于 1000 cm² 并且含有相同材料类别和不同厚度范围的测试工件上决定测量试样数量的细分方法。该工件由壁厚 12 mm 和壁厚 19 mm 的钢管组成。首先，将该工件分为三个连续的、表面积基本相等的部分。依据第 2 章表 2-4，两种不同厚度类别（范围Ⅰ和范围Ⅱ）的钢管要求的镀层等级都是 75，但这并不意味着这些钢管可以作为一个试样检查；必须分成两个试样进行检查，故测试工件应细分为 6 个试样进行厚度测量。

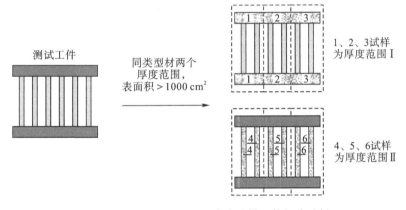

图 7-5 表面积＞1000 cm² 多试样工件细分示例

7.3 其他检测项目及影响因素

7-5 如何测试热镀锌层的附着力？

标准 ASTM A123/A123M《钢铁制件热镀锌层标准规范》对镀层附着力的含义作了表述：镀层厚度和性能应保证镀锌件在正常的搬运和使用中镀层不发生裂纹和脱落。ASTM A153/A153M《钢铁五金件热镀锌层标准规范》也明确指出，热镀锌层的附着力应使镀层紧密牢固地附着于基体材料。

标准 ASTM A123 和 ASTM A153 介绍了测试附着力的硬刀试验法。用一把硬质刀，施加足够大的力，铲切镀层，如果镀层以一层表皮的形式脱层，而在刀尖前面暴露出基底金属，则应认为其附着力不足。图 7-6 是正在进行硬刀试验的照片。

图 7 - 6 硬刀试验

硬刀试验操作的要点归纳如下：

(1)下推硬质刀尖，沿着钢表面平稳地进行。

(2)不要在边缘或拐角处(镀层附着力最低的点)进行测试。

(3)不能用铲削镀层小颗粒的方法来判断镀层附着力。

如果硬刀试验表明镀层附着力合乎要求，则试验在锌层表面留下轻微的痕迹是可以接受的。

是否进行硬刀试验应由镀锌厂和客户共同商定。只有在对镀层进行目视检查或厚度测试后怀疑镀层附着力有问题时，才需采用硬刀试验。硬刀试验是一种仲裁测试，一般不需要进行。镀层出现剥落的情况不常见，一旦出现这种情况通常比较明显，易于发现。

7 - 6 热镀锌件脆性测试有哪些方法？

如怀疑镀锌件可能出现脆化现象时，可能有必要进行脆性测试，这些测试通常对镀锌层及制件都有破坏性。ASTM A123/A123M《钢铁制件热镀锌层标准规范》第 8.4 节指出，只有当有明显的脆化迹象时才需要进行脆化试验。标准 ASTM A123 和 ASTM A153/A153M《钢铁五金件热镀锌层标准规范》规定，进行脆化试验应由镀锌厂和客户之间达成协议，并按照 ASTM A143/A143M《热镀锌结构钢产品防止脆化的实践及检测脆性的方法》进行测试。

标准 ASTM A143 第 9.1 节指出，根据镀件的形状尺寸，需要进行三种脆化试验之一或组合试验。三种脆化试验分别为弯曲试验、冲击试验或角钢试验。如果试验中发现一个试样出现脆化现象，则应另外再测试两个试样。如这两个试样之一发现脆化现象，则应拒收样本所代表的批次。

（1）弯曲试验。对钢镀锌五金件，如螺栓、杆棒、爬梯、钢筋等进行弯曲，并将其可承受的弯曲程度与未镀锌的相同制件进行比较。可以用虎钳夹住试件，弯曲时如有必要可利用杠杆增力，弯曲至 90°角或至制件开裂（以较小者为准），比较两者试验结果。镀锌件应能承受与未镀锌件基本相同的弯曲程度。镀锌层的开裂和脱落不作为脆性破坏判据。对于螺纹制品，弯曲试验应在无螺纹部分进行。

（2）冲击试验。形状或尺寸不宜弯曲的小型铸钢件和五金件，可以用 1 kg 的锤子猛烈击打，并对镀锌和未镀锌试样的结果进行比较。如果未镀锌钢件可以经受住击打，而镀锌钢件在这样的击打下开裂，则应认为镀锌钢件已出现脆化。

（3）角钢试验。角钢试验是针对热镀锌角钢的。在角钢上截取试样并按要求进行加工，试样热镀锌后在万能试验机上进行弯曲试验，或通过其他方式进行缓慢加压弯曲，直到镀锌试样发生断裂。镀锌试样弯曲测试应在温度为 16～32 ℃的情况下进行。角钢试验是破坏性试验，关于角钢试验，标准 ASTM A143 中有较为详细的表述。

7-7 电子磁性测厚仪会不会受电磁干扰？

曾发生过这样的事：操作人员在施工中的 60 层以上的楼层进行热镀锌件镀层检查时发现，他们所使用的电子数字测厚仪，虽然都依照国际标准进行过抗无线电干扰测试，却都出现操作失灵的现象，使用图 7-7 所示的电子磁性测厚仪有线探头时更是如此。经检查发现，工作现场的电磁干扰非常严重。有线探头的连线相当于接收天线，所以受干扰更为严重。

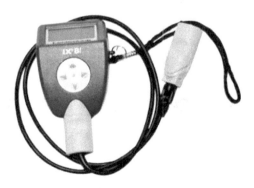

图 7-7　有线探头电子磁性测厚仪

后来，仪表制造商重新设计制造了抗电磁干扰能力远超出了相关行业要求的测厚仪，问题才得以解决。将电子磁性测厚仪的有线探头的连线包裹在金属屏蔽套内，一定程度上也能提高其抗电磁干扰的能力。但还是要建议，在有电磁干扰的场所进行现场检查时，尽量避免使用有线探头，或选用抗电磁干扰能力强的改进型电子磁性测厚仪，使用手动测厚仪（如香蕉形测厚仪）也是不错的选择。

7-8　热镀锌件检查时发现裂纹等问题应如何处理？

热镀锌件在镀锌后检查时或在安装或维修过程中有可能发现某些问题，这些问题的产生可能因设计不良或制作不当或热镀锌过程有误而致。发现问题后，最好是相关各方一起会商，了解问题情况，分析产生问题的原因并通过必要的测试手段加以验证，进而确定是否可以修复。如果允许修复，必须制定详细的修复方案，同时要及时制定和落实防止类似问题发生的措施。注意保留处理问题过程相关的记录资料，包括电子邮件、传真、图片、照片、备忘录等。

举一个不太典型的事例。某镀锌厂发现一些工字钢梁镀锌后腹板有开裂现象，如图7-8所示。其中有一根几乎裂成两截，镀锌厂及时和客户取得联系并通报了出现的问题。有关当事方在详细观察了解情况的过程中，发现在已镀锌的20根横梁中，7根有开裂的迹象。经各方协商，成立了包括钢铁制造商及冶金学家在内的事故调研小组。

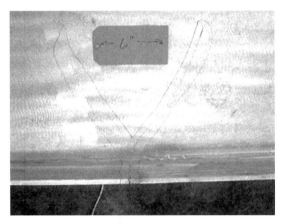

图7-8　工字钢梁腹板上的Y形裂纹

调研小组对和开裂镀件同批次但尚未镀锌的横梁进行了目视检查，发现一根横梁存在可见裂纹。随即用磁粉探伤对4根未镀锌横梁进行了探伤检测，发现 4 根梁的翼板区域均有裂纹，而且微裂纹竟达数百条；微裂纹分布区域有一定的规律，每隔 3 m 裂缝就重复出现，这与钢铁制造商向调研组报告的冲压标志几乎在同一位置。据钢铁制造商介绍，制造横梁的工字钢热轧过程中在翼板上每隔 3 m 热冲压一次标志图案。横梁是在常温下弯曲成形的。分析表明，冷弯工艺给标志图案周边造成应变不均匀和应力集中而形成很大的内应力，导致微裂纹产生，热镀锌工艺不是产生裂纹的原因，但它促使了已有裂纹的扩展。解决这个特殊问题的方法是在镀锌前磨掉标志图案及周边微裂纹，以消除横梁镀锌时在标志图案周边产生应变时效脆化而使微裂纹迅速扩展的可能性。有关这次事故所有的记录、资料、照片、录像等均整理存档。

7-9　实验室中的盐雾试验结果能客观评价镀锌层在真实环境中的耐腐蚀能力吗？

对钢材上的保护涂层进行盐雾试验的目的是评估涂层在特定环境中的使用寿命。然而，盐雾试验并不总能准确预测保护涂层在真实环境中的表现，对于热镀锌钢的镀层也是如此。ASTM B117《盐雾试验设备操作规程》是盐雾测试钢表面涂层耐腐蚀性常用的标准。通常盐雾试验方法是在室温下将钢表面涂层试样暴露在 5% 氯化钠盐雾中，然后测试经不同时间段后试样的腐蚀情况。热镀锌试样在连续的盐雾试验过程不会经历干湿循环，在镀层上不能形成稳定的碱式碳酸锌膜。众所周知，碱式碳酸锌膜对钢镀锌层起着至关重要的保护作用。如果碱式碳酸锌膜从未形成，就无法准确预测热镀锌镀层在大气中实际的抗腐蚀的能力。但在某些应用中，盐雾试验仍然是评估镀锌层抗腐蚀能力的方法。

大气腐蚀条件下必须考虑镀层表面经受干湿循环。ASTM G85《改良后盐雾试验操作规程》则更有现实意义。改良后的盐雾试验，使用硫酸铵和氯化钠溶液，在室温下进行雾化；并实行一小时的喷雾和一小时的干燥循环。干燥温度较高，大约为 35 ℃。试验至少要运行 16 个小时。

利用大量真实案例的研究分析结果来预测热镀锌层在各种环境中的抗腐蚀能力，是很好的方法。所谓的锌涂层寿命预测器(ZCLP)(见第 4 章问题 4-1)，是一个应用程序，只要输入热镀锌钢所处大气环境的信息，就可以预测出热镀锌件的首次维护时间。这个工具比盐雾试验更精确，因为它的结论是基于真实环境下的镀层的抗腐蚀能力得出的。

>>> 第 8 章　影响热镀锌层外观及镀层厚度的因素

8.1　热镀锌层外观及检查

8-1　镀锌件外观检查的目的和内容是什么？

热镀锌件的外观检查一般为目视检查，即不借用放大工具的视觉检查。目的在于检查判断全部镀层表面状况，包括镀层表面平滑性和色泽，是否有毛刺、流痕、锌层剥落、漏镀以及镀层表面是否粘有污染物等。外观检查在镀锌厂进行并完成，发现不符合要求的情况，要采取措施修整和改进。

热镀锌件可能有各种不同的初始外观。同一个组合件的不同零部件之间，甚至是同一零部件的不同部位之间，初始外观都可能存在明显差异，如图 8-1 所示。

图 8-1　镀锌罐不同部位初始外观上的差异

镀锌钢件无论初始外观如何，暴露在大气中经过 6 个月～2 年的时间，都将呈现同样的哑光灰色外观。这是因为镀层暴露在自然的干湿循环环境中，表面会形成碱式碳酸锌保护膜，使原来可能存在的外观差异消失，都变成了同样的柔和灰色外观。图 8-2 所示有篷走道的篷檐，刚安装后篷檐镀层色差非常明显，几年后，镀层外观上的差异已经消失，变成均匀一致的哑光灰色。

图 8-2　镀层外观由明显色差转变为均匀哑光灰色

8-2　服役现场外观检查应关注哪些问题？

热镀锌钢验收合格交付使用后，检验工作并不会结束。良好的腐蚀防护策略包括定期检查和维护，以确保镀层的防护性能。服役现场检验员应了解服役环境下镀锌件上腐蚀可能相对较快的区域和部位，目视检查特定区域的镀层加速腐蚀的迹象和表面状况的改变，并使用磁性测厚仪等进行镀层厚度测量，根据测量的镀层厚度，对照第 4 章问题 4-1 介绍的首次维护时间图，评估确定首次维护时间。同时根据服役环境和镀层厚度测量数据，评估镀锌件的剩余寿命，如发现镀层有损伤需要及时修复。

以下是镀锌件最容易发生腐蚀的特殊区域或部位，外观检查时应着重关注。

（1）缝隙。镀件上常会存在一些缝隙，例如重叠区域、紧固件之间的配合部分及镀锌层与另一物件（如木材、混凝土或沥青）的接触面。当水及其他腐蚀性溶液渗透到缝隙中时，容易加速镀锌件的腐蚀。

（2）与不同金属配装的接触面。为防止镀层与不同金属之间形成腐蚀电池回路，常在接触面衬以塑料或橡胶垫片（圈），或在阴极上涂漆将它们隔离。要注意这种接合面的腐蚀迹象，判断隔离物的完整性和有效性。

（3）有积水的区域。镀件处于水平状态的区域易聚留水和其他腐蚀性物质，腐蚀速率要比垂直表面高。目视观察镀锌件的水平区域并进行镀层厚度测量以确保足够的防腐蚀保护寿命。在可能的情况下，可以通过设置排水孔来防止水长时间聚留在表面上。如果这些水平面上已设排水孔，要检查排水孔镀层的腐蚀情况，必要时进行修补。

(4)以前修补过的区域。镀锌件上进行过镀层修补的区域，通常比周围的镀层腐蚀得快，应目视检查并用磁性测厚仪进行测试。必要时，及时修补这些区域以保证使用寿命。

在服役现场对镀锌件进行目视检查时，发现的问题大多数都是外观美观的问题，一般情况不需要特殊处置。

8-3 热镀锌层哪些外观情况是不允许的?

热镀锌标准 GB 13912，ASTM A123、A153、A767 和 A385 都叙述了对镀层外观的要求。尽管每个标准的叙述略有不同，但总体上非常接近。各标准对外观要求概括如下。

镀层不得有漏镀区域、起皮、溶剂渣和粗大的锌渣粒子；不允许出现会干扰产品预期用途的锌瘤或积锌；边缘不允许有危险的锌片或锌刺；但不影响镀件预期用途的凸出或轻微表面粗糙不影响验收。

这些标准没有对镀层的色泽(例如光亮度、哑光灰色或色差斑驳)提出具体要求，原因是色泽差异不影响镀层的抗腐蚀性能。

ASTM A385/A385M《提供高质量镀锌层(热浸镀)的实施规程》是唯一对批量热镀锌层外观色彩有所讨论的标准。标准 ASTM A385 第 3.6 节指出：一般来说，热镀锌层主要功能在于防腐蚀而非外观；表面状况是否可接受主要考虑两个方面，即对耐腐蚀性寿命和预期用途的影响。各种色彩的镀层在实际应用中的防腐蚀功能是一样的，颜色和纹理的变化不会影响镀层的防腐蚀保护性能。例如研磨机在镀层表面留下的磨痕不会降低镀层的耐蚀性，是可以接受的。对镀层某些缺陷进行修补后，修补区的颜色通常与原镀层颜色有差异，这也不能成为拒收的原因。实际上，随着时间的推移，镀层会逐步呈现出均匀一致的颜色。

镀层的某些表面状况虽然不影响耐蚀性，但会使有些镀锌件的预期使用功能受到破坏。热镀锌扶手是个典型的例子，从使用安全考虑，扶手镀层表面必须光滑，如果扶手表面有流痕、锌渣及其他夹杂物，表面凹凸不平，可能会被拒收。如果对镀层外观有特定要求，例如某些建筑外露镀件，外观不符合预期要求，也可能会导致拒收。

影响热镀锌层结构和外观的因素是众多的，主要有钢的化学成分、表面准备情况、锌液化学成分、镀锌温度、浸镀时间、从锌浴提出速度、镀锌后冷却速度等。所有这些因素中，钢的化学成分影响最大。后面会具体讨论一些因素对热镀锌层外观的影响。

8.2 钢材化学成分对镀层厚度的影响

8-4 什么是圣德林曲线？什么是硅当量？

圣德林博士(Dr. R. W. Sandelin)研究钢中硅含量与镀层厚度之间的关系得到的曲线称为圣德林曲线，如图 8-3 所示。从圣德林曲线可以看出，镀锌钢中硅含量在 0.06%～0.13% 范围内时，反应扩散速率较快，形成的镀层较厚，该区域在图中标记为"Ⅰ"，称为圣德林区(Sandelin range)。硅含量约在 0.10% 时，反应扩散速率出现峰值，镀层厚度显著增厚。

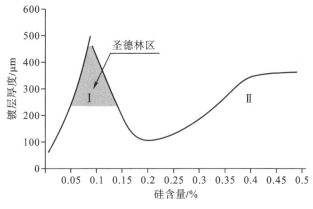

图 8-3 圣德林曲线示意图

钢中硅含量大于 0.25% 的区域，图中标记为"Ⅱ"，在该区域镀层厚度随着硅含量的增加而增加，硅含量为 0.4% 左右时镀层厚度开始趋于稳定。曲线表明，在硅含量较低的范围(0～0.05%)内，可获得正常的镀层厚度。硅含量在 0.15%～0.35% 的范围内曲线呈马鞍形，也可获得正常的镀层厚度。要特别注意的是，曲线在硅含量为 0.04%～0.06% 时斜率非常大，意味着硅含量的微小变化会导致镀层厚度的较大变化。

与硅的作用类似，钢中磷含量也影响热镀锌时锌铁之间的反应，硅和磷是明显影响热镀锌层的两个主要合金元素。一些镀锌钢可能同时含有较多的磷和硅，而使获得合格镀层遇到困难。工程上常用硅当量 SE(silicon equivalence)来评估硅和磷对热镀锌的综合影响。

圣德林提出了以下公式：硅当量 SE＝硅含量＋2.5×磷含量。以计算得到的硅当量，根据圣德林曲线可预估钢的镀层厚度。

例如两种钢中硅磷含量分别为：1号钢硅含量＝0.17％、磷含量＝0.01％；2号钢硅含量＝0.17％、磷含量＝0.08％。这两种钢如果不考虑磷的含量，它们的硅含量相同且处于圣德林曲线马鞍形部分的位置，可以得到正常的镀层厚度。如果考虑磷的含量，由硅当量计算公式，可得1、2号钢的硅当量分别为0.195％和0.37％，后者则处于马鞍形的上斜坡，很可能产生过厚的镀层。由此可见，如果忽略磷的含量，对镀层厚度的预测可能产生很大的误差。

8-5 什么是非活性钢和活性钢？它们的热镀锌层外观和组织有什么不同？

鉴于钢中硅的含量对热镀锌层厚度有很大的影响，ASTM A385/A385M《提供高质量镀锌层（热镀锌）的实施规程》建议：制作热镀锌件最好选用硅含量＜0.04％（最多不超过0.06％）的钢材，以避开圣德林区域；或选用0.15％＜硅含量＜0.22％（不要超出0.13％≤硅含量≤0.25％范围）的钢材，以避开圣德林曲线高硅区域。钢中其他化学成分含量：碳含量≤0.25％，磷含量≤0.04％，锰含量≤1.3％。

化学成分符合上述推荐范围的热镀锌钢通常称之为非活性钢，其镀锌后典型的镀层显微组织如图8-4(a)所示。镀层中有三个锌铁化合物层：γ层（在显微组织中不总是清晰可见）、δ和ζ层。镀件从锌液中提出时，化合物层的表面附着一层熔融锌，凝固后形成η层，使镀锌件具有光亮的外貌。

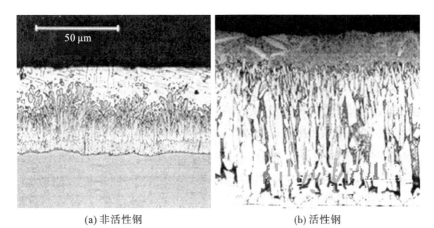

(a) 非活性钢　　　　　　　　　　(b) 活性钢

图8-4　典型的非活性钢和活性钢热镀锌层显微照片

116

化学成分在推荐范围以外的热镀锌钢通常称之为活性钢。活性钢镀层典型的显微组织如图8-4(b)所示。活性钢中的ζ层快速生长，抑制了或基本抑制了η层的形成，使镀层不是明亮和光滑的外观，而呈灰色哑光；镀件表面有时可能会同时出现哑光和光亮的区域，而形成斑驳的外观。有证据表明，活性钢快速生长形成的镀层要比非活性钢正常的镀层脆、附着性差；也有证据表明，快速生长形成的镀层在大气中表面会过早出现红色，而这种红色的出现并非基体钢腐蚀所致。

热镀锌时钢制件中的铁和锌之间的冶金反应是扩散反应，钢中的硅和磷在反应中起催化剂的作用。图8-5所示是磷含量超过0.04％的热镀锌钢镀层表面，可以看出镀层表面呈哑光灰色，且粗糙并有脊状突起。

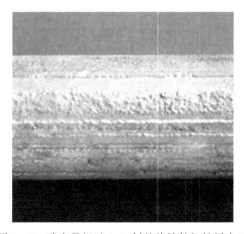

图8-5　磷含量超过0.04％的热镀锌钢镀层表面

钢的化学成分对于判断其是否适合用于制造热镀锌件及如何进行热镀锌至关重要。钢的化学成分，可通过工厂化学分析获得，也可以通过查阅钢材等级标准中的化学成分表或从钢材制造商出厂证书等途径获得。但获得的化学成分不能保证能准确反映钢的热镀锌活性，因为钢中元素含量可以在允许的范围内变化。工厂的分析报告中的值仅来自于所取样品，实际上即使同一块钢材中不同部位的化学成分，也可能有一定程度的差异。所以，比较可靠的做法是对试件进行热镀锌，以更好地显示和判断钢的热镀锌活性。

8-6　研究人员是如何对不同硅磷含量的活性钢进行分类的?

英国卡迪夫大学(Cardiff University)为国际铅锌研究组织(ILZRO)的项目开展研究，深入探讨了硅和磷对钢热镀锌活性的影响。研究人员改变硅和磷的质量百分比，然后评估钢在不同镀锌温度下的活性。这项工作产生了一个硅和磷含量的活性分类表，各类硅磷含量与钢活性及镀层外观见表8-1。

表8-1 热镀锌钢活性分类表

分类	硅含量/%	磷含量/%	钢活性	镀层外观
1	0.000～0.035	0.000～0.025	正常，偶尔偏低	缺陷很少
2	0.000～0.040	0.025～0.035	正常	局部缺陷，由ζ合金层快速增长引起
3	0.000～0.040	>0.035	活性高，尤其是磷含量高时	明显的表面缺陷，如"树皮"，容易剥落
4A(低磷)	0.040～0.135	<0.010	活性中等，随硅含量增加而增加	可能看起来正常，缺陷很少
4B(高磷)	0.040～0.135	>0.010	活性高	一般缺陷很少
5A(低磷)	0.135～0.350	<0.030	活性高，但一般产生比5B薄的镀层	可能看起来正常，缺陷很少
5B(高磷)	0.135～0.350	>0.030	活性高	有剥落倾向，尤其是磷含量高时
6	>0.350	>0.000	活性高，随硅含量增加而增加	有剥落倾向，随磷含量增加而增加

从表中可看出，即使钢中硅含量低(3类钢)，如果磷含量高，热镀锌时也是非常有活性的；高磷钢的镀层都有较高的剥落倾向。

8.3 影响热镀锌层厚度和外观的工艺因素

8-7 锌液中添加镍对圣德林曲线有什么影响？

锌液中添加适量镍主要是为了抑制含硅或磷的镀锌钢的活性，改善镀层的外观，使其更加明亮和有光泽。如果钢中硅含量为0.04%～0.15%或大于0.25%，热镀锌可能产生过厚的镀层，使镀层的附着性变差，在搬运等过程中镀层容易被损坏。通常，这些厚镀层是哑光灰色的，是一些客户所不喜欢的。在锌浴中添加适量镍，一些活性钢可获得厚度合格、具有美观的外表并与基体紧密结合的镀层。如图8-6所示，钢中硅含量低于0.20%时，锌浴中添加镍明显降低了硅的影响，甚至抑制了圣德林峰的出现。

使用镍的负面影响是，有可能使某些硅含量小于0.20%的低硅非活性钢

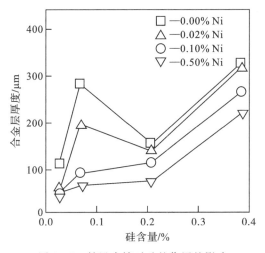

图 8-6 锌浴中镍对硅的作用的影响

镀件的镀层厚度达不到标准要求的最小值。一些管状制件和非常薄的板材制件可能会出现这种情况。

8-8 镀锌温度和浸镀时间对镀层有何影响?

热镀锌合金层的形成是铁锌扩散反应的结果。像大多数扩散反应一样,提高反应温度及增长反应时间也会提高反应速度和反应程度。

图 8-7 所示是某种硅镇静钢(含高硅或硅含量处于圣德林区域)的镀层重量(厚度)近似与镀锌温度、浸镀时间的关系。镀锌温度分别为 427 ℃、441 ℃、454 ℃。在同一浸镀时间下,随镀锌温度提高镀层重量明显增加 。所以对于活性钢,适当降低镀锌温度,是防止镀层过厚生长的办法之一。

由于高硅钢在镀锌时铁锌之间的反应非常快,故限制浸镀时间是降低镀层厚度的另一种有效方法。活性钢和非活性钢镀锌反应的动力学是不同的, 活性钢的镀层重量(厚度)近似与浸镀时间成正比,非活性钢的镀层重量(厚度)近似与浸镀时间

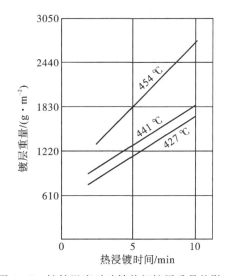

图 8-7 镀锌温度对硅镇静钢镀层重量的影响

119

的二次方根成正比。图 8-8 所示是镀锌温度为 454 ℃时，镀锌时间对某种非活性钢和某种活性钢镀层重量的影响。对于非活性钢，在镀锌温度锌铁合金层在前两分钟生长迅速，然后生长速度降低，约 6~7 min 后增长非常慢。而对于活性钢，合金镀层一直随时间增长而线性增厚，因此合金层的重量（厚度）很大程度上取决于镀件在锌浴中的停留时间。

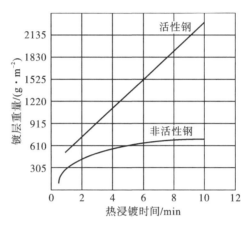

图 8-8 浸镀时间对活性钢和非活性钢镀层重量的影响

圣德林研究了含硅钢在 450 ℃温度下镀层厚度和硅含量之间的关系，发现硅含量约在 0.10% 时反应扩散速率出现峰值，如图 8-9 所示。从图中可以看出，减少镀锌时间明显降低圣德林曲线的峰值。

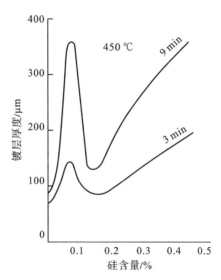

图 8-9 钢中硅含量及镀时间对锌镀层厚度的影响

据上所述，活性钢热镀锌时，常常可以通过简单地控制锌浴的温度和镀件在锌浴中的时间，获得合格镀层。但由于锌锅尺寸和制件截面厚度的影响，制件浸入锌液后存在制件表面及附近的锌液凝固的危险，另外，制件从锌液中提出时需要有足够高的温度以使多余锌液排出，所以采用降低镀锌温度和缩短浸镀时间的方法受到实际因素限制。

8-9　镀件浸锌后的提升速度及随后的冷却速度对镀层厚度和色泽有什么影响？

非活性钢浸入锌浴几分钟后铁锌反应则基本完成。而活性钢只要有可利用的自由锌层、温度高于 290 ℃，锌铁之间的反应就可继续进行。厚重的活性钢镀件离开锌液后缓慢冷却过程中，就会发生这种情况。如果活性钢镀件在冷却过程消耗了整个 η 层，ζ 合金层生长到表面，镀件表面则从光亮转变为灰暗。

如果浸镀锌后立即将镀件淬水冷却，镀件温度会迅速下降几百度，冶金反应则被停止。制件镀锌后也可浸入铬酸盐溶液或磷酸盐溶液而得到快速冷却，快冷可以防止 η 层被消耗而使镀层表面光亮。但快冷可能导致镀件产生变形，而且，有些镀锌厂不具备淬冷槽，在这种情况下，设计时应尽量考虑制件热镀锌后不淬冷。

镀件浸锌后自然冷却（不淬冷），较薄的镀件冷却速度较快，镀件可以获得光亮的表面，较厚的镀件冷却速度较慢，就可能造成镀件表面暗淡及光泽不一的情况。

图 8-10 所示的方形板，外部边缘部分快速冷却使得自由锌 η 层可以在化合物层外面形成；板的中间部位冷却得慢，在 290 ℃ 以上延续时间长，固体状态下继续进行的冶金反应消耗完了自由锌层，导致锌层外观呈哑光灰色。其实，服役过程随着镀件表面风化，外观上的这些差异将逐步变得不那么明显直至消失，最终变成均匀的哑光灰色。

镀件提出锌液的速度会影响镀层厚度，从锌液中提出快，从镀件表面流走的锌液少，会使镀层厚度增加。

图 8-10　冷却速度差异导致的斑驳外观

8-10 两次热镀锌会增加镀锌件镀层厚度吗？

有许多人认为两次热镀锌可以使镀层增厚，实际上两次浸镀只是单次浸镀的继续。

工件热浸锌时，当其表面温度达到锌液的温度时发生锌铁反应，逐步形成一系列合金镀层。对于钢材硅含量低于0.04%的镀件，在镀锌温度几分钟内就会形成很好的镀层。当然，大型构件加热到镀锌温度需要更长时间。

当镀件从锌浴中提出时，表面会滞留一层锌液，凝固后形成镀层的自由锌层。如果镀件再一次浸入锌液，自由锌层将融化，但金属间化合物层的熔点高于454℃，它们不会融化，锌铁反应会继续，好像工件从未从锌液中提出过一样。

对于非活性钢，正如图8-8所示，工件浸镀约6~7 min后镀层厚度增长非常慢。如果第二次浸镀时间和第一次相同，譬如都是7 min，第二次浸镀后的镀层仅比第一次浸镀后的镀层略有增厚，但镀层中合金层的比例有所增加。

由图8-8也可看出，对于含硅活性钢，镀锌件镀层厚度与浸镀时间成正比。如果第二次和第一次浸锌时间相同，镀层厚度会增加一倍。由于镀层明显增厚，镀层脆性有增加的趋势。在相同镀锌温度下如果两次浸镀总时间与一次性浸镀时间相同，形成的镀锌件镀层厚度便没有什么不同。

8-11 镀锌件制造工艺有可能影响镀层外观吗？

除了化学成分及热镀锌表面准备和浸镀工艺外，钢材生产加工过程中的一些因素也能影响镀层的外观。图8-11中的顶部栏杆显示出一种呈螺旋状

图8-11 制管工艺对钢管镀层外观的影响

的暗灰色区域，与制管工艺相对应。管材在生产加工过程中产生的应力及表面变形影响镀层金属间化合物的形成和生长，最后导致这种条纹状外观。这种光亮与暗淡条纹相间的外观不会影响镀层的腐蚀保护性能，根据热镀锌相关标准是可接受的。

8－12　镀层过厚有什么弊端？可采取哪些措施防止活性钢镀层过厚？

理论上来说，镀锌层越厚，腐蚀防护寿命越长。热镀锌标准要求镀层满足产品的预期使用寿命，没有设定最大镀层厚度值，即对镀层厚度没有设定上限。但是，实际应用中镀层厚度需要有一些限制，主要原因及采取的相关措施简述如下。

(1)过厚的镀层往往较脆，可能会发生镀层剥落现象。镀层厚度超过 $250\ \mu m$ 时，剥落的潜在危险随时存在。如果镀件基体较厚，则镀层剥落倾向更为严重。

了解钢的化学成分或根据经验判断制件镀锌后是否会产生过厚镀层而容易剥落，这对镀锌生产非常重要。

(2)镀层过厚的情况，金属合金层生长到达表面或部分到达表面，导致镀层表面为哑光灰色或光亮和灰暗区域混合的色泽斑驳外观，这种镀层外观在一些特殊应用场合不能被接受。

(3)合金层生长到镀层表面可能会导致镀件表面过早出现红锈色，有损外观美观，而且看起来好像镀层防腐蚀性能差似的。

(4)镀层厚度的增加会使锌耗增加，大大增加镀锌成本。

对于活性钢制件热镀锌，镀锌厂一般采用以下措施控制镀层厚度和增加镀层光亮度。

(1)镀前表面喷砂处理。热镀锌时发生的锌铁反应过程是一个扩散过程，镀层垂直于基底钢向外生长。活性钢镀锌时可以形成很厚的镀层，ζ层的柱状晶体非常明显，而且柱状晶体的生长方向与基体表面垂直，见图 8－4(b)。喷砂处理可以导致基体钢表面非常粗糙，形成许多峰和谷，这些峰和谷实际上干扰了柱状晶体的生长方向，导致ζ层内晶体生长时相互抵触，限制了柱状晶体的生长，从而限制了镀层增厚速度。

(2)减少浸镀时间。活性钢镀层生长与浸镀时间成正比例，缩短浸镀时间，可以获得较薄镀层。但对非常厚的制件，为了达到铁锌反应发生所需的温度，镀件必须在锌液中停留更长时间。

(3)降低镀锌温度。较低的热镀锌温度使铁锌反应速度较慢，从而降低镀层厚度。

(4)锌浴内添加某些元素。对于化学成分在圣德林区的钢，镍能降低镀层合金层的生长速度。铅能降低锌的表面张力，有助于镀件从锌浴中提出时锌液从镀件表面流走。铋也有同样的作用，有时被用在铅含量低的 HG(高等级)或 SHG(特高等级) 锌锭(见第 6 章表 6-1)熔化的锌液里。在镀锌液中加入铝能直接提高镀层的亮度，而镍则是通过抑制镀层中合金层成长而使表面自由锌层存在，从而提高了镀层的亮度。

(5)镀锌后加快冷却。浸锌后通过淬冷可防止合金层继续生长而保留自由锌层来提高镀层的光亮性。

(6)加快提升速度。加快提升速度有利于镀件表面形成光亮的纯锌层。

8-13　镀层厚度难以达到标准的最小值要求，有办法改善吗？

标准 ASTM A123 和 ASTM A153 中对镀层厚度最小值提出的要求，在大多数情况下，镀锌厂都可以达到，但在某些情况下则很难甚至不可能满足这些要求。

某些管材类型制件采用铝镇静钢(而非硅镇静钢)或硅含量极低的钢制造，虽然它们的化学成分可能在标准 ASTM A385 推荐的范围内，但镀层厚度往往难以满足标准要求的最小值。

硅含量<0.04%的低硅钢热镀锌层较薄，常见的镀层显微组织见图 8-12。

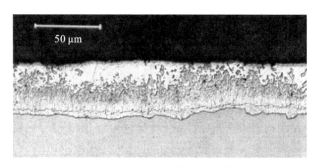

图 8-12　低硅钢热镀锌层的显微组织

钢制件经喷砂处理可使表面变得粗糙，从而增加了总表面积，为铁、锌的扩散提供了路径，有利于增加镀件镀层厚度。

镀锌前进行喷砂处理的目的无论是增加镀件镀层厚度还是限制活性钢镀层厚度，喷砂处理均不指定清理程度或达到某种程度的表面轮廓；可将标准

SSPC－SP 6/NACE No.3《商业级喷砂清理》作为喷砂清理的实施指南。

另一种方法是制件在硫酸中适当过度酸洗（这种方法不适用于盐酸酸洗）。过度酸洗在一定程度上增加了制件表面粗糙程度，从而增加了表面积。过度酸洗会产生负面后果，例如使镀层外观变得不均匀不光滑。酸洗时间太长，钢材会因硫酸的过度化学侵蚀而破坏。

加快镀件从锌锅提出的速度也可以增加镀层厚度，因为镀件从锌锅提出越快，镀件表面的锌液凝固前流走越少。

需要指出的是，无论是增加镀层厚度还是抑制镀层厚度的方法，均不能被视为正确选择钢材的等效替代方案，只是在现实情况下常规镀锌方法难以使镀件镀层达到要求时，可以考虑采用。

对于低硅钢或铝镇静钢制件，镀锌厂和客户也可以通过协商，达成一致意见，接受镀层厚度不足的情况，进而对镀锌件进行漆或粉末涂装，形成双涂层体系以满足防腐蚀保护的要求。

8－14　组合件怎样才能获得满意镀层？

图8－13所示弯管由活性钢和非活性钢两种不同的钢材部件焊接而成，焊接材料也属于活性钢类。镀锌后非活性钢段镀层表面光亮，活性钢段表面为暗灰色，暗灰色的凸出焊缝表面连接着两个不同色泽的区域。

图8－13　两种不同材料组成的弯管镀锌后表面状况

正如图8－8所示，活性钢镀锌时合金层厚度随时间线性增长，最终使表面呈现暗灰色；非活性钢镀锌时合金镀层达到一定厚度后生长速度逐渐减弱，最终镀层有自由锌层存在，镀层表面光亮。

不同类别或不同表面状态的钢铁材料组成的制件，热镀锌后外观不一致是难免的。所以组合件上各个零部件应尽可能采用化学成分和表面状况相同或相近的材料制作。材料类别可分为铸钢、铸铁、热轧钢、冷轧钢，符合以及不符合标准 ASTM A385 推荐的钢材等。不同表面状态包括表面生锈情况、表面麻点及尺寸与分布情况、机加工表面粗糙程度等。

为了使组合构件热镀锌能获得最佳镀层，设计时应考虑遵循以下指导意见。

(1)各零部件采用同种钢材制造，或不同钢材制作的零部件分别进行热镀锌，镀锌后组装成整体构件。

(2)同一组合构件中避免混合采用旧钢与新钢，或铸钢与轧制钢。

(3)避免将过度生锈、有腐蚀麻点的钢材或锻造的钢材与光洁机加工表面的材料组合使用。如果这种组合情况不可避免，对整个组合件进行喷砂处理通常能提高镀层质量及外观的一致性。

(4)如果已经出现由于所使用的材料杂乱而导致镀层不符合要求的问题，某些镀者试图通过脱锌并返镀来解决，结果将于事无补。大多数情况下，返镀后问题会再现。有人主张，对于小面积超厚镀层，打磨去除一部分镀层厚度，例如磨去扶手焊缝区镀层的一部分厚度，使扶手表面光滑，这是最经济的解决方案，但这需要额外花费较多的时间和精力，并且外观也不会太理想。

8.4　热镀锌产品的消光处理

8-15　为什么会有客户要求降低镀锌件的光反射率？自然风化时间对光反射率有何影响？

某些使用场合要求热镀锌层具有光亮的外观，但有时会要求有暗淡的外观。20 世纪 70 年代早期，美国有四家独立的电力机构要求将交付的镀锌产品的光反射率降低到光亮镀层的 12%～18%。某管理部门也曾致函许多镀锌厂和美国镀锌协会，出于安全和环境考虑，需要降低某些镀锌件的光反射率。生物学者认为，农村或野外输电塔光亮镀层的反射闪光，会搅乱安静祥和的自然环境而令野外动物不安。有关人士还认为，驾驶员会被输电塔等光亮镀层的反射光照射而产生闪光盲，可导致驾车意外事故的发生。从美观的角度，也有设计师偏好暗淡的镀锌表面。

人的眼睛可以感知的电磁波波长在 0.4～0.76 μm 范围内。具有明亮光泽的新镀锌件对可见光的反射率超过 70%（见图 8-14）。如果镀锌件镀层呈灰暗层，其对光的反射率就会大大降低。

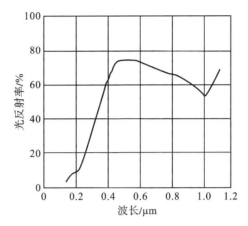

图 8 - 14　锌的反射光谱曲线

随着时间的推移，大气环境中镀锌件表面碱式碳酸锌膜的形成及灰尘、污垢的积累将在相对较短的时间内显著降低其光反射率。例如，观测了户外三支镀锌杆，一支暴露 72 h 后对光的反射率降至 55%；另外一支暴露 2 a 后光反射率降至 28%；第三支暴露 4 a，光反射率降至 23%。

8 - 16　如何获得暗淡的镀锌件表面？

对于大多数镀锌产品，镀层表面在短短 6 个月内就会变得暗淡。如果要求镀后表面立即呈灰暗色，可以通过镀锌件选材或改变热镀锌工艺使镀锌件产生表面暗淡化的镀层，这也是最常见消光方法；也可在镀锌后采用化学处理的方法使镀层表面暗淡化。

1. 选材及改变热镀锌工艺

(1)浸锌后非常缓慢地冷却，不要淬冷。如果制件较厚(>13 mm)，提出锌液后缓慢冷却，镀件在缓慢冷却过程中，铁锌合金层会继续成长而将自由锌层耗尽，最终形成较暗或不太有光泽的镀层表面。

(2)适当过度酸洗可使镀层暗淡。

(3)在镀液中使用少量或不使用光亮剂会使镀层变得暗淡。

(4)选用活性钢，比较容易得到暗灰色镀层。

2. 镀锌后化学消光处理常用方法

(1)喷洒或浸泡酸性磷酸锌溶液。目前市场上用来镀锌后化学消光处理的产品，大多数主要由酸性磷酸锌组成。采用表面喷洒或整体浸泡酸性磷酸锌溶液的方法，使细颗粒磷酸锌晶体沉积在镀件表面而达到消光效果(这也可作为镀层表面漆涂装的预处理方法）。喷洒或浸泡酸性磷酸锌溶液方法一般用于镀锌件生产量较大的情况。

（2）喷洒酸化硫酸铜溶液。某公司将一种酸化硫酸铜溶液喷洒到镀件表面使镀层暗淡化。该公司将1.36 kg硫酸铜晶体溶解在3.79 L水中，然后加入237 mL浓盐酸组成喷涂溶液。为促使硫酸铜晶体在水中溶解，可先碾碎再加入热水溶解，冷却后再加入盐酸，搅拌均匀。酸化硫酸铜溶液应使用低压喷雾设备喷洒。该溶液的作用非常快，镀层表面会立即变暗淡，所以溶液喷到镀层表面后，应立即用水冲洗掉。这种方法仅适用于少量镀件的消光处理。

（3）浸泡硝酸溶液。将新镀锌件浸入1%硝酸溶液中停留90 s左右，然后清洗干净。

（4）涂底漆。在镀层表面涂上底漆，有许多商用底漆可使表面充分变暗，而且可以在现场喷涂。

特别值得注意的是，如果构件镀锌后在铬酸盐水溶液中淬冷，镀层表面的铬酸盐转化膜会使暗淡化处理无效。另外，应该与客户协商一致后再选用这些处理方法，因为不是在所有情况下这些处理方法都能使镀锌件表面的光反射率降至客户要求的水平。

第9章　热镀锌层表面缺陷及镀件变形

9.1　漏镀

9-1　如何测量判断漏镀区域是否允许修复?

漏镀是热镀锌层中最常见的表面缺陷,定义为镀件需镀锌表面未形成镀锌层的区域。热镀锌层可能会有各种各样的表面缺陷,有些缺陷不会降低镀层长期的防腐蚀保护作用;而有些表面缺陷,如漏镀,会严重降低镀层的防腐蚀保护作用。前者不会引起拒收,而后者可引起拒收。

根据 ASTM A123/A123M《钢铁制件热镀锌层标准规范》规定,如果热镀锌工件表面有漏镀区域,漏镀区域的面积应符合如下规定才可允许修复:单个修复区域的长宽二维尺寸仅在一个方向上超过25 mm,如图9-1所示;所有漏镀区域的总面积不大于镀件要求镀锌表面的1%,如按工件重量计不超过 256 cm²/103 kg。修复按 ASTM A780/A780M《热镀锌层损坏及漏镀区域的修复实施规程》中的方法进行。如果漏镀尺寸或面积超过了标准 ASTM A123 中所规定的允许修复的尺寸或面

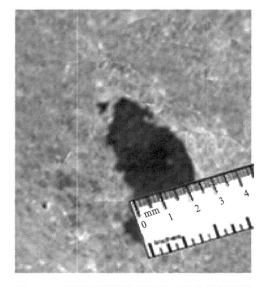

图9-1　测量判断漏镀区域是否允许修复示例

积，会被拒收，镀件必须脱锌和重镀，然后根据该标准的要求再次检查。允许修复的漏镀区域尺寸大小的规定仅适用于镀锌厂检查修补；对服役现场镀件镀层允许修补的裸露区域尺寸还没有具体规定。

造成漏镀的原因有很多，包括：原材料表面缺陷，如夹杂物、氧化皮和夹沙；排气孔设计不正确；焊渣黏附、焊缝气孔和焊缝咬边；表面污染物、助镀工艺不当；锌浴中过量的铝；与器具或其他镀件接触等。

除本节集中介绍引起漏镀的一些因素外，在其他章节会根据具体情况酌情讨论镀层漏镀问题。

9-2 钢铁制件原材料表面状况与漏镀有什么关系？

(1)钢铁制件材料表面污染物及缺陷。制件表面残余的油漆、油、油脂和氧化皮等会造成漏镀，因为这些残留物会阻隔液态锌与基体中的铁反应形成镀层并与基体牢固结合。表面预处理时必须将表面残留的污染物去除。

钢材轧制过程会产生表面氧化皮压入、卷边、折叠等缺陷，非金属杂质沿轧制方向被拉长。如果酸洗或喷砂没有将其去除，则热镀锌时镀层会出现漏镀区域。这种类型的钢材缺陷有时只有在热镀锌后才变得很明显，图9-2(彩图见书后插页)中长条状的漏镀区域就是由氧化皮压入引起的。

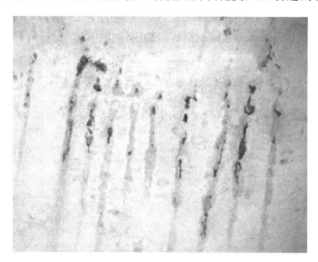

图9-2 氧化皮压入造成的热镀锌漏镀

(2)焊渣。镀锌前的化学清洗不能去除黏附在工件表面的焊渣。工件表面存在焊渣会造成漏镀，如图9-3(彩图见书后插页)所示。镀锌前必须通过打磨、喷砂、用钢丝刷清理或凿削等方法清除焊渣。

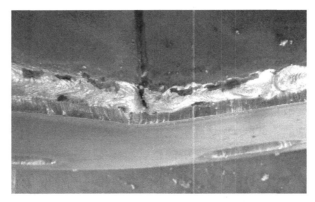

图 9-3　焊缝残留焊渣造成漏镀

(3)铸件夹砂。如铸件表面嵌有砂粒即所谓夹砂，会使铸件的热镀锌层表面粗糙或产生漏镀。夹砂不能通过常规酸洗去除，所以，铸件送去热镀锌之前，应进行打磨等处理去除夹砂。如果因为这种铸件缺陷留下了漏镀斑点，则必须在夹砂清理后修复镀层或脱锌重镀，否则镀件会被拒收。

9-3　热镀锌工艺因素与漏镀有什么关系？

1. 助镀液的波美度、pH 值及工艺流程控制

第 6 章问题 6-5 已对助镀液的成分和相关指标作了介绍。

助镀液的波美度太低，干燥后可能迅速形成红锈，从而导致镀锌时出现漏镀。

助镀液的 pH 值过低，即过于偏酸性，助镀剂为制件提供防氧化的保护能力就会降低，可能导致镀锌时漏镀。

助镀处理后烘干温度过高，助镀剂膜层中的氯化铵会分解而使该膜层的完整性遭到破坏；助镀处理与热浸锌之间的间隔时间过长，已经烘干的助镀剂膜层会吸湿返潮，助镀剂膜的屏障保护作用可能受损甚至丧失。这些因素都会造成漏镀，图 9-4（彩图见书后插页）所示就是因助镀后放置时间太长造成的漏镀。另外，如

图 9-4　助镀后放置时间太长造成漏镀

果助镀剂膜层已吸湿返潮，制件浸入锌液时膜层中的水分急剧汽化会出现"爆锌"现象，不但可能造成漏镀，还会使锌灰增多且影响生产安全。

2. 锌液中过量的铝

当锌液中含过量的铝时，镀层会产生黑点（漏镀斑点），如图9-5所示。如果漏镀斑点的区域很小，则可以修补；但是，如果整个镀件表面出现这种情况，则被拒收是正常的。可将这类镀件脱锌并重新镀锌，检查合格后仍会被接受。

要注意的是，湿法镀锌锌液中的铝含量不得超过0.002%；这是因为锌液中的铝含量太高，会使助镀剂首先与之反应产生三氯化铝而挥发掉，从而使助镀剂失去作用，可能导致镀层出现漏镀等缺陷。对于干法热镀锌，锌液中铝含量的最大限值可提高至0.007%。

为了避免锌液中的铝含量过量，应定期从锌液中取样分析并及时调整锌液中的铝含量。另外，向锌浴中添加铝最好以锌铝合金的形式加入，锌铝合金的熔点与锌浴温度更接近，也利于铝在锌液中均匀地分布。用锌铝合金棒或铸锭向锌液中添加铝时，应该将其浸入锌液面之下一定深度，并使之与锌液充分接触，促使其熔化和均匀分布。

图9-5　锌浴中过量铝导致的漏镀斑点

9.2　表面接触造成的缺陷

9-4　镀层上留下起吊用具印痕怎么办？

有些制件则宜以链条或钢丝绳吊挂，以方便镀锌时操作和控制。用来起吊镀锌制件的链条或钢丝绳，会在镀层上留下它们的印痕，如图9-6所示。有时可以根据镀锌制件特点设计专用吊具来避免这种情况的发生。

图 9-6 镀层上留下的钢丝绳印痕

吊挂绳链在镀层上留下印痕不是拒收的理由，除非存在漏镀区域。如果存在漏镀区域，镀锌厂必须对其进行修补以达到要求。避免产生此类印痕的另一个方法就是设计制造永久或临时吊点。

9-5 镀件相互接触会产生什么表面缺陷？如何处理？

镀件在浸锌过程或出锌液后相互接触产生的接触痕迹，也是镀层表面缺陷的一种，如图 9-7 所示。接触痕迹部位可以存有一定厚度的镀层，也可能

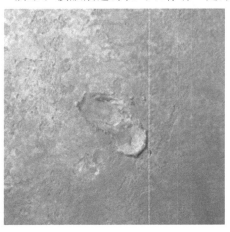

图 9-7 热镀锌表面接触痕迹

形成漏镀。镀件挂得太近，浸入镀液后相互接触的机会就比较多，许多小镀件挂在同一个吊具上时，通常会出现这种情况。在同一吊挂装置上吊挂较少的镀件以增加彼此之间的间距，或镀件在悬挂高度上彼此错开，可避免产生接触痕迹。

镀件搁置时彼此碰擦或与搬运设备碰擦也会产生接触痕迹或擦伤。

接触痕迹不能作为拒收的依据，除非出现漏镀或裸露。如果出现漏镀或裸露，其尺寸符合相关标准对可修补区域尺寸的限制时，则可以进行修补。

9.3　汽喷和焊接飞溅

9-6　汽喷对镀锌质量有何影响？如何避免？

如果焊缝存在未焊透或针孔等缺陷而形成了开放性的通道，或周边封焊的重叠表面上开有通气孔，则镀前预处理时液体会进入这些通道或重叠面间；镀件浸入锌液后被剧烈加热，通道内或重叠面间的液体迅速沸腾和汽化，体积急剧膨胀，从而从通道开口或通气孔喷射而出，形成所谓汽喷。汽喷会破坏助镀剂膜层，并阻碍锌液与钢件表面接触和反应，使合金层无法正常形成，导致汽喷口附近局部区域漏镀，图9-8所示为焊缝未焊透通道口汽喷造成漏镀的实例。

图9-8　焊缝未焊透通道口汽喷造成漏镀

为了避免产生汽喷，应检查密封焊是否完整致密，以确保没有通道让液体渗入密封部位。镀件浸镀之前应进行预热，以使重叠面间或焊缝区域尽可能干燥。如出现了汽喷导致漏镀的情况，而漏镀区域尺寸在允许修复的范围内，则应修复至符合要求。

9－7　焊接飞溅对热镀锌质量有何影响？

在电弧的作用下爆发高温气体吹带液态金属或熔渣向外飞射，形成了焊接飞溅，焊接飞溅容易附着在工件表面。焊接飞溅程度与焊接方法及参数、焊缝处母材表面清洁程度等有关。焊接飞溅等应在镀锌前清除干净，以避免造成漏镀或不良外观，如图9－9所示。附着程度比较松散的焊接飞溅物似乎可以被镀层覆盖，但很容易被去除，并留下漏镀区。如果出现这种缺陷，则必须正确修补该区域，如漏镀情况严重可能需要返镀。

图9－9　焊接飞溅导致的不良外观

为防止焊接飞溅黏附在工件表面，可在焊缝附近区域喷涂焊接防飞溅喷雾剂。但焊接防飞溅喷雾剂通常含有硅树脂，含有硅树脂的防飞溅喷雾剂会在工件表面留下一层薄膜，通常无法通过热镀锌预处理工艺有效去除，制造商必须在将制件送镀锌厂前将其去除，否则会在焊缝附近喷涂区域形成漏镀。建议在焊接时尽量使用水溶性防焊接飞溅喷雾剂，这种喷雾剂残余在镀锌前预处理过程中可以完全被去除。

9.4　锌渣粒子

9－8　什么是锌渣粒子？锌渣粒子对镀锌层质量有何影响？

锌渣是锌锅中的游离铁粒子与锌反应的产物，通常1份铁会消耗25份的锌来形成锌渣。锌渣是镀锌过程中造成锌耗的主要因素之一。在常规镀锌温度下，锌渣具有由锌铁合金晶体组成的网状结构，表面包裹着熔化的锌，呈颗粒状。锌渣的比重比熔融的锌大，在锌液没有搅动的情况下大多数锌渣会沉到锌锅底部。镀件在锌液中升降或摆动，以及锌锅内温差引起的锌液对流会促使锌渣颗粒漂浮在整个锌锅内，并会附着在镀件表面，导致镀层出现难看的突起或丘疹状颗粒外观，如图 9-10 所示。

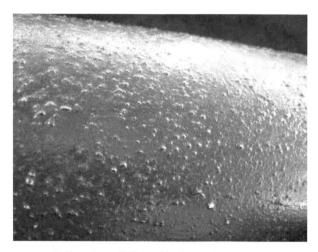

图 9-10　附着于工件表面的锌渣粒子

标准 ASTM A123 规定：热镀锌层应该无漏镀、无起皮、无溶剂渣和粗锌渣粒子。粗锌渣粒子凸出于表面，在与吊带或吊链、工具、固定装置或其他镀锌件相接触时容易脱落，可形成漏镀点，如果这些漏镀点不能依照 ASTM A780/A780M《热镀锌层损坏及漏镀区域的修复实施规程》修补，是不可接受的。

镀锌件因黏附分散小颗粒锌渣而造成镀层表面呈丘疹状，一般是可以接受的，因为这些小颗粒被包裹在自由锌层中，不容易去除，也不影响镀层的抗腐蚀性。但如果这种镀层丘疹状表面影响镀件的预期用途（例如扶手）时，则是不可接受的；此时，可以在锌层表面进行漆涂装或用粉末涂装以改善表面粗糙度和平整情况，从而满足客户要求。

9-9　锌渣的形成受到哪些因素的影响？

锌渣是由锌液中的铁与锌反应形成的。锌液中的铁有多种来源，而主要来源于助镀剂盐膜中所带的铁盐和锌锅、镀锌制件及夹具吊具材料中的铁。助镀液中的铁盐则是由工件酸洗后带入和助镀液与工件反应形成的。

铁原子在熔融锌中的溶解度有限。例如，在454 ℃的温度时，铁的溶解度约为0.035％。这意味着超过这个值的额外铁原子进入锌液中都会与锌发生反应形成锌渣。铁在锌液中的溶解度与温度几乎呈线性相关，随着温度的升高，铁的溶解度也随之升高。

锌液的表面区域比深层区域温度低，可能会产生锌渣，并漂浮在锌液中，镀锌时工件表面就会附着有锌渣粒子。锌锅处于"低强度加热"状态时，最上部锌液（特别是锌锅上部锅壁附近）的温度通常会低一些，容易形成锌渣，并较多地附着在锌锅壁上或悬浮在锌锅壁附近的锌液中。当锌锅恢复到"高强度加热"状态时，这些浮渣通过锌液对流转移到锌锅的作业部分，镀锌时这些浮渣粒子就会附着到镀件表面。

锌浴内温度梯度会受到锌浴液面风冷的影响，风冷使锌锅上部锌液温度散失较快，会促使锌渣形成。由于锌浴液面散热，接近锌锅底部锌液的温度要高于锌浴顶部的温度，这样就会形成锌液的对流，向锌浴顶部流动的锌液会携带锌渣上浮。

如果温度处于合适的水平，镀锌工艺安排得当，则不会产生锌渣。但是，即使锌液中铁含量和锌液温度保持在恒定水平，如果此时向锌液中加入镍元素，则可能形成锌渣。这是因为镍的存在降低了铁在锌液中的溶解度。图9-11显示了锌浴温度和镍浓度对铁在锌液中浓度的影响。

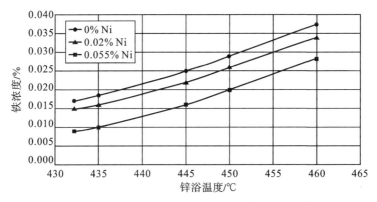

图9-11　锌浴温度和镍浓度对铁在锌液中浓度的影响

由图9-11可见，锌浴温度在450 ℃，锌液中铁原子接近饱和时的浓度为0.028 ％，这意味着，如果没有其他外部因素干扰，锌液中铁原子的浓度在低于0.028％的情况下，锌浴中的所有铁都能溶解于锌液中，不会有新的锌渣形成。然而，如果向锌锅中添加某些元素，例如镍的含量从0.0％提高到0.055％，铁在锌液的浓度约从0.028％下降到了0.020％，过饱和的铁只能从锌液中析出，并与锌发生反应形成锌渣。

铁在锌液中的浓度除受添加元素（例如镍和铝）的影响外，更大程度上受温度变化的影响。如果锌浴温度从 471 ℃降至 432 ℃，锌渣产生量将增加四倍。锌锅尺寸及几何形状、燃烧器类型、燃烧器位置、烟气通道等因素都会影响锌渣的形成。

9-10　有哪些工艺措施可减少锌渣粒子的产生？

防止锌锅内锌渣形成是减少镀锌件表面锌渣粒子的最好途径。镀锌生产中有些工艺措施可以减少铁原子进入锌液中，继而减少锌渣的形成。

（1）在酸洗槽中使用抑制剂，以及酸洗后充分用水漂洗，以尽量避免将铁离子带入助镀液。

（2）控制助镀液中二价铁的含量。二价铁盐能溶解在助镀液中并不断积累。助镀液中的铁离子被带入锌浴则可能形成锌渣粒子，造成锌耗增加，故可对助镀液进行去铁离子处理，以尽可能降低助镀液中亚铁离子的含量。

（3）保持锌锅温度，特别是锌锅上部锅壁附近的温度，能大大减少锌渣形成。

（4）因为铝和镍都可以降低铁在锌中的溶解度，促使铁从溶液中析出，与锌反应形成锌渣。调控镍、铝这些锌液中的添加元素时，可采取每日少量添加要比每周添加一次更有助于减少锌渣的生成。

（5）锌渣不能简单地通过提高锌浴温度来消除，经常捞渣可避免锌锅底部锌渣堆积而被搅起；可以静置锌液等待浮渣沉淀到锌锅底部，然后进行镀锌生产或捞渣。也有人认为向锌浴中通入氮气鼓泡会使浮渣消失。有镀锌者将土豆浸入锌浴，认为土豆中所含的氮被释放出来对消除锌渣有帮助。改变镀件提升方向及有利于排流的构件结构设计，有时可避免或减少镀层上出现锌渣缺陷。

9.5　溶剂夹杂和锌灰

9-11　溶剂夹杂是如何产生的？对镀层质量及镀件使用寿命有何危害？

助镀处理是热镀锌工艺流程中的重要一环，制件经助镀剂溶液处理后，会在制件表面形成一层助镀剂复合盐膜，可防止制件浸入锌液前表面氧化。

制件浸入锌液中，助镀剂盐膜中的氯化铵被分解，使钢表面呈活化状态而使锌铁反应顺利进行；也可能因某些因素，例如助镀剂盐膜与锌液反应不完全，产生溶剂残渣黏附在镀件表面形成溶剂夹杂。

溶剂夹杂中的主要成分为助镀盐膜氯化锌铵混合物中的氯化锌。溶剂夹杂会对镀层质量带来危害。溶剂夹杂黏附在镀件钢基体表面后，在它的下面几乎形成不了热镀锌层，意味着溶剂夹杂去除后该处基体会裸露。其次，溶剂夹杂中的组分与大气中的潮气、雨水或露水接触后会形成盐酸，从而侵蚀周边的镀层和裸露的基底钢。

ASTM A123/A123M《钢铁制件热镀锌层标准规范》明确规定镀件表面不允许黏附有溶剂夹杂，如果溶剂夹杂造成的漏镀面积属于标准 ASTM A123 规定的可修补范围，必须将溶剂夹杂从镀件上清除干净，并按照 ASTM A780/A780M《热镀锌层损坏及漏镀区域的修补实施规程》进行修补。如果溶剂夹杂造成的漏镀面积大于标准限定值，则镀件应被拒收。不合格的镀件可以脱锌并重镀，以提供合格的镀件。一些镀件内腔因溶剂夹杂覆盖造成的漏镀无法修复，则必须拒收，如图 9-12 所示管件。

图 9-12　管道内部的溶剂夹杂

9-12　镀锌件表面为什么会附着锌灰？对镀层有无危害？

在热镀锌的正常操作过程中，锌浴中锌与空气反应形成氧化锌颗粒，聚集而成锌灰，漂浮在锌液上面。镀锌工在将制件浸入锌液之前，应将锌液表面这层薄薄的锌灰轻轻刮去。镀锌制件进入锌液时，卷入空气并搅动锌液而使锌灰增加；表面助镀剂盐膜中"释放"的氯化锌会有一些积聚在锌灰中，所以锌灰主要由氧化锌和氯化锌混合组成，颜色呈黑色或灰色。浸镀锌结束后，镀件从锌液中提出之前，应再次先刮去锌液表面的锌灰，以防止它们附着到镀件表面。

镀件从锌液提出的过程中，液面剩余的和新生成的锌灰有可能附着在镀件表面或空腔内部，如图 9 - 13 所示。

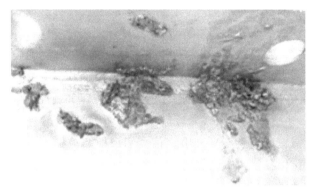

图 9 - 13　镀件表面附着的锌灰

ASTM A123/A123《钢铁制件热镀锌层标准规范》6.2 节中阐明，由于锌灰下面有正常的镀层，基底钢是完全受到保护的，故锌灰不应引起拒收。尽管标准如此言明，但大多数客户不会接受新镀件上附着有黑灰色粉末状锌灰。工件表面的锌灰可以用尼龙毛刷刷除，一些锌灰可能需要打磨去除。但应注意，去除锌灰时不能过多地去掉锌，锌灰下方镀层厚度需满足标准的要求。

如果制件浸入锌液之前锌液表面的锌灰未去除干净，锌灰可能会在制件浸入锌液时附着在镀件表面上，导致附着锌灰处表面漏镀。如果出现这种情况，应根据相关标准判断漏镀是否允许修补；如按标准要求不允许修补，则需要脱锌和重新镀锌。

浸镀锌过程经常刮除锌液表面锌灰可以减少锌灰对镀件污染的机会。

9 - 13　溶剂夹杂和锌灰有何不同？

正确区分溶剂夹杂和锌灰很重要，这两种类型的黏附物会产生完全不同的镀层缺陷。

溶剂夹杂主要由氯化锌组成，呈黑色、灰色、白色或淡黄色；锌灰是由氧化锌和氯化锌混合物组成的灰色或淡黄色沉积物，它们在镀层背景下呈暗灰色，很容易辨认。

在大气条件下，溶剂夹杂和水分结合会产生盐酸，使溶剂夹杂所在的地方成为腐蚀点，而导致局部镀层过早消耗殆尽。

显微观察可知，镀层上面的溶剂夹杂内存在大量孔洞，如图 9 - 14 所示，这些孔洞是气体在溶剂夹杂内膨胀的结果。从图中还可以看出，溶剂夹杂会搅乱镀层中形成 ζ 层和 η 层，而使 δ 合金层成为镀层表面。

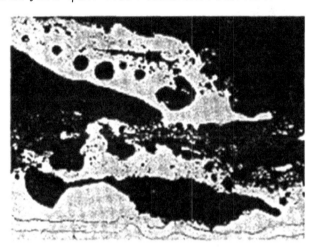

图 9 - 14 溶剂夹杂及镀层显微组织

浸锌后镀件表面黏附有锌灰的地方，镀层中 γ、δ、ζ 合金层都完好无损，锌灰沉积在自由锌(η)层表面，如图 9 - 15 所示。这一点很重要，意味着锌灰下面已经形成了镀层，而不是锌灰直接附着在基体钢上从而阻挡锌层形成。因此，浸锌后镀件表面黏附的锌灰不会影响镀层的防腐蚀保护功能和寿命。

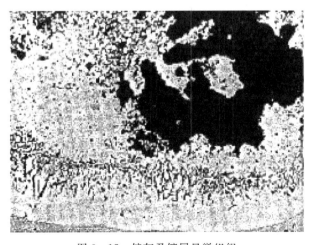

图 9 - 15 锌灰及镀层显微组织

标准 ASTM A123 指出，镀锌件应避免漏镀、起皮、溶剂夹杂和粗锌渣粒子。锌灰与溶剂夹杂不同，一般情况下对镀件的使用不会产生有害影响。不损害镀件成品外观或不干扰镀件功能的锌灰附着不应导致拒收。随着镀层的风化，锌灰将会脱落消失。

9.6 镀层表面污染

9-14 镀件上的铁锈流痕是怎样形成的？

制件热镀锌后，锈水会从未密封的夹缝、间隙或接头处流出，形成棕色或红色污迹，这种镀锌表面缺陷称为铁锈流痕。图 9-16（彩图见书后插页）所示是镀件焊缝未焊透间隙中流出的锈水形成的铁锈流痕。

图 9-16 镀件上的铁锈流痕

归纳起来，产生铁锈流痕主要有两个原因：一是酸性高腐蚀性溶液的产生，二是镀件上存在未镀锌表面。

为了避免小重叠面产生锈水，需要完全封焊重叠区域的边缘。但是，如果密封焊缝上有针孔、漏焊或未熔合等焊接缺陷，镀锌前处理的酸液、助镀剂溶液等就能通过这些缺陷进入重叠面间隙而不能被清洗出去；即使其中的水分在浸锌过程蒸发掉，留下干燥的清洁剂和盐晶体，而随后水冷或钝化处理时水分又会进入；大气环境中的水汽也会进入。进入的水分与重叠面内的残留物形成酸性高腐蚀性溶液，腐蚀基体钢产生锈水，锈水流出形成铁锈流痕。

如镀件上有较大重叠且边缘已密封焊接，当镀件被加热到镀锌温度时，重叠面内的空气和水分会产生破坏性膨胀力。所以 ASTM A385/A385M《提供高质量镀锌层(热镀锌)的实施规程》规定,应在较大搭接重叠面的一侧或两侧开排气孔或在重叠区周边焊缝中留未焊接区段。可是排气孔或未焊接区段为清洁溶液、助镀液等进入重叠面提供了路径,由于排气孔的方向和位置及重叠面之间的间隙比较小等原因,故很难将重叠面内的化学品清洗出来。与小重叠面形成铁锈流痕过程一样,大重叠面内锈水从排气孔或未焊区段流出形成铁锈流痕。

制件上常难免存在某些狭窄缝隙。清洗液和助镀剂溶液等可以渗入小于2.38 mm的缝隙,但表面张力较大的锌液却进入不了这些缝隙内,所以缝隙内表面不会有镀层。另外,制件浸入锌液被加热到镀锌温度的过程中,缝隙内的清洁液和助镀剂溶液等中的水汽化,会干扰缝隙边缘区域镀层的形成而留下漏镀区域。如前所述,缝隙内会形成酸性高腐蚀性溶液而腐蚀缝隙面及漏镀区域基体,腐蚀产物流出形成铁锈流痕。有时,镀件还在镀锌厂时就会出现铁锈流痕;有时,由于缝隙内水分积聚缓慢,过几个月才会出现铁锈流痕。

9-15 可采取哪些措施防止出现铁锈流痕?出现铁锈流痕如何处理?

设计和制造人员计划对有重叠接触面的制件进行热镀锌时,应与镀锌厂沟通,也可以向客户说明重叠或接触表面的铁锈流痕容易清除。镀锌厂对重叠面密封焊接质量不负责,也不负责修复因锈水渗出而造成的缺陷。设计和制造商应采取措施,尽量消除热镀锌可能产生铁锈流痕的因素,并做好出现铁锈流痕后的相关清理工作。

(1)重叠封闭面积较小不需要开排气孔的情况下,应确保密封焊缝完整且无针孔等缺陷,从源头上避免酸性高腐蚀性溶液进入重叠面间隙,从而避免产生腐蚀液体并渗出。

(2)如重叠面积较大且边缘采取密封焊接,需要开排气孔或留有未焊接区段,在这种情况下,正确设计制件结构是防止产生铁锈流痕的最佳途径。标准 ASTM A385 推荐,两个部件重叠部位应留有 2.4 mm 或更大的间隙,以便热镀锌工艺过程中溶液和浸锌时锌液流入流出,使重叠部位内表面也形成镀锌层。在重叠面开排气孔的情况下,在重叠面排气孔加装临时排气管,可使气体顺利排到大气中,见图 9-17(a)。排气管和排气孔之间采用螺纹连接,连接处要保证密封好,否则,镀锌前处理过程中的清洁剂和助镀剂溶液仍会渗入重叠面间隙,仍会造成重叠面和排气孔附近漏镀区腐蚀,进而形成

铁锈流痕，见图 9 - 17(b)。(9 - 17 彩图见书后插页)

(a) 重叠面加装临时排气管 　　　　　　　(b) 排气孔处的铁锈流痕

图 9 - 17　重叠面加装临时排气管及排气孔处的铁锈流痕

(3)如果已出现铁锈流痕，可用水冲洗或用尼龙刷刷洗，去除镀锌钢上的锈斑。重叠面干燥后可以用锌塞、环氧树脂等堵缝材料来密封，以防止水分重新进入重叠面缝隙。

9 - 16　镀层表面褐色锈斑是怎样产生的？这种表面瑕疵可接受吗？

热镀锌件表面可能会出现褐色锈斑，这是由锌铁合金层中的铁氧化生成褐色氧化物造成的。如果镀锌层存在 η 层，则不会形成褐色锈斑。

实验室试验和现场调查的结果表明，与低硅钢相比，高硅活性钢的镀锌层上更容易出现褐色锈斑。这是因为这两类钢镀锌后镀层组织结构有所不同，低硅钢的镀层中 η 层相对较厚，金属间化合物组织致密，铁离子难以扩散到表面和氧发生反应。

活性钢镀层中，η 层相对较薄甚至没有。金属间化合物层组织结构不是十分致密，ζ 层锌铁化合物柱状晶垂直于镀件表面，柱状晶的晶界利于游离铁离子迁移到镀层的表面，与氧反应并形成褐色锈斑。

有时裸眼很难区分基底钢产生的红锈和镀层上的褐色锈斑，借用镀层测厚仪则很容易区分两者。因为镀件上在没有镀层的缺陷处才会形成红锈；而褐色锈斑处存在镀层。所以，镀层上出现褐色锈斑，镀层对基体钢的防腐蚀保护性能不会受到影响，镀层出现褐色锈斑不是拒收的理由。

9.7　镀件上多余的锌

9-17　锌刺等是如何形成的? 为什么必须在镀件出厂前去除它们?

镀件移出锌浴的过程中，镀件上的锌液由高往低、由上往下流回锌锅。但有时锌液回流速度不够快，例如镀件提出锌浴时的倾斜度不够时，锌液排流速度明显减慢，多余的锌液在镀件底部边缘凝固，形成尖锐状的锌刺，也可能形成液滴状锌滴或形成刀片状锌片，见图9-18～图9-20。

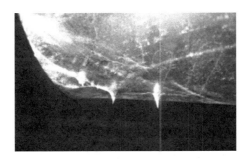

图9-18　镀件上的锌刺

图9-19　镀件上的锌滴

图9-20　镀件上的锌片

上述这些由多余锌液形成的缺陷不会影响镀层的腐蚀防护性能，但会干扰镀件的使用功能或在装运、使用时对人员或其他物品造成危害。根据 ASTM A123/A123M《钢铁制件热镀锌层标准规范》第6.2节的规定，如果这些缺陷不去除，镀件会被拒收。

当镀件刚提出锌液液面时，锌刺锌滴锌片尚未完全凝固，很容易刮除；如它们已完全凝固，则需要在镀件冷却后通过打磨去除。

锌液中加入铅可降低锌液表面张力，使镀件从锌锅中提出时多余的锌液更容易从镀件上回流到锌锅，减少上述缺陷的产生。如果采用的锌锭铅含量很低，有时会在锌液中加入铋，也可以达到与加入铅相同的效果。

9-18 镀层表面流挂和积锌是怎么形成的？会不会成为拒收的理由？

流挂是镀件从锌液中提出时，镀件表面流淌过程凝固而形成的缺陷，如图9-21所示。

镀件上的工艺孔及结构等因素会导致镀件各部位锌液排流速度不均匀，造成镀件某些地方产生积锌。图9-22所示积锌，是由导液孔位置过高而导致锌液在连接拐角处凝固引起的。镀件镀锌后提离锌液的速度过快或镀锌温度较低都可能导致积锌和流挂的形成。

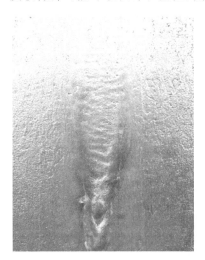

图9-21 镀件上的流挂　　　　　　图9-22 导液孔位置过高导致积锌

热镀锌标准没有设定镀层最大厚度，也可以说对热镀锌层的最大厚度没有限制；但是，要求镀层必须满足镀件的预期用途。ASTM A123/A123M

《钢铁制件热镀锌层标准规范》第6.4节规定，不允许有可能妨碍镀件预期用途的积锌、突出物、锌瘤等缺陷。标准 ASTM A123 第6.2节指出，根据镀件的重量、尺寸、形状应做到镀层适度光滑和厚度均匀；除会影响产品使用的局部超厚镀层外，拒收的不均匀镀层只限于与设计因素，如孔洞、接缝或特殊排液问题无关的明显过厚镀层。

如果流挂或积锌干扰镀件预期应用功能，例如使配合面无法正常装配，则可以进行打磨抛光使该部位达到要求。但打磨抛光后的镀层厚度应满足镀层厚度要求。

标准 ASTM A123 可接受的表面状况，如流挂等，有时可能会影响后续的漆涂装或粉末涂装，可能不符合标准 ASTM D6386（用漆涂装）或标准 ASTM D7803（粉末涂装）的要求。镀锌件在涂漆或粉末涂敷前的镀层平滑度应由镀锌方和客户共同商定。

9-19 镀锌件上出现孔堵塞如何处理？怎样减少这种情况的发生？

热镀锌件上往往有一些光孔、螺孔，这些带孔镀件从锌浴中提出后，如果孔内锌液没有完全排出，则会造成部分或完全堵塞，也可能出现孔口径被锌膜遮盖的情况。图9-23是孔堵塞一个很好的示例，这个多孔镀件中的一些孔已被锌部分或完全堵塞。

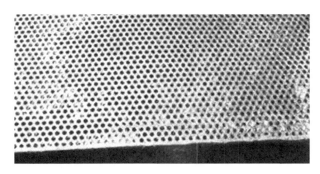

图9-23　镀件上的孔堵塞

标准 ASTM A123/A123M《钢铁制件热镀锌层标准规范》中指出，直径为12.5 mm及以上的光孔热镀锌后整个孔应是正常和干净的。如果口径被锌膜遮盖或孔内有锌堵塞，会干扰镀件预期用途或与其他零部件之间的装配。所以，镀锌厂在将镀件交付给客户之前一定要检查孔的状况，要确保直径为12.5 mm及以上的孔中没有多余的锌，口径没有被锌膜遮盖。

对于直径小于12.5 mm的光孔出现被锌膜遮盖或孔被过量锌堵塞的情

况，镀锌厂不负有责任，由客户或制造商进行处理。

为了避免孔被锌膜遮盖或被过量锌堵塞，设计时尽可能使孔径增大。如这种情况在镀锌后已发生，则可以加热孔的区域并同时用金属刷清除多余的锌。

铅和铋可降低锌液的表面张力，增加其流动性；铝也能降低锌液的表面张力，但作用比铅和铋小。锌液中添加它们都有利于改善孔堵塞的情况。

镀锌工件合理悬挂，有利于孔中多余锌液的流出。镀件提出锌液后在锌液面上方可人工去除镀件上多余的锌，或使用振动器来减少孔被堵塞的情况。

螺纹部分锌液流动不良会导致螺纹堵塞。小型镀件浸锌后常用离心方法来清除滞留在螺纹上的锌液；对一些镀件可用喷枪将螺纹部分加热到约260 ℃，然后用钢丝刷刷掉螺纹上多余的锌。堵塞的螺纹必须清理干净，才能符合标准的要求。堵塞螺纹清理后可以被接收。

锌是热镀锌工艺中材料成本最主要的部分。堵塞、积锌、流挂和锌刺等这些镀件上多余的锌，除可能影响镀件的使用性能外，还增加了锌耗。因此，应从设计、制造和镀锌工艺各方面着手，尽量减少正常镀层外一切多余锌的消耗。

9.8 表面粗糙及表面条纹

9-20 原材料缺陷对镀层表面状态有何影响？

镀层的粗糙表面可能是由原材料的粗糙表面造成的。材料表面腐蚀严重的制件，经清洁处理后虽然可以照常进行热镀锌，但镀层将反映基材的表面纹理而表面也明显粗糙。图9-24是两个表面腐蚀状态不同的钢件镀层表面照片。

钢材中有时会存在层压、卷边、折叠、氧化皮压入等轧制缺陷。钢内非金属杂质会沿轧制方向被拉长，并可能在钢材表面呈细条状或不连续状，热镀锌后镀层表面会反映出来，如图9-25所示。图9-26镀层表面难看的"疤痕"揭示了制件材料表面存在氧化皮压入和夹杂物缺陷。图9-

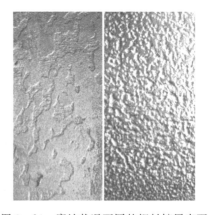

图9-24 腐蚀状况不同的钢材镀层表面

27 所示镀层表面情况，是由制件材料表面规则的机械压痕所致。

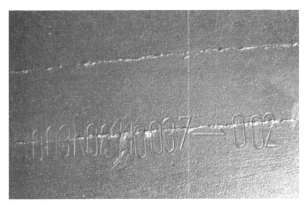

图 9-25　钢轧制后细条状夹杂物造成镀锌层表面的条纹

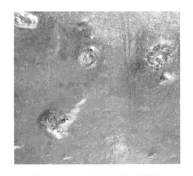

图 9-26　钢中氧化皮压入
和夹杂物引起的镀层缺陷

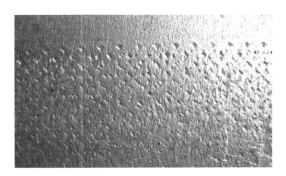

图 9-27　钢材上的机械压痕造成的
镀层表面形态

　　经热切割（火焰、等离子和激光切割）的活性钢钢材或（和）厚度大于12.5 mm 的钢材，热镀锌后切割平面镀锌层很可能出现粗糙外观，这是镀锌工人无法避免的，也不能在镀锌后为了美观而轻易将其磨平。应在镀锌前将切割平面表层至少磨去 1.6 mm 并磨平；或者，在可行的情况下，可以考虑使用机械切割方法或水射流切割方法，以避免使用热切割方法。

　　制件材料缺陷有些在酸洗前后就能发现，但有些只有在热镀锌后才会变得明显。热镀锌后可局部打磨去除基材中的表面缺陷，然后将镀层修复完整。

9-21　热镀锌工艺及镀锌钢化学成分对镀层表面粗糙度有什么影响？

　　粗糙的镀层可能由多种因素造成。除了 9-20 提到的原材料的表面状况外，热镀锌前表面处理工艺及热浸锌工艺都可能影响镀层表面状态。镀层的粗糙外观不会影响镀层的防腐蚀保护性能；但如果镀层粗糙外观影响镀件的预期用途时，例如扶手及镀锌后需涂装的镀件，粗糙的镀层可能被拒收。

如果制件表面在镀锌前经机械清理（如喷抛清理）而非常粗糙，则该制件镀层表面的粗糙度很可能远高于表面平滑制件的镀层，如图9-28所示。制件过度酸洗，也会产生粗糙表面，从而造成热镀层表面粗糙。

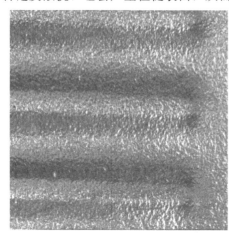 

(a) 经过度喷抛清理   (b) 未经喷抛清理

图9-28　构件经过度喷抛清理与未经喷抛清理镀层表面状况对比

热浸镀工艺不当也可能造成镀层表面粗糙，例如图9-10所示镀层黏附许多锌渣粒子的情况。关于锌渣粒子的形成与锌浴温度、锌浴成分等因素的关系，以及减少锌渣的措施，已在问题9-9和9-10作了介绍。

钢材的化学成分也是影响镀层表面粗糙度的重要因素。硅、磷含量超出标准ASTM A385推荐值的活性钢，会形成厚而外观粗糙的镀层。钢的化学成分报告有时不能完全代表所使用的钢材的具体化学成分，所使用钢材的元素含量可能高于或低于分析样品。而且，硅和磷在钢中的分布并不总是均匀的；较高硅或磷含量的区域，形成的镀层与含量较低的区域存在差异。磷含量超过0.04%的钢镀锌时，金属间化合物快速生长会形成脊状隆起，镀层也呈灰暗色，见第8章图8-5。

以下是某镀锌厂对拖船扶手热镀锌层外表面粗糙原因分析实例。

该厂对拖船扶手热镀锌，曾先后出现镀层非常粗糙的情况。经调查分析发现，在一批拖船扶手组合焊接的钢管中，有少数钢管材料化学成分偏离要求，含有较高含量的硅或磷，镀层厚而粗糙，粗糙镀层在焊缝接头处终止。后来，制造商采用一种硅和磷含量都比较低的钢管制造扶手，证书上表明的化学成分见表9-1，该钢管应该属于热镀锌低活性材料。但扶手镀锌后，仍有部分段镀层非常粗糙。镀锌厂怀疑钢的化学成分合格证书有误，即对实际使用的钢管取样进行成分化验，结果如表9-2所示。如前所述，钢的化学成分报告并不总能反映所有管件材料实际的化学成分。钢中0.06％的硅含量处于圣德林峰的前沿，有些钢管的实际含硅量稍高于样品分析的平均值，热镀锌时便呈现出高活性。

表9-1 制造商提供的钢管化学成分

元素	C	Mn	P	S	Si	Cu	Sn	Ni
含量/％	0.10	0.33	0.010	0.006	0.025	0.05	0.005	0.025

表9-2 实际钢管样品的化学成分

元素	C	Mn	P	S	Si	Cu	Sn	Ni
含量/％	0.09	0.30	0.011	0.007	0.06	0，07	0，004	0.03

9-22 镀层表面怎么会出现条纹？

钢镀锌层表面有时候会出现凸起的条纹，这可能是由钢的化学成分引起的。虽然外观受到了影响，但镀层的腐蚀防护性能没有受到影响，是可接受的一种表面瑕疵。

有时镀件表面上会出现形态类似于鱼骨的条纹，简称鱼骨纹，见图9-29。鱼骨纹大多出现在大直径管状镀件上。大直径壁较厚的钢管热镀锌后通常会残留大量热量，同时热空气往往滞留在管内不能迅速对流而出，这使镀件冷却时间较长，水平搁置时表面上多余的锌保持半熔融状态，并沿着零件的直径慢慢向下流动，直至凝固，形成所谓的鱼骨纹。

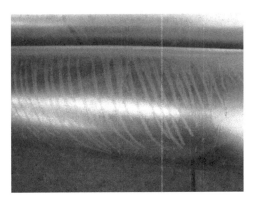

图9-29 鱼骨纹

鱼骨纹同样也仅是一个外观问题，不会影响镀层防腐蚀性能，如果不影响镀件的预期用途，则可以接受。镀件在使用过程逐步风化，镀层表面色泽变成了灰暗色，但鱼骨纹外观形态不会随时间发生显著变化。

镀件从镀锌液中提出时，如提升速度发生变化，例如起重机交替停止、启动，不恒定的提升速度使镀件表面形成所谓的氧化物线，如图 9-30 所示，锌液中含铝时容易出现这种现象。

图 9-30　纵向提升形成的氧化物线

随着镀层表面的风化，氧化物线也会逐步淡化。氧化物线仅影响镀层美观，对其防腐蚀性能没有影响，因此不是热镀锌件拒收的原因。

9.9　镀层剥落和分层

9-23　镀层剥落是如何造成的？可采取哪些应对措施？

尽管镀锌标准没有限制镀层最大厚度，但实际应用中镀层厚度是有所限制的。镀件上形成厚度大于等于 250 μm 的厚镀层，其脆性比较薄镀层的大，可能导致剥落。

镀锌件从镀锌温度冷却到室温的过程中，钢基体与金属间化合物镀层的热收缩速度和收缩率存在差异，这种差异导致镀层与基体之间产生内应力，内应力水平与镀层中金属间化合物层的厚度密切相关。在正常镀层厚度水平下，此内应力比较小，不会影响镀层的附着力；如果镀层很厚，那么该内应力会很大，容易诱发镀层剥落。尽管在该内应力的作用下，不一定会立即致使镀层剥落，但是镀件组装、运输过程受到碰撞或镀层受到任何其他类型的附加应力时，都可能导致镀层剥落，分离面一般为 δ 层和 γ 层的界面。剥落的片状镀层通常有清晰的边缘，如图 9-31 所示。镀层剥落会导致大面积几乎裸露的区域，所以通常会导致拒收。如果剥落区域符合标准规定的可修补的尺寸，则可按照标准 ASTM A780 进行修补，否则镀件必须进行脱锌及重镀，这无疑将大大增加生产成本。如果镀件运到工作地点才发现剥落，再运回镀锌厂修补或脱锌重镀，生产成本就更高了。所以，如果镀层确实很厚，那么在将镀件送到工作现场之前，就应进行镀层附着性测试，将有助于减少可能产生的额外成本。

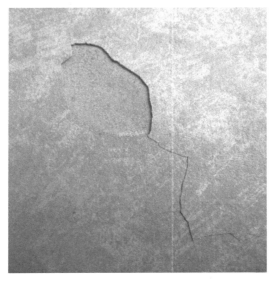

图 9-31 镀层剥落

采取一些措施防止镀锌件出现过厚镀层，才是积极的做法。

(1)制件钢材应符合标准 ASTM A385 推荐的化学成分，以便镀锌厂控制生产工艺而不产生过厚镀层，从而减少镀层剥落的可能性。

(2)如制件钢材采用了活性钢，则可采用镀前表面喷砂处理，热镀锌时缩短浸锌时间、降低镀锌温度等方法减少镀层的厚度，详见第 8 章问题 8-12。

9-24 镀层剥落为什么容易发生在边缘、孔附近及厚镀锌件上？

镀层较厚的镀件镀层剥落最有可能发生在边缘或孔附近，见图 9-32 和图 9-33。这是因为边缘区域最易受到碰撞；螺栓连接会对孔附近镀层产生很大的外部应力。

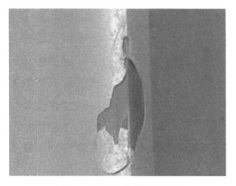

图 9-32 边缘镀层剥落　　　　　　　图 9-33 螺栓连接孔附近镀层剥落

厚度超过 50～75 mm 的所谓超厚制件热镀锌时，为了使镀件加热到镀锌温度并形成镀层，通常需要在锌液中浸镀很长时间。镀件浸入锌液后，镀件周围的锌液将大量的热量传递给镀件而降到熔点以下，形成一个凝固锌茧直接包裹着镀件。这时锌锅内锌液的温度不均匀，需要经过热传递使镀件温度逐步提高并使锌茧熔化，最后到达镀锌温度。这样，镀锌所需整体时间就显著增加了，也就是说所谓的"茧效应"延长了镀件的浸镀时间。

浸镀时间延长，会导致镀层过厚和脆性增加。尤其是含硅、磷量高的活性钢，极易导致镀层过厚。

超厚制件热镀锌对镀锌者提出了挑战，有许多因素超出了镀锌者的可控范围，但仍有一些方法可以最大限度地抑制镀层过度生长，从而降低镀层脆性和锌耗。

为减小超厚制件镀锌时在锌浴中的茧效应，在可能的情况下，利用起重设备使制件在锌浴中摆动或缓慢移动，以促进锌液温度均匀分布，使形成的"茧壳"加快熔化，能大大减少所需的浸锌时间，也利于形成均匀的镀层厚度。

众所周知，深的锌锅比浅的锌锅更利于锌液保温，能为缩短浸锌时间提供基本保证。

9-25 镀层分层是如何形成的？与镀层剥落有何区别？

造成镀层分层的原因可能有几种。①镀锌件长期暴露在 200 ℃ 以上的温度可能导致分层，如果暴露在温度较高环境，暴露几分钟或几小时就有可能造成镀层分层。②镀件浸锌后冷却速度非常缓慢时也会发生镀层分层，在缓慢冷却过程中镀锌反应可以继续，η 层作为继续反应的锌源而消耗；合金层与剩余的 η 层之间会产生空隙，导致 η 层与镀层的其余部分分离，这种现象称为柯肯德尔效应，详见第 4 章问题 4-12。分层脱落后，显现出剩余镀层的粗糙表面。

在大直径或壁厚在 25 mm 以上的管材上常发生镀层分层。因为这些管材镀锌后，通常会保留大量热量，热空气往往滞留在管内，使冷却时间延长，从而产生柯肯德尔效应。快速冷却是防止镀层分层的理想选择，例如镀锌后镀件淬冷。如不能实施淬冷，可以使镀件保持较大的倾斜角度，以便内腔热空气顺畅对流而出；同时也可向表面喷洒少量的水，但应采用非常细的水雾喷洒，以免喷雾方法不当使外观变得斑驳。将有相当热度的镀件堆垛在一起时，也可能发生镀层分层。另外，对镀层进行不恰当的喷抛处理，也可能导致镀层分层。

镀层发生的分层，是自由锌层与金属化合层分离。而镀层剥落，剥落区只留下 γ 层。区别镀层分层和剥落的简单检验方法是，测量发生镀层分离或剥落区域存余的镀层厚度。如果此区域仍有约 25 μm 或更厚的镀层，则发生的是镀层分层；如该区域镀层厚度测量结果只有 2.5～5 μm，表明镀层剥落了，这个数值是仅存的 γ 层厚度。

可以通过寻找和观察镀件镀层上脱落的薄片来判断是分层还是剥落。分层有时会呈现为镀层上起皮。分层的薄片看起来与锡箔很相像，见图 9-34。而镀层剥落通常有更大、更硬、更厚且边缘更清晰的薄片。

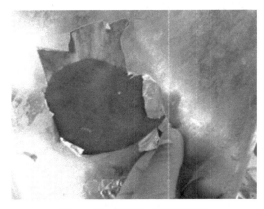

图 9-34　镀层分层的锌薄片

如果热镀锌层发生分层后剩余的镀层厚度仍然满足标准最低要求，镀件可接受。如果镀层厚度达不到标准最低要求，镀件必须判为不合格而需进行修复或返镀。

9-26　镀层表面扫砂对镀层有什么影响？

镀层扫砂是镀锌件涂装准备过程中的一个常见步骤。扫砂可使镀层表面粗化，从而增加涂装层的附着力。由于一般喷砂可能去除部分镀层，所以对镀锌件更倾向于采用扫砂处理。

正确地进行扫砂，只会去除镀层表面腐蚀产物，而不会将锌层中的 η 层去除掉。对镀锌件表面进行扫砂清理，应正确选择磨料、扫砂角度、扫砂压力，并掌控好扫砂过程中镀件的温度。已成功用于镀锌件表面扫砂的磨料有铝或镁的硅酸盐、莫氏硬度等级为 5 或以下的软矿物砂、有机介质（如玉米芯或核桃壳）及石材（如刚玉和石灰石）。磨料的粒度应在 $200\sim500~\mu\mathrm{m}$ 范围内；扫砂角度应相对于镀件表面在 $30°\sim60°$ 范围内；扫砂压力应为 0.25 MPa 或更低；镀件温度至少应保持在露点以上 3 ℃。

如果使用更硬的磨料，或者扫砂压力或角度超过推荐值，则可能会造成扫砂损伤，镀层可能会分层，如图 9-35 所示。

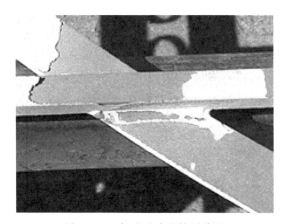

图 9-35　扫砂造成的镀层分层

9.10　热镀锌件变形

9-27　制件热镀锌为何会产生变形？

制件热镀锌时，以一定的角度浸入锌液，从室温加热到约 450 ℃；浸锌后又从镀锌温度冷却至室温。在加热及冷却过程，由于镀件各部位厚度不同，或加热、冷却不均匀，造成镀件产生内应力而发生弯曲、翘曲、扭曲等形式的变形甚至开裂。薄板或板材构成的镀件发生变形是最常见的，板越薄，变形风险越大。截面不对称镀件（如槽钢、T 形钢等）比对称截面镀件（如 H 形钢、管道等）更易变形。以下是几种热镀锌件变形的实例。

1. 不对称镀锌件

图9-36(彩图见书后插页)所示是由钢板压制而成的结构不对称的槽形镀锌件，整个镀件发生了弯曲变形。

图9-36 不对称镀锌件变形实例

菱形花纹钢板的截面是不对称的，凸起的图案在板材的一侧，其他花纹钢板也是如此。制造过程中钢板经冲压、剪切及矫正都会产生内应力，在热浸锌加热过程部分应力得到释放而产生变形。同时，菱形花纹板热镀锌过程中由于两面受热、冷却速度不一样也会产生内应力而引发变形，如图9-37所示。板材越薄，变形的风险越大。

图9-37 菱形网纹钢板热镀锌产生变形

2. 厚度不同的钢材焊接组装而成的镀锌件

不同厚度的钢材焊接组装而成的制件热镀锌后发生变形是最常见的问题。制件浸入锌液被加热至镀锌温度的过程中，较薄的材料升温快而试图膨胀，但受到焊接在一起较厚材料的限制而承受相当大的压应力，焊缝附近的薄材受限不能变动，远离焊缝的薄材发生变形使压应力得以减小，如图9-38(彩图见书后插页)所示。图9-39是薄钢板与厚框架焊接组合件热镀锌后发生变形的实例。

图 9 - 38　材料厚薄不一的焊接组合件热镀锌变形实例

图 9 - 39　薄钢板与厚框架焊接组合件热镀锌变形实例

3. 薄板制件

薄板制件，即使结构对称，加热到镀锌温度，钢板强度明显下降，在外力甚至自重作用下都会使镀件产生变形。如图 9 - 40 所示，是浸镀过程中操作工勾拉工件(外力)造成的爬梯护栏板变形。薄板制件也容易在吊点处变形。

图 9 - 40　外力造成的爬梯护栏板(薄板制件)变形

9-28　热镀锌生产中可采用哪些方法减少镀件变形?

热镀锌生产中应积极采取一些措施以减少镀件变形。

(1)结构不对称或由厚薄不均的材料组合的制件,以尽可能大的倾角,甚至垂直锌液面,尽快浸入锌液;T形梁应翼板侧先浸入,而槽钢应腹板侧先浸入。

(2)制件吊点位置和吊挂数量应合适。长形制件吊点位置应于离端头距离为制件长度的四分之一处。

(3)镀件浸锌时间不要超过所需的时间,以避免加大变形的可能性。

(4)镀锌后最好空气冷却,以减少冷却过程产生的变形。

(5)采取限制措施或利用夹具,强制约束镀件以避免在冷却过程变形。

另外,也应注意镀件摆放的方式。

(1)镀件一般应平放,以免镀件局部额外受力。

(2)长镀件中部应有支撑,以防止形成较长悬梁而向下弯曲。

(3)有凸或凹曲面的镀件,可采用专用支架搁置,并用多垫块垫撑。

只要镀件变形不妨害其预期用途或功能,变形是可以接受的。如果镀件变形并不严重,而且所用材料较薄,有可能通过矫正达到可接受的变形程度。

变形较为严重的厚镀件,矫正变形极其困难并可能严重损坏镀层,如不能正常装配或使用,只能报废。

9.11　白锈

9-29　白锈是如何形成的?

镀件嵌套或堆叠摆放,相互之间保留有水分或水汽,空气却流动不畅,或者镀锌件暴露在雨水、露水或高湿度条件下,经过一段时间在镀层表面出现白色或灰色粉末状物质,此粉末状物质被称为白锈或储存湿锈。白锈实际上是氧化锌和氢氧化锌沉积物。白锈可能在镀件上某些特定区域形成,例如与木质垫料接触部位,木质垫料含水分而导致形成白锈;堆叠的镀件上雨水易汇集的区域可能会形成白锈;与捆扎带、链条一直保持接触的部位,一段时间后也可能出现白锈。新镀锌工件表面形成产白锈后,如逐步形成了碱式碳酸锌保护膜,则镀层很少继续受到风化侵蚀。

镀锌件提出锌液后的几小时内,镀层表面的锌就会与空气中的氧气反应生成氧化锌。如镀锌件之间存在湿气、冷凝水或雨水时,由于水珠内外的氧浓度差形成浓差电池,阴极反应生成 OH⁻,阳极反应生成 Zn^{2+},从而形成 $Zn(OH)_2$,如图 9-41 所示。一些氧化锌未与水反应,留在镀层表面,与 $Zn(OH)_2$ 一起组成白锈。

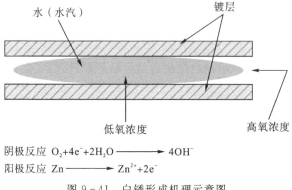

$$阴极反应\ O_2+4e^-+2H_2O \longrightarrow 4OH^-$$
$$阳极反应\ Zn \longrightarrow Zn^{2+}+2e^-$$

图 9-41 白锈形成机理示意图

镀锌件暴露在大气中时,氧化锌和氢氧化锌与空气中的二氧化碳反应,形成碱式碳酸锌。碱式碳酸锌膜较为致密,不溶于水,并与镀层紧密结合,可以阻止镀层进一步腐蚀。如果新镀锌件堆叠在一起,表面有水分而二氧化碳供应不足,则镀层表面无法形成碱式碳酸锌膜。

根据镀锌件表面白锈粉末的外观,可以将白锈的程度分为轻、中、重。图 9-42 所示是镀锌件表面生成重度白锈的实例。

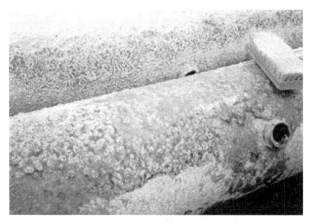

图 9-42 镀层表面重度白锈实例

镀层上白锈的程度取决于在几乎没有空气流动的情况下,有残留水分作用的时间长短。除此之外,如还有氯化物、硫化物或助镀剂残渣等存在,会加速加重腐蚀形成白锈。

9-30 热镀锌件表面形成白锈后应如何处理?

只要镀锌件表面有水分,且空气流动受到限制,那么形成白锈的腐蚀机制将延续存在,并可能损坏镀层和基底钢。绝大多数情况下,镀件表面的白锈是轻微的,只要保持镀锌件表面干燥和空气流通,轻度白锈可以不做处理。白锈会与空气中的二氧化碳反应转化为碱式碳酸锌。

中、重度白锈必须去除,否则镀层表面将不能形成碱式碳酸锌保护层,会影响镀层的使用寿命。所以,在镀锌件投入使用前,应通过机械或化学处理去除白锈。白锈去除后,最好再次测量镀层厚度,以确保有足够厚的镀层。白锈发展到一定程度,典型的白色或灰色腐蚀产物可能会变成黑色。此时镀层由于腐蚀而大量损失,如剩余镀层厚度不符合镀锌层标准要求,镀件必须脱锌并重镀合格后交付使用。

在大多数情况下,镀层出现白锈,并不意味着镀件预期寿命可能会缩短。形成白锈的因素消除后,白锈就不会再形成。如果出现白锈区域的镀层厚度仍等于或大于标准中要求的最小厚度,则镀件不应被拒收。如对镀件外观有特殊要求,应与用户协商解决。

镀锌厂负责根据合同和热镀锌标准生产具有高质量镀层的镀件,并应避免在镀锌厂存放期间出现白锈。客户对交付后的镀件运输和储存负责,也应采取措施防止镀件在此期间形成白锈。

9-31 采取哪些措施可减少白锈的形成?

防止镀件生白锈,以下一些措施值得借鉴。

不要将新镀锌产品紧密堆叠在一起,去除镀件表面积水,保证镀件表面气流通畅。

镀件堆放在室外往往不可避免,但堆放时应将镀件垫高脱离地面,镀件之间用条状隔离物隔开,以使镀件表面各个部位的空气自由流通;镀件倾斜堆放防止表面积水,如图9-43所示。热镀锌件上覆盖防水布以防止雨雪存积在上面。镀锌件不应存放在潮湿的土壤或腐烂的植被上。

在运输过程中应用垫片将镀件与运输车辆或装置隔开,但树脂木材不能用作垫片或用于包装,因为树脂本身有腐蚀性。用于运输和包装的木材应干燥,且未经防腐剂或阻燃化学品处理。实践中常用杨树和云杉做运输辅助物及包装品,效果良好。

现在使用聚苯乙烯泡沫隔离物的情况越来越多了。聚苯乙烯泡沫塑料不吸水;在镀件重量的作用下,聚苯乙烯泡沫塑料会被压缩,占用体积较小且

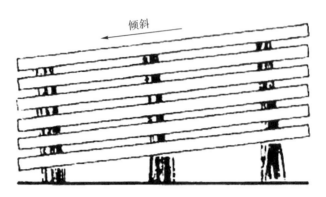

图 9-43 镀件隔离并倾斜堆放以防止形成白锈

自身重量很轻；另外，聚苯乙烯泡沫塑料比木条便宜得多，甚至可以按定制的形式购买。聚苯乙烯泡沫塑料非常适合用作角钢堆放时的隔离物。例如某镀锌厂的做法是，将第一件角钢扣放在垫轨上，角峰朝上；然后将聚苯乙烯泡沫塑料块(厚 1.5 cm、宽 5 cm、长 10 cm)横放于峰顶；再根据角钢长度的不同，在长度方向均匀放置两个或三个地方；然后将下一件角钢套扣在上面，第二块角钢将泡沫塑料压在角钢的两侧，在两件角钢之间形成了有效的气隙，这样逐次向上堆放。防水布遮盖和倾斜的堆垛方式阻止了水分在工件上的存留。

避免白锈的另一种方法是镀件浸锌后在铬酸盐溶液中钝化。但铬酸盐钝化膜会降低镀层表面涂层的附着力。如果镀锌件表面在六个月内要进行漆或粉末涂装，应该避免采用铬酸盐钝化处理。

其他方法，如涂清漆或油，有时也用来防止白锈形成。即使采用不同方法来防止镀锌件表面生长白锈，采取适当的堆垛和储存方式仍是必要的。

9-32 冬季卡车运输过程中镀件出现白锈的原因是什么？如何应对？

在冬季，由于雨雪、雾和温度低于露点等原因，镀件生长白锈的情况往往更是屡见不鲜。雨雪天为了防止道路结冰，常使用除冰盐，使得许多路面和桥面上的冰液中都存在除冰盐成分中的氯化钠、氯化镁、氯化钙等化学物质。在平板卡车运输的过程中，这些盐溶液会飞溅并附着到热镀锌产品上。在相对湿度较高的冬季，这些盐溶液将加速镀层表面白锈的形成，镀件表面常会出现深灰色及白色粉末状腐蚀产物。

在短时间的运输过程中，镀件表面形成的白锈虽然看起来不雅观，但不会明显影响热镀锌层的防腐蚀性能。工作现场接收镀件后，应及时去除运输过程镀件上附着的盐，以防止加速腐蚀。可以用清水加压冲洗，但喷射压力应低于 10 MPa，以防止水流损坏镀层。不应使用水浴，因为随水浴件增多浴池中盐分浓度会逐步增高。镀件清洗后，在安装或储存前，应在空气流动良好的场地将零件分开放置，使其完全干燥。镀件表面出现轻度或中度白锈对镀层的防腐蚀保护寿命不会产生明显影响，可在去除白锈并清洗干燥后安装使用。冬季平板卡车运输镀件，可以在镀件上覆盖防水布，以防止道路上除冰剂溶液溅到镀锌件上。

>>> 第 10 章　热镀锌层的修复

10.1　热镀锌层漏镀和损伤的修复

10 - 1　对热镀锌层修复有无限制和要求？

镀件热镀锌过程可能产生漏镀区域。另外，镀锌后镀件在包装、搬运过程不谨慎或进行某种加工时操作不当，某些部位的镀层可能会遭到某种损伤，例如焊接或氧-乙炔火焰切割使焊缝或切口附近镀层烧损烧伤，如果镀件镀层中有漏镀或损伤使得镀层不符合相关标准的要求，则必须修复，否则会被拒收。

对于漏镀，依据相关标准规定如允许进行修复，镀锌厂应负责修复，以使镀件获得均匀的抗腐蚀屏障和可靠的阴极保护，得以保障使用寿命。虽然镀锌层可以为邻近的一定范围内的无镀锌层区域提供阴极保护，但保证镀件使用寿命的最佳做法是使镀锌表面无任何裸露区域。热镀锌层的修复工作，通常在镀锌厂交付产品之前完成。根据镀件表面状况，在用镀件常常也要进行镀层修复工作。现场修复镀层的做法与在镀锌厂修复的做法相同。对于镀锌厂修复镀层，标准 ASTM A123、ASTM A153、ASTM A767 等都对最大允许修复的漏镀区域尺寸和修复后的镀锌层厚度提出了详细要求，而对在用镀件是否允许修复的镀层裸露尺寸没有提出限制。

标准 ASTM A780/A780M《热镀锌层损坏及漏镀区域的修复实施规程》指出，合同双方也可以相互协商确定镀层允许修复的漏镀区域尺寸及修复的方法。更多相关内容请参阅本书第 2 章问题 2 - 24 和第 3 章问题 3 - 9。

10 - 2　修复热镀锌层有哪些常用方法？各有什么优缺点？

选择热镀锌层的修复方法时应考虑以下几个因素。

(1)修复用的材料易于涂敷。

(2)修复的涂层厚度便于控制。

(3)修复的涂层抗腐蚀性能符合要求。

(4)修复的涂层有较好的耐磨性。

(5)修复的涂层与钢基体有较好的附着力。

(6)修复的涂层外观与镀层表面接近。

修复镀层被损坏区域或漏镀区域常用方法有三种：用锌基合金修复、涂敷富锌漆及锌喷涂。标准 ASTM A780 介绍了上述方法，并表明用锌基合金修复时采用特制的锌基合金修复棒或粉末。锌基合金常用钎焊方法涂敷。

锌基合金能对基体提供防腐蚀屏障和足够的牺牲保护能力；涂层与基体的黏附性非常好；涂层颜色也可与镀层很相近。锌基合金修复方法的缺点是实施工艺比较困难。用锌基钎料涂敷修复时，需将修复的区域均匀加热至适合的温度而基底不至于被氧化。用这种方法进行较大面积的修复实施起来非常困难。另外，锌基合金涂层可能比较薄，而且耐磨性不够好；并且修复工作受到需修复区域几何形状的限制。

与其他方法相比，涂敷富锌漆则更容易实施。涂敷富锌漆不受修复区域尺寸和几何形状的限制。富锌漆与基体钢的附着力好，但富锌漆涂层厚度相对需要较厚，根据标准 ASTM A153，富锌漆涂层厚度要比该类材料所要求的镀层厚度厚 50%，这样的厚度通常要经过多次涂敷才能达到。在受到冲击时一些漆膜有剥落的趋势，特别是在涂层非常厚的情况下。富锌漆可提供良好的屏障保护，但对钢基体的牺牲保护作用较差。富锌漆涂层通常不具有良好的耐磨性。富锌漆应避免在高湿度及低温条件下涂敷，这些涂敷条件对漆层的附着力也许有不利影响。

镀层表面随着时间的推移逐步风化并变成哑光灰色。用哑光灰色的富锌漆修复镀层，镀件表面色泽最终可以一致。如使用明亮有光泽的富锌涂料进行修复（见图 10-1），其风化后的色泽与周围镀层逐步风化后的色泽不同，将形成永久性混合外观。如果出于美观需要，可用含铝涂料或光亮漆涂料作为修复区域的面漆，以与新镀层的颜色匹配。

锌喷涂用于镀层修复，修复层与

图 10-1　使用光亮富锌漆进行镀层修复

镀层的性能最匹配。修复层能提供卓越的屏障和牺牲保护；锌喷涂层和钢表面有很好的附着力。在三种修复方法中，锌喷涂层的耐磨性最高，尽管其耐磨性还不到热镀锌层的一半。普通锌喷涂或添加铝的锌喷涂形成的喷涂层都可以和新镀锌层的光亮表面很好地匹配。锌喷涂最大的缺点是需要专用喷涂设备，并且需要额外的通风设备来处理喷涂过程中产生的含锌烟雾，而且这一方法用于现场修复很困难。

选择修复方法时应考虑镀锌件的具体用途、修复方法的特点及修复用材料的耐腐蚀性、美观性或耐磨性等性能。一般情况下耐腐蚀性能是首要考虑的因素。当然，对于某些具体用途和使用条件，可根据需要的涂层性能特点进行选择。需要注意的是，这三种修复方法都不能提供防腐蚀保护性能与热镀锌层完全相同的涂层。常用的三种修复镀层方法的优缺点归纳于表 10-1。

表 10-1　三种不同修复镀层方法的优缺点

方法	优点	缺点
锌基焊料	(1)良好的屏障保护和阴极保护能力； (2)很好的附着力； (3)与镀锌钢有最佳的颜色匹配； (4)价格实惠	(1)难以在弯曲、垂直和高架表面上施涂，难以在大表面积上施涂； (2)容易产生薄涂层； (3)耐磨性差； (4)需要热源
涂富锌漆	(1)良好的屏障保护； (2)最容易涂敷； (3)覆盖区域没有限制； (4)有时附着力良好； (5)多种色调有助于外观匹配； (6)最便宜	(1)与其他两种方法相比，阴极保护效果较差； (2)耐磨性低； (3)厚涂层容易剥落； (4)外观匹配性较差； (5)根据天气、地点的不同，无机富锌漆在涂敷过程可能需要控制相对湿度和温度； (6)通常需要多次涂敷得到满足标准要求的厚度
锌喷涂	(1)屏障保护和阴极保护作用三者中最好； (2)覆盖区域没有限制； (3)很好的附着力； (4)在三种修复方法中，锌喷涂层耐磨性最好； (5)与镀层可有良好的外观匹配	(1)最昂贵——喷砂和涂敷需要大量设备和专业人才； (2)难以涂敷于内表面或隐蔽角落、凹槽，孔的维修质量在很大程度上取决于施涂者的经验和资格

10-3 对镀层需修复区域表面处理及修复有什么要求？

进行镀层修复应严格遵守标准 ASTM A780 的要求。操作者必须懂得修复方法并能熟练操作所需的设备及装置；熟知所用材料和修复区域表面处理标准。虽然标准 ASTM A780 对某些要求叙述相对简单，但通常需要搞清楚与这些要求有关的其他标准；标准 ASTM A780 引用防护涂料协会(SSPC)标准的情况请参看第 2 章问题 2-28。

在对需修复区域进行清理之前，请务必检查该区域表面是否有可见污染物。如发现可见污染物，则需根据标准 SSPC-SP 1《溶剂清理》规定的溶剂清洁方法去除可见的污垢、油脂等污染物。最后使用新鲜溶剂和干净的抹布或刷子清理需修复的区域，不允许使用前面清洁已使用过的溶剂和抹布或刷子。

待修复区域进行清理，应按照表面处理相关标准，选择允许的清理方法。可按照 SSPC SP 11《动力工具清理至金属裸露》的要求选择研磨或冲击工具，包括往复式砂光机、轨道式砂光机、喷砂机等动力机械和砂布、砂轮等研磨工具。在难以利用动力工具清理的情况下，可按照 SSPC-SP 2《手动工具清理》选择使用钢丝刷清理，或采用刮削和打磨方法清理。使用硬毛刷或尼龙刷等手动工具清理不符合规范要求。

待修复区域清理后，必须用刷子去除或者用干净干燥的空气吹掉机械清理过程中产生的任何灰尘或松散残留物，目视检查确认达到标准要求的清理程度后，才能涂抹修补材料。

不管采用何种清理方法，清理区域必须扩展到缺陷周围未损坏的镀层范围。但是，这个范围不能过度扩展，如图 10-2(a)、(b)所示。尤其是采用喷砂清理方法时，应选择使用适当尺寸的喷砂咀并掌握好喷砂压力和角度。

在涂敷修复材料时，务必限制修复区域周围的涂敷面积，该涂敷面积应尽可能小，如图 10-2(c)所示，图 10-2(d)所示修复涂敷面积过大。

(a)需修复缺陷区域　(b)清洁区域有限扩展到　(c)必须限制修复区域　(d)涂敷修复材料面积
　　　　　　　　　周围无缺陷镀层　　　周围的涂敷面积　　　过度扩大

图 10-2　修复区域清理和材料涂敷范围示意

10-4 如何用锌基焊料进行镀层修复?

最常用的锌基焊料类型有锌-镉、锌-锡-铅和锌-锡-铜合金。不同成分的锌-镉和锌-锡-铅焊料的液相线温度分别为 270~275 ℃和 230~260 ℃,锌-锡-铜焊料液相线温度范围为 349~354 ℃。温度高于液相线合金全部熔化。对于锌-锡-铜焊料,比较合适的涂敷温度为 250~300 ℃,此时该类焊料处于半熔化状态。锌基焊料通常制成棒状或粉末状使用。图 10-3 所示是修复施工现场实例。

图 10-3　用锌基焊料修复镀层实例

使用锌基合金修复镀层的操作过程简述如下。

(1)用钢丝刷擦刷或轻微打磨或轻微喷砂清理待修复表面,处理范围应适当延伸至周围未受损镀层。

(2)如果需修复的区域包括焊缝,首先应采用机械方法清除所有残留焊渣和焊接飞溅。如用钢丝刷或喷砂无法清理,则可采用铲磨或电动除垢等方法清理。

(3)清理后的待修复区域预热至 315 ℃以上。表面不能过热,不得超过400 ℃,也不能将周围镀层烧伤。预热过程中用钢丝刷清理待修复表面,也可能需要使用助焊剂对修复面进行化学清理。

(4)用修复棒摩擦清理过的修复区域,使其表面均匀分布一层锌合金。若使用锌合金粉末,则将粉末撒在修复区域,用抹刀或类似工具使其铺开。涂层厚度应满足合同要求。

(5)修复完毕后,经水洗或用湿布擦洗去除焊剂残留物。

(6)用磁性测厚仪测量修复后的涂层厚度,为交付或验收提供依据。

10-5　如何用富锌漆修复镀层?

富锌漆主要由锌粉和黏合剂混合调制而成，根据黏合剂不同而分为有机富锌漆或无机富锌漆，专门用于涂敷钢材表面。富锌漆干膜内锌粉浓度为65%～69%或超过92%，都可用来修复受损镀层。受损区域的表面清理与所选漆料类型有关，有机富锌漆对需修复区域基材表面的清理要求比无机富锌漆低。经验表明，通常情况下有机富锌漆在边缘部位表面涂敷也是没有问题的。大多数有机富锌漆涂料涂敷过程对气候和环境的要求并不苛刻;而无机富锌漆则可能需要在涂敷层固化过程中控制相对湿度和温度。

修复用漆料由镀锌厂自行选择，除非客户规定具体浓度或漆料体系。标准 ASTM D520《涂料中锌粉的标准规范》根据涂料中所用锌粉的成分将锌粉划分为三种类型，并规定了各类型锌粉的纯度和颗粒度的要求。

施涂富锌漆的通用准则如下。

(1)待修复表面必须洁净干燥，没有油脂、残存漆层和腐蚀性物质。

(2)如果镀件服役条件比较恶劣，甚至会被水浸泡，则按 SSPC-SP 10/NACE No.2《喷砂清理到金属表面呈金属光泽》对修复表面进行喷砂处理。如果镀件服役条件不太恶劣，待修复区域表面至少应按 SSPC-SP 11《动力工具清理至金属裸露》要求进行清理。若条件不允许采用喷砂或用动力工具清理，则可以按 SSPC-SP 2《手动工具清理》清理待修复区域。为确保获得光滑的修复涂层，表面处理应延伸至未受损镀层，表面处理方法和范围应由双方协同确定。

(3)若待修复区域含焊缝，则首先应采用机械处理方法，例如铲削、打磨等，去除所有残留焊渣和焊接飞溅。

(4)待修复区域表面清洁工作完成之后，必须在形成任何可见氧化物之前尽快进行喷涂或刷涂富锌漆;并按漆料厂家说明，施涂多道以达到合同双方商定的干模厚度。修复后应按漆料厂家说明经过充分的固化后，才能将镀件投入使用。图10-4是刷涂富锌漆的现场实例。

(5)用磁性测厚仪测量修复后的镀层厚度，为镀件交付或验收

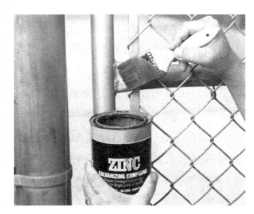

图10-4　富锌漆刷涂

提供依据。

(6)修复的漆涂层表面应无结块、粗糙区域和松散颗粒。

10-6　如何用热喷涂锌方法修复镀层?

热喷涂锌是用火焰或电弧将锌粉或锌丝迅速加热熔化,用压缩空气或其他压缩气体将熔融的锌滴喷射到要涂敷的表面上完成涂敷,图10-5所示是热喷涂锌实例,所用锌的纯度为99.5%或更高。采用锌金属丝与粉末形成的喷涂修复层的耐蚀性大致相同。

图10-5　热喷涂锌实例

采用热喷涂锌修复镀层的工艺要义如下。

(1)待修复区域表面必须洁净、干燥,没有油脂和腐蚀产物。

(2)若待修复区域含焊缝,则首先用机械方法,例如铲削等,去除所有残留焊渣和焊接飞溅。这些焊渣和焊接飞溅用喷砂方法往往是难以去除的。

(3)如果镀件服役条件比较恶劣,甚至会被水浸泡,则应按SSPC-SP 5/NACE No.1《喷砂清理到金属表面呈彻底的金属光泽》的要求对待修复表面进行喷砂处理。如果镀件服役条件不太恶劣,待修复区域表面至少应按SSPC-SP 10/NACE No.2《喷砂清理到金属表面呈金属光泽》的要求进行喷砂处理。若条件不允许采用喷砂处理,则允许按照SSPC-SP 11《动力工具清理至金属裸露》的要求进行处理,以达到适合热喷涂锌修复的表面条件,但附着力有可能会降低。

(4)为确保修复涂层表面光滑,表面处理范围应适当延伸至周围未受损镀层。

（5）喷涂应在表面处理完成后四小时内或在肉眼观察到表面清洁状况发生劣化前尽快进行；金属喷枪对准洁净、干燥的待修复表面进行喷涂。

（6）喷涂按水平重叠线进行，这样可以获得比交叉喷涂更均匀一致的厚度。施涂程序可参照美国焊接协会（American Welding Society，AWS）制定的标准 AWS C2.18《用铝或锌及其合金或复合材料的热喷涂涂层保护钢的指南》。喷涂修复涂层可以在镀锌厂或工作现场进行。如果喷涂过程在高湿度条件下进行，则修复涂层的附着性可能会降低。

（7）修复涂层表面应质地均匀，没有锌瘤、粗糙区域和松散附着的颗粒。

（8）修复涂层厚度要求应事先由合同双方共同商定。

（9）用磁性测厚仪测量修复后的镀层厚度，为镀件交付或验收提供依据。

10.2　热镀锌件镀层表面污染的处理

10-7　怎样从热镀锌件上清除泥土、油脂、白锈等污染物？

在热镀锌件转运过程中，热镀锌件表面黏附泥土及油脂等污染物，有时是在所难免的。为了给客户提供最优质的服务，希望在交付产品之前将这些污染物或杂质从表面清除掉。热镀锌件在交货之后的存储或服役过程也有可能需要清除表面的污染物。首先必须确定热镀锌件表面是什么污染物，因为清洁程序和所要采用的化学品取决于镀层上污染物的类型。

1. 清除热镀锌件表面的污泥

用水冲洗可以很容易地清除热镀锌件表面污泥，必要时可以借助尼龙硬毛刷。如果使用强力清洗机，请确保水压低于 10 MPa，以防止损坏镀层。

2. 清除镀层表面的有机污染物

可以用来清除镀层表面有机污染物的化学品有好多种，但应尽可能不用影响镀层光亮度的清洁产品。美国热镀锌协会（AGA）有关清洁的研究成果，对镀锌厂很有帮助。

AGA 的一项研究，针对的污染物包括标记物、油、油脂和喷漆等，使用了不同类型的清洁化学品进行清洁测试，以确定哪些化学品在不损坏镀层的情况下能成功地去除镀层表面的这些污染物。按照清洁化学品供应商家的说明，将化学品涂抹到镀层表面去除污染物，用水冲洗后干燥。结果表明，所测试的清洁化学品去除污染物的表现都很出色，并且不影响镀层的光亮度，也没有对镀层造成损害。这些清洁化学品的商标为 Comet®、Bleach，Goof Off®、Simple Green®、The Must for Rust®等，以及不锈钢清洁剂。

实际应用这些清洁化学品时，为谨慎起见，还是应先做小面积清洁试验。

其他一些化学品也可以有效去除油脂，但会影响镀层的外观。这些化学品有醋、盐酸、氨水。

3. 清除表面白锈

如果表面白锈较轻，则只要保持镀件表面干燥和空气流畅，就可以不清理。如果白锈为中等严重程度，则可以使用较低浓度的氨溶液（1 份氨水：10 份淡水）清洗并借助尼龙刷擦洗。不应使用盐酸、硫酸等强酸，因为它们会侵蚀镀层。使用淡氨水或弱酸溶液清洗，则清洗后应立即用大量淡水冲洗镀层表面，并使表面彻底干燥。可以用压缩空气吹干表面，但要防止气流压力大损坏镀层。如白锈非常严重，可能需要脱锌并重镀。如果严重的白锈只出现在镀件某一部分，可以采用机械方法去除，但去除后要按标准 ASTM A780 选择一种涂敷方法对镀层进行修复。

除上述化学溶液外，AGA 还测试了其他一些商品在不损坏镀层或外观的情况下去除白锈的能力。有五种商品能满足要求：CLR®、Lime Juice（酸橙汁）、Naval Jelly® Rust Dissolver、Picklex 10G、White Vinegar（白醋）。

将这些商品涂敷到白锈区域，然后用尼龙毛刷擦洗，清理白锈后，用淡水冲洗表面并使其干燥。

10 - 8　如何清除镀锌件表面涂鸦？

在公共生活设施和交通基础设施上随意涂鸦的现象并不鲜见，这种涂鸦污染对设施的美观和防腐蚀构成非常现实的威胁。

去除防腐蚀涂层上的涂鸦很困难，因为用腐蚀性溶剂擦洗涂鸦区域可能损坏涂层，在涂层上留下薄斑点或造成涂层变色。通常情况下，去除涂鸦污染后必须修复整个擦洗区域，以遮蔽薄斑点或变色区域。或者，预先在涂层表面涂上一层透明的防涂鸦面漆，该面漆为耐溶剂或碱性清洁剂；但在几次清洁后防涂鸦面漆仍会被去除掉，因此不是永久性的解决方案。

与传统的防腐蚀涂料系统相比，在热镀锌件上涂鸦问题并不大。由于热镀锌件镀层具有独特的性能，涂鸦可以很容易地从镀层上清除，不需要涂敷防涂鸦面漆。镀层可以承受消除涂鸦的化学清洁剂的擦洗，而不必担心划伤镀层或降低镀层腐蚀保护性能。

用腐蚀性溶剂（例如丙酮、甲乙酮、商用脱漆剂）或碱性清洁剂擦洗足以清除热镀锌件上的涂鸦。但不得使用研磨垫擦洗，因为这可能会损耗镀层，影响镀层的防腐蚀性能。擦洗清洁后应立即用淡水冲洗该区域，以去除残留在镀层表面上的任何化学物质。有时，镀锌件上的涂鸦也可以通过强力清洗去除，因为在镀层表面涂鸦时，没有进行表面清洁预处理，涂鸦涂料的附着力可能较差。

如果需要在热镀锌件上涂敷防涂鸦涂层，在涂敷前应确认涂料与镀层的相容性良好，而且应在镀锌件表面预处理后再进行涂敷。

>>> 第 11 章 热镀锌件的设计制造

11.1 热镀锌件设计制造商需要关注的问题

11-1 设计制造商与镀锌厂协同合作对提高镀锌产品质量有何意义?

高质量的热镀锌产品的产生不是单靠镀锌厂就能实现的,需要项目方、设计方、制造商和镀锌生产方协同努力。

设计和制造商与镀锌厂加强交流,以对热镀锌的生产工艺及特点有基本的了解,在设计和制造中尽量避免出现影响热镀锌产品的生产周期、成本和质量的消极因素,以实现热镀锌产品生产周期、成本和质量的最优化。

为获得优质的热镀锌层、防止镀件变形和脆化,热镀锌相关标准中给出了从实践中总结出来的最佳结构设计方案,设计人员应遵循这些最佳设计思想,并及时与镀锌厂进行沟通,以确定镀锌构件排气、导流、起吊、重量与尺寸、选材、保证产品使用功能及需防镀部分等方面的优选方案。

制造商在制造过程中可选用某种工艺方法或采取某些措施以减少镀锌前额外的表面处理工作。例如,采用气体保护焊以避免焊渣在焊接过程中黏附在工件表面。又如,使用越来越流行的水溶性涂料来做工件临时标记,以便在镀锌前的清洁过程中将其溶解去除。此外,选用不带保护涂层的原材料制造构件也可以减少热镀锌前表面处理工作量。制造施工后,及时清除热镀锌前脱脂和酸洗等预处理无法充分去除的污染物,可以避免镀锌厂花费较大的成本来解决这些问题和延长生产周期。

总之，设计制造商和镀锌厂之间加强交流与合作，对提高项目的整体效益大有好处。

11-2 热镀锌件的设计、制造商应做好哪些工作?

热镀锌件的设计、制造商应做好以下工作。

(1)确定并熟悉适用制件的热镀锌标准。

(2)遵循镀锌标准 ASTM A385/A385M《提供高质量镀锌层(热镀锌)的实施规程》、ASTM A384/A384M《防止钢组装件热镀锌时翘曲和扭曲的规程》和 ASTM A143/A143M《热镀锌结构钢产品防止脆化的实践及检测脆性的方法》中提出的最佳设计实践方案进行热镀锌件设计，可参考有关设计指南出版物中的相关内容。

(3)将热镀锌件中所有钢材等级及化学成分(最好是钢铁制造商测试报告的副本)发送到镀锌厂。

(4)与镀锌厂确认，对所设计制件的尺寸大小和重量，镀锌厂应有适合的搬运装备和包括提升装置在内的镀锌设施。

(5)镀锌后要进行漆涂装或粉末涂装的制件，应提前通知镀锌厂，以避免进行镀锌后的某种后处理；镀锌厂和制造商应对获得光滑热镀锌层表面各自应负的责任达成共识。要确保漆涂装或粉末涂装工人知道如何对热镀锌件进行适当的表面处理。

(6)将需要特别注意的地方(例如螺纹、管端、扶手、孔等)告知镀锌厂，以使镀件能正常安装及具有正常使用功能。

(7)确认直径小于 12.7 mm 的孔如果被锌堵塞，不会对部制件的功能产生负面影响；如果会有负面影响，制造商或用户在镀锌后可以进行清理或加工。

(8)告知镀锌厂需要遮蔽的区域；如果由制造商自行进行遮蔽，选择遮蔽材料时应咨询镀锌厂。

(9)检查热镀锌件的结构设计，是否符合以下规则:

①铸件表面应避免尖角和深的凹穴;

②数字或文字图案及圆弧半径应足够大，以利于打磨清理妨碍表面形成镀层的沙子和杂质;

③铸件壁厚应均匀，不均匀的壁厚可能导致某些铸件在镀锌过程中变形和开裂。

11-3　制件送往热镀锌厂前制造商应确认哪些工作的完成情况?

制造商将制件送往热镀锌厂前应确认以下工作完成情况。

(1)确认所有已密封焊接的密封容器、中空结构和大面积重叠表面的排气通道畅通。

(2)铸件应经喷砂及其他方法清理,确保去除铸件表面的铸造砂粒及杂质。

(3)过于粗糙的切割边缘应打磨修整;清除制件上所有的焊渣、助焊剂残留物、防焊接飞溅喷剂薄膜、毛刺等;清除油脂、清漆、油漆等残留涂层,清除蜡笔或油基漆标记及重油、蜡等污染物;清除胶黏剂、胶水、沙子和其他杂质。美国防护涂料协会(SSPC)和美国腐蚀工程师协会(NACE)制定了用喷砂清理、电动工具清理、手动工具清理和溶剂清理进行清洁表面准备的标准,执行这些标准可为热镀锌提供良好的支撑。

(4)由不同表面状况的钢材制成的制件,则整个制件应进行彻底的喷砂处理,尽可能为获得外观一致的镀层创造条件。

(5)制件实物与清单正确无误,制件标识清晰可靠。

11.2　焊接制造工艺与热镀锌的关系

11-4　热镀锌件对焊接材料和工艺有什么要求?

焊接工艺被广泛应用于制造中。对于需热镀锌的制件,除非焊接组合结构对锌锅来说太大,否则镀锌之前完成焊接工序是比较好的安排。虽然已镀锌的钢材可用常用的焊接和切割工艺进行加工,但是焊接条件需要更严格地控制。

(1)建议选用化学成分与基材相同或相近的焊接填充材料,否则焊缝上形成的镀层可能与母材上的镀层厚度及外观不一致。如果选择的焊接填充材料比母材更有活性,可以预计,焊缝上的镀层会厚些,外观会粗糙暗淡些。

(2)焊接需要热镀锌的构件,焊接工艺和焊缝区域的清洁度会对焊缝及焊缝附近区域的镀层质量和外观产生显著影响。如果采用药皮焊条或药芯焊丝或埋弧焊进行焊接,在电弧的高温下药皮或焊剂会熔化从而形成焊渣,焊渣有可能黏结在焊缝上。镀锌之前必须清除所有焊渣和黏附的飞溅物,否则它们的存在会使镀层表面粗糙及造成漏镀。镀锌前的化学清洗不能去除这些焊渣及飞溅物,必须选用打磨、喷砂清理、火焰清理、凿削等方法或借用钢丝刷来清除。

建议采用诸如熔化极惰性气体保护电弧焊（metal inert-gas arc welding，MIG）、钨极惰性气体保护焊（Tungsten inert-gas arc welding，TIG）或二氧化碳气体保护焊（shielded arc welding）等焊接方法，它们不产生焊渣，虽然会产生一些焊接飞溅，但飞溅一般比较容易清除。常见的焊接工艺形成焊渣的情况见表 11-1。

表 11-1　常见的焊接工艺形成焊渣的情况

焊接工艺	缩写	焊渣形成的可能性
焊条电弧焊（shielded metal arc welding）	SMAW	焊条药皮可能形成焊渣
药芯焊丝电弧焊（flux cored wire arc welding）	FCAW	焊丝药芯可能形成焊渣
埋弧焊（submerged arc welding）	SAW	焊剂可能形成焊渣
熔化极惰性气体保护电弧焊/熔化极气体保护电弧焊（metal inert-gas welding/gas metal arc welding）	MIG/GMAW	无
钨极惰性气体保护焊/钨极气体保护电弧焊（tungsten inert-gas welding/gas tungsten arc welding）	TIG/GTAW	无
等离子弧焊（plasma arc welding）	PAW	无

11-5　锌锅修补和制作热镀锌工装对焊接材料有什么要求？

液态锌对钢材和焊缝材料的侵蚀非常大，因此选择合适的材料焊接修补锌锅和制作热镀锌工装（例如吊挂装置、篮子、捞渣铲斗等）至关重要。美国热镀锌协会与林肯电气（LINCOLN ELECTRIC）于 2017 年对多种化学成分的电焊条及焊丝（包括电弧焊焊条、电弧焊药芯焊丝、埋弧焊焊丝等），进行了试验对比：用这些焊接材料分别在统一的母材试样上施焊形成试验焊缝，然后与没有焊缝的母材试样同时浸入锌浴中，分别经过 1 个月、3 个月和 6 个月，测试它们的重量损失，从中筛选出在锌浴中腐蚀速率与母材试样相同或相近的焊接材料，作为新推荐的焊接材料，更新或替代原先推荐的焊接材料。表11-2是新推荐的用于锌锅修补和焊接镀锌工装的材料，也是为了镀件焊缝上不产生过厚镀层而推荐的焊接材料。

表 11-2　新推荐的用于锌锅修补和焊接镀锌工装的材料

焊接工艺	缩写	林肯焊条/丝牌号	*AWS 焊条/丝牌号	硅含量/%
焊条电弧焊	SMAW	Jetweld 2	E6027	0.22%～0.26%
		Fleetwood 35 LS	E6011	0.10%～0.18%
埋弧焊	SAW	L60-860	F6A2-EL12	0.24%
药芯焊丝电弧焊	FCAW	NR 203 MP	E71T-8J	0.22%～0.26%
		NR 233	E71T-8	0.19%～0.20%
		NR 311	E70T-7	0.12%～013%
			E71T8-K2	0.06%

注：*AWS(American Welding Society，美国焊接协会)

11.3　减少热镀锌件变形开裂的相关措施

11-6　哪些措施可降低热镀锌件应变时效脆化倾向？

制件在制造加工过程中会产生内应力，在热浸锌过程会产生变形(参见第9章问题 9-27)。通过优化设计和生产工艺控制，可以大大降低热镀锌时变形的可能性。设计的早期阶段，设计师、制造商和镀锌厂之间就应开始沟通，以使产品设计与制造工艺、热镀锌工艺之间能协调一致。

冷加工是导致镀锌钢脆化开裂最主要的因素，任何形式的冷加工都会降低钢的塑性。冲孔、开槽、剪切及剧烈弯曲等都可能导致应变时效敏感钢产生应变时效脆化。如果不能避免冷加工导致的高内应力，则应在热镀锌之前对制件进行热处理，以减小内应力。应变时效敏感钢深度冷变形后可进行再结晶退火或正火。一般说来，厚度小于 3 mm 的钢材经冷加工后进行热镀锌，不大可能产生应变时效脆化。

建议采取以下措施以减少镀锌件出现应变时效脆化现象。

(1)镀锌件选择碳含量低于 0.25% 的钢制造。

(2)镀锌件选择韧脆转变温度低的钢制造，因为冷加工会提高韧脆转变温度，而热浸锌加热可能会进一步提高该温度。

(3)镀锌件尽量选用铝镇静钢制造，这类钢对应变时效脆化的敏感性较低。

(4)制件中需要弯曲的部分尽可能应采用最大弯曲直径，以尽量减小弯曲产生的内应力和局部变形量。

标准 ASTM A143/A143M《热镀锌结构钢产品防止脆化的实践及检测脆性的方法》中提出，对于制造热镀锌件的中型和重型型材、板材，冷弯半径不应小于成熟的经验值或材料制造商建议的值。最小冷弯半径取决于钢材的晶粒取向、强度等级及材料厚度。一般情况，冷弯半径为截面厚度的三倍，或选择美国钢结构协会(AISC)《钢结构手册》中所推荐的值。虽然薄截面材料或制件可以有更小的冷弯半径弯曲，但如果冷弯变形特别严重，则热浸锌时可能会发生应变时效脆化现象。如果设计中需要材料或制件严重弯曲，则应采用热弯曲；如果采用冷弯曲，应在弯曲后随即进行退火或消除应力热处理。标准 ASTM A143 所推荐的冷弯半径不适用于钢筋(参见第 13 章问题 13-9)。

(5)制件上尽量避免剪切或冲孔，它们易造成切口应力应变集中，火焰切割或锯切是首选，特别是对于厚截面钢材。

(6)厚度大于 19 mm 的钢材上的孔，加工方法应选钻孔而不是冲孔。如果采用冲孔方法，应该先冲出尺寸略小的孔，然后再通过铰孔或钻孔，将冲制孔扩大到规定尺寸，扩大孔径的加工量一般不小于 3 mm。在良好的工艺条件下进行冲孔，冷冲孔工艺不会对厚度 6.5~19 mm 的钢材性能产生严重影响。对于厚度≤6.4 mm 的钢材，冷冲压加工后一般无需进行退火或消除应力热处理。

(7)根据标准 ASTM A143，制件材料钢材在无法避免深度冷变形的情况下，应在热镀锌之前进行适当的热处理。对于经冷轧、冷剪切、冷挤压等深度冷变形的棒材和螺栓等，应进行温度为 650~705 ℃ 的再结晶退火，或者进行完全正火(加热温度为 870~925 ℃、保温时间根据截面厚度约以 24 min·cm^{-1} 计)。对于经冷弯、辊压成形等冷变形不太严重的制件，建议去应力热处理温度不超过 595 ℃。

11-7 如何减小焊接工艺对热镀锌件变形和开裂的不利影响？

为降低焊接工艺对制件热镀锌时变形、开裂的不利影响，在焊缝接头设计及焊接工艺方面应注意以下事宜。

(1)尽量不采用易于失稳的接头设计或焊接长度，以避免在焊接应力的作用下焊接件发生变形。

(2)将焊缝设置在制件中性轴附近，其余焊缝围绕中性轴对称排列，这样可使焊接产生的应力得到一定程度的平衡，减少制件的变形。

(3)在制造过程中合理安排所有焊缝的焊接顺序，一般由中到边完成焊接接头，以避免产生高约束应力。

(4)在可能的情况下，采用平衡的焊接方案，例如对称焊缝同时施焊，以减少热应力分布的不均匀性。

(5)组合制件的部件预先准确成形，避免焊接时施加外力拼装。

(6)合理设计焊缝尺寸，尽量减少焊道。

(7)组成制件的部件，分别热镀锌后采用螺栓连接组装，以避免焊接组装产生变形。

11-8 减小热镀锌件变形有哪些经验及办法？

合理的设计是减轻热镀锌件变形最有效的途径之一，应该遵循 ASTM A384/A384M《防止钢组装件热镀锌时翘曲和扭曲的规程》中推荐的设计原则和组装方法。设计、制造和镀锌三方有责任进行密切合作，共同采取有效措施以减小或消除热镀锌变形。以下是一些减小热镀锌件变形的一些经验及办法。

(1)组合制件中钢材厚度变化应尽可能小，尽量使用等厚或接近等厚的材料，尤其是在焊接接头处。预制梁的翼缘厚度与腹板厚度之比不得超过 3:1。

(2)在薄壁制件中采用临时支撑或加固件以增加整体刚度，提高结构稳定性，从而减小在热膨胀和收缩应力作用下产生的变形。图 11-1 为薄壁管增加支撑的实例。

图 11-1　薄壁管增加支撑实例

(3)对于非对称结构或材料厚薄不均的组件，通过某些方法可以减小或防止热镀锌变形。

①将制件分成截面对称或材料厚薄比较均匀的部件进行制造和热镀锌，镀锌后组装成制件整体。

②可以将两个制件临时连接起来，成为一个对称的组件进行热镀锌，以最

大限度地减小热镀锌加热及随后冷却过程可能发生的制件变形。镀锌后，拆除临时连接，可以按照标准 ASTM A780 所述的实践方案修复连接区域的镀层。

例如，花纹钢板本身在设计上是不对称的，但如果用钢带将两块花纹钢板花纹面对面地连接成对称的临时结构，如图 11-2 所示，临时的对称结构在热镀锌加热、冷却过程则不易发生翘曲变形。

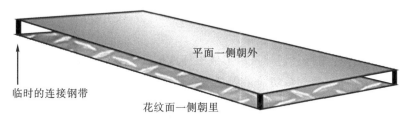

平面一侧朝外

临时的连接钢带

花纹面一侧朝里

图 11-2　花纹钢板连接成的临时结构

(4)避免需要渐进浸镀的设计。如果需要渐进浸镀，需事先咨询镀锌厂。

(5)由角钢等框架和薄板组成的面板制件，则在镀锌前可不将钢板焊接在框架上。在镀锌之前加工好框架和钢板上的组装连接孔，板材单独镀锌后轧平，框架单独镀锌后可进行校正，然后用镀锌螺钉将它们组装起来。

11.4　热镀锌件的排气与导液

11-9　为什么要重视热镀锌件的排气孔和导液孔的设计？

为了使制件所有内外表面都得到防腐蚀保护，热镀锌后内外表面都需获得合格的热镀锌层。在热镀锌工艺流程中，制件需浸入清洁溶液、助镀剂溶液和锌液中并随后提出。在浸入和提出的过程中，为了使气体和液体在制件各部位进入、排出顺畅，并有利于一些浮渣、污染物排出，必须要在制件适当的部位开设不同形状的排气孔、导液孔或通道。这些孔或通道设计不当会导致镀层外观不良、漏镀和锌堆积。设计方需要对热镀锌过程有基本的了解并和镀锌厂进行良好的沟通。由于制件都以某种角度浸入清洁溶液、助镀液和锌液并随后提出，所以排气孔应位于制件镀锌工艺位置的最高点，导液孔应位于最低点。

另外，制件中往往有封闭的重叠面或接触面，这些封闭的重叠面或接触面如果没有排气通道，当制件浸入锌液后，重叠面或接触面中残留或通过某种途径进入的液体就会转化为过热蒸汽，可产生大于 25 MPa 的内部压力；大的重叠面或接触面中的空气膨胀也会产生很大的压力。这些压力可能会使镀件局部产生严重变形甚至破裂。所以，往往需要在较大的重叠面或接触面的一侧或两侧开设排气孔或留有排气通道。

11-10 有角撑板、加强板等结构的制件如何解决热镀锌排气、导液问题？

有角撑板、加强板等结构的制件，遵循以下实践中总结出来的最佳设计方案，将有助于提高热镀锌质量。

(1)将角撑板角部裁切掉可以形成很好地排气、导液通道，如图 11-3 所示。如果不允许将角部裁切掉，则必须在角撑板上尽可能靠近拐角处开孔。

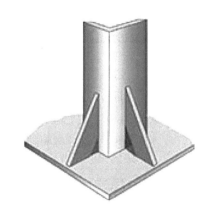

图 11-3　裁切角的角撑板

(2)将所有的角撑板、加强板靠近内角的角都裁切掉；或在角撑板、加强板上尽量靠近拐角处开导液孔，如图 11-4 所示。

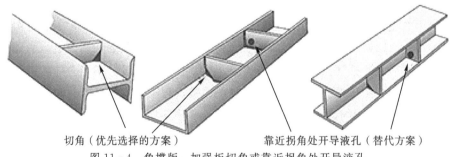

切角(优先选择的方案)　　　　靠近拐角处开导液孔(替代方案)

图 11-4　角撑版、加强板切角或靠近拐角处开导液孔

(3)型钢组成的结构角部，应在型钢腹板上开导液孔，孔的位置应尽可能靠近内角尖，如图 11-5 所示。

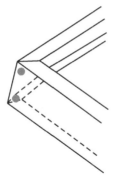

图 11-5　型钢组成的结构在角部腹板上开导液孔

（4）依据 ASTM A385/A385M《提供高质量镀锌层（热浸镀）的实施规程》，所有角撑板、加强板的拐角处切口或开孔的最小面积为 $1.9\ cm^2$。

11-11　如何设计矩形截面空心构件的排气和导液通道？

横截面为矩形的空心构件，在清洁和助镀处理过程要保证溶液能顺畅流进腔体，并完全浸润制件的内外所有表面；制件移出溶液后，不得有任何溶液滞留在内部。浸入和提离锌液时，锌液流入流出同样也应该畅通，并且不会造成积锌。为此，矩形截面空心构件应在内撑板上的合理位置开孔（导液孔）和裁切角以提供良好的排气和导液通道。

矩形截面空心构件中内撑板之间的间距不得小于 $91.4\ cm$。内撑板应裁切四个角，并在中心开一个孔，以使排气导液通道的总面积达到标准推荐的最小值，如图 11-6 所示。开孔和切口面积可根据下面的方法计算。

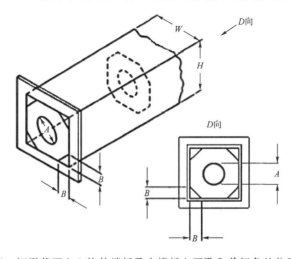

图 11-6　矩形截面空心构件端板及内撑板上开孔和裁切角的位置和尺寸

(1)$H+W\geqslant61$ cm 时，孔和裁切角的总面积（都指横截面积），应该不小于横截面积（$H\times W$）的 25%。

(2)40.6 cm$\leqslant H+W<61$ cm 时，孔和裁切角的总面积，应该不小于横截面积（$H\times W$）的 30%。

(3)20.3 cm$\leqslant H+W<40.6$ cm 时，孔和裁切角的总面积，应该不小于横截面积（$H\times W$）的 40%。

(4)$H+W<20.3$ cm 时，完全开口，不设端板或内撑板。

表 11-3 列出了一些正方形截面空心构件端板及内撑板开孔和切角的经验尺寸。对于非正方形的矩形截面空心构件，端板及内撑板开孔、切口位置和尺寸可与镀锌厂商定。

表 11-3　正方形截面空心构件端板及内撑板开孔和裁切角尺寸

截面尺寸（$H+W$）/cm	孔直径 A/cm	切角直角边长 B/cm
121.9	20.3	15.2
91.4	15.2	12.7
81.3	15.2	10.2
71.1	15.2	7.6
61	12.7	7.6
50.8	10.2	7.6
40.6	10.2	5.1
30.5	7.6	5.1

11-12　如何设计封闭和半封闭热镀锌件上的排气、导液孔？

需热镀锌的储罐和密闭容器的结构设计，应能使清洁液、助镀剂和熔融锌从镀锌位置的底部顺畅进入，使空气上流并从最高点的开口流出，须防止制件浸入溶液及锌液时空气流出受阻或形成气穴，气穴部位无法受到溶液的清洁处理，浸镀后不能形成镀锌层。储罐和密闭容器设置开口，也利于内腔内的助镀剂、锌灰及杂物等浮出内腔并上浮到液面。储罐和密闭容器的设计，还应使镀锌制件提出清洁液、助镀液及锌液时，内外部能完全顺畅排流。所以，排气孔和导液孔的位置和大小很重要。设计者与镀锌厂应进行沟通，并应在制造前审查图纸，在制造之前纠正错误进行更改成本最低。图 11-7 是一储罐排气孔和导液孔设置示例。

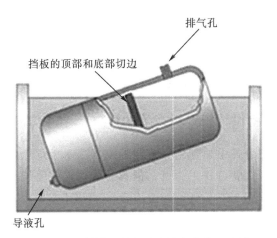

图 11 - 7 储罐的排气孔和导液孔设置示例

储罐和密闭容器的设计制造应遵守下列要求。

(1)当内外表面都要镀锌时,必须提供至少一个导液孔和一个排气孔。

(2)在设计允许的情况下导液孔应尽可能大,使每立方米内腔对应的导液孔直径为 10 cm,但最小允许直径为 5 cm。

(3)储罐内挡板应在顶部和底部裁切出排气导液通道,或开有适当的排气孔和导液孔,以使清洁液、锌液等能自由通畅地流动。

(4)检修孔、观察孔和开口应该和罐的内壁齐平,以防止形成气穴或积锌,如图 11 - 8 所示。

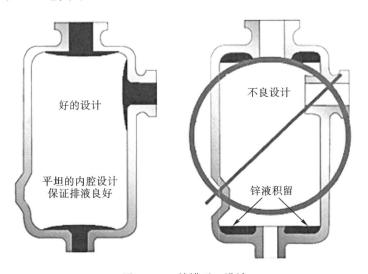

图 11 - 8 储罐开口设计

（5）容器或热交换器等外部表面镀锌的制件，必须有加长的通气管或排气管通到锌液面上方，容器内的空气可经由它们顺利排入大气。但采用这些措施前应咨询镀锌厂，因为这类制件热镀锌时往往需要使用某种特殊的设备或方法，以克服浮力保证制件能顺利浸入清洁液、助镀液及锌液中。

11-13　如何设计管道组合件的排气、导液孔？

封闭的管道组合件中如管内有残留的空气或水分，镀件浸入锌液后会产生破坏性压力。现以管道扶手为例，推荐一些热镀锌管道组件的排气孔、导液孔的设计规范。图 11-9 所示管道组合扶手设计方案中，采用的是全通孔内排气、导液形式。

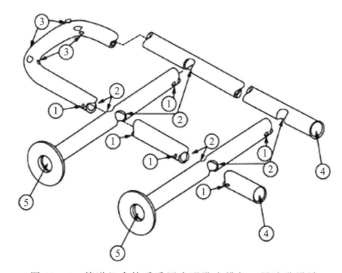

图 11-9　管道组合扶手采用全通孔内排气、导液孔设计

图 11-9 中排气孔、导液孔的位置及尺寸说明如下。

（1）排气、导液孔①必须尽可能靠近焊缝，孔的边缘距焊缝边缘应小于12 mm，并且直径不得小于 9.5 mm。

（2）内排气、导液孔②的直径为管道的内径，这样不但可使排气、导液不受阻，还可以避免积锌。

（3）弯角处或相类似部位的外排气、导液孔③的直径不得小于 12.7 mm。

（4）所有的管末端孔④、⑤应该完全敞开，任何与端部孔④、⑤连接的零部件均应在镀锌后再进行组装。

如果因某种原因不采用全通孔内排气、导液孔设计时，则应在每个交叉口的两侧各设置一个外部排气、导液孔设计方案如图 11-10 所示，有关说明如下。

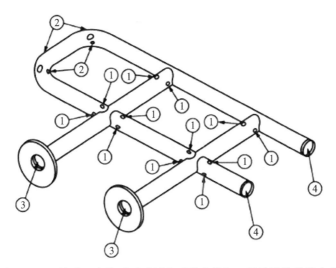

图 11-10　管道组合扶手不采用全通孔内排气、导液孔的设计方案

(1)排气、导液孔①必须尽可能靠近焊缝，其边缘距焊缝边缘的距离应小于 12 mm；每个交叉点处的两个孔应相隔 180°，开孔方位应根据热镀锌的吊装方式确定；孔直径为管道内径的 25%，但不得小于 9.5 mm。

(2)转角或类似部分的排气、导液孔②的直径不得小于 12.7 mm。

(3)所有的管末端孔③、④应该完全敞开，任何与端部孔③、④连接的零部件均应在镀锌后再进行组装。

如果组装管道制件包含多个水平部件，虽然按推荐的经验设计开设了排气、导液孔，但镀锌厂还经常报告这些镀件会在锌液中漂浮。镀件在锌液中漂浮会给操作安全带来麻烦，而且经常会导致镀锌质量差。图 11-11 所示管道组装构件，包含有五个水平部件。为了尽量减小该构件在锌浴中的漂浮程度，排气、导液孔的布局情况如下。

(1)排气、导液孔①必须尽可能靠近焊缝，孔边缘距离焊缝小于 12 mm，且孔直径不小于 9.5 mm。每个交叉点处的两个孔①应相隔 180°，开孔方位应根据热镀锌的吊装方式确定。

(2)在转角处或类似的部分开设直径不小于 12.7 mm 的孔②；但可根据镀锌时的提升方向或为了获得更高的镀锌质量而进行调整选择。

(3)所有管末端孔③应该完全敞开，任何与端部孔③连接的零部件均应在镀锌后再进行组装。

需要注意的是，热镀锌前，应该检查所有排气、导液孔，防止其被遮蔽或堵塞。

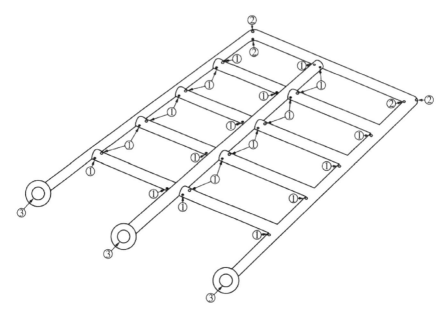

图 11-11　含多个平行组件的扶手中排气、导液孔布局

11-14　如何设计管柱、管道梁、路灯、输电杆等镀锌件上的排气、导液孔?

根据实际经验，管柱、管道梁、路灯、输电杆等镀锌件上排气、导液孔的设置方案如图 11-12 所示。这些镀锌件一端安装有基座板，另一端可能有也可能没有盖板。

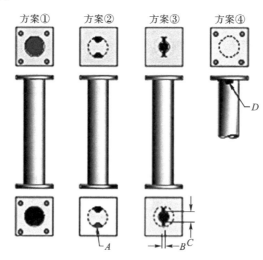

图 11-12　管柱、输电杆等镀锌件的排气、导液孔设置

（1）最理想的是方案①，端部完全敞开，即基座板和盖板上有直径与柱体内径相同的孔。

（2）如果基座板或盖板上不允许按方案①那样开全敞口孔时，可采用方案②、③。

（3）如果基座板或盖板上不允许开孔，则可采用方案④，在管体与基座板或盖板连接处开设两个相隔180°的半圆形孔 D。

方案②、③、④中基座板、盖板或管件上开孔大小：

（1）管体直径大于 7.6 cm，每端的开孔面积不小于管体内孔面积的 30%。

（2）管体直径小于或等于 7.6 cm，每端的开孔面积不小于管体内孔面积的 45%。

例如管体直径为 15.2 cm，则每端开孔面积应不小于管体内孔面积的 30%。最小开口尺寸确定：如采取方案②，则半圆 A 的半径为 4.4 cm；如采取方案③，则插槽 B 的宽度为 1.9 cm，中间孔 C 的直径为 7.6 cm。如采取方案④，则半圆 D 的半径为 4.2 cm。

11-15　如何设计圆管和矩形管桁架上的排气、导液孔？

直径大于等于 7.6 cm 的钢管桁架的排气、导液孔的设计方案，如图 11-13 所示。

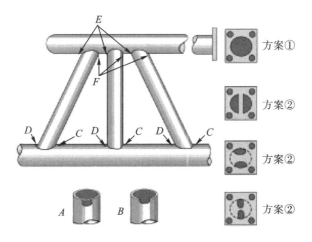

图 11-13　圆管桁架排气、导液孔的设计

垂直管和斜管部件上开排气、导液孔的位置应如图中 A 和 B 所示；在垂直管和斜管的顶部和底部水平面上均相隔180°开两个孔，即 E、F、C、D 箭

头所示位置；孔的尺寸最好相等，任一端的两个孔的面积之和不小于管件横截面积的 30%。

作为排气、导液孔，水平管端板开孔使管口完全开放是最理想的，即开孔直径与管的内径相同，如图中方案①所示。如不允许完全开通，则可采用图中方案②的某一方案，但开孔面积不小于管内横截面积的 30%。

图 11-14 所示是一种矩形管桁架制件，其垂直管和斜管上开设排气、导液孔的位置应如图中 A 和 B 所示。每个垂直管和斜管应在顶部和底部沿水平方向相隔 180°各开两个孔，即图中 C、D、E、F 箭头所示位置；孔的尺寸最好是相等的，任一端的两孔面积之和应不小于矩形管横截面积的 30%。

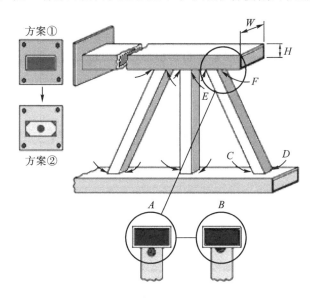

图 11-14　矩形管桁架排气、导液孔的设计

水平管件最理想的情况是使管口能完全敞开，见方案①；如不能使管口完全敞开，则可采用方案②。其开孔总面积应根据矩形管横截面积确定。

(1)如果 $H+W \geqslant 61$ cm，孔和裁切角的面积之和应不小于管横截面积($H \times W$)的 25%。

(2)如果 40.6 cm$\leqslant H+W <$61 cm，孔和裁切角的面积之和应不小于管横截面积的 30%。

(3)如果 20.3 cm$\leqslant H+W <$40.6 cm，孔和裁切角的面积之和应不小于管横截面积的 40%。

(4)如果 $H+W <$20.3 cm，完全开口，即开孔直径等于管口直径。

11-16 如何设计锥形管镀锌件的排气、导液孔?

图 11-15 所示是一种锥形管镀锌件的排气、导液孔推荐设计方案。

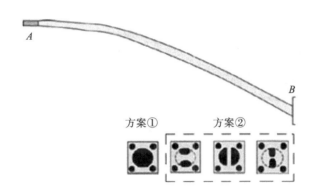

图 11-15 锥形管镀锌件的排气、导液孔设计

锥形管的小端(A)应该完全开口。

锥形管大端 B 完全开口是最理想的方案,即端板上开孔孔径与管大端直径相同,见方案①。也可采用图中方案②中的某种开孔方式。方案②端板上开排气、导液孔的总面积与管大端内径(inside diameter,ID)有关。如果管大端 ID≥7.6 cm,端板上开排气、导液孔总面积不小于锥形管大端内孔面积的 30%;如果管大端 ID<7.6 cm,端板开排气、导液孔总面积不小于锥形管大端内孔面积的 45%。

11.5 热镀锌件重叠面的排气通道

11-17 如何确定热镀锌件重叠面上的排气孔尺寸或焊缝上不焊接区段的长度?

在设计热镀锌件时,要尽量避免如图 11-16 所示的两部件焊接在一起时形成大面积窄缝重叠表面的情况。

在第 9 章问题 9-14 中,已叙述了热镀锌件上如果有比较小的重叠区域,一般会采用将重叠区域边缘全部封焊的方法。但如果较小的重叠区域封焊焊缝存在针孔、未焊透等缺陷,或者制件结构中大重叠面的排气、导液问题没有很好地解决,则镀锌时容易产生漏镀,镀后容易产生铁锈流痕

191

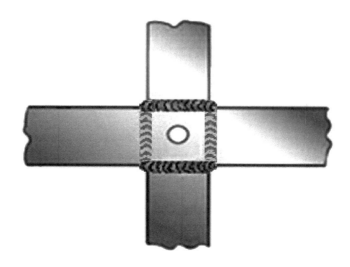

图 11-16　热镀锌件上的重叠表面

等缺陷。

　　如果制件上存在较大的重叠且其边缘采用密封焊接，当制件浸入锌液后被加热到热镀锌温度时，重叠面内夹带的空气和水分会产生破坏性压力。ASTM A385/A385M《提供高质量镀锌层(热镀锌)的实施规程》中指出，较大的重叠面应在其一侧或两侧设置排气孔或重叠面周边留置不焊接区段。

　　排气孔的尺寸或周边不焊接区段长度与板厚和重叠面面积大小有关。表11-4和表11-5分别列出了钢材厚度小于等于12.7 mm、重叠面面积大于等于103 cm² 和钢材厚度大于12.7 mm、重叠面面积大于等于400 cm² 时需要开设的排气孔直径或焊缝留不焊区段的长度。重叠面面积增大，则排气孔直径或不焊接区段长度也增加。

表 11-4　钢材厚度≤12.7 mm 时重叠区面积与排气孔直径或不焊接区段长度的关系

重叠区面积(S)	排气孔直径/cm	不焊接区段长度/cm
S<103 cm²	无	无
103 cm²≤S<413 cm²	1(1 个排气孔)	2.5
413 cm²≤S<2580 cm²	1.27(1 个排气孔)	5.1
2580 cm²≤S<5160 cm²	1.91(1 个排气孔)	10.2
2580 cm² 以上每增加 2580 cm²	增加一个同尺寸排气孔	增加一段同尺寸不焊接区段

表 11-5　钢材厚度＞12.7 mm 时重叠区面积与排气孔直径或不焊接区段长度的关系

重叠区面积（S）	排气孔直径/cm	不焊接区段长度/cm
S＜103 cm²	无	无
103 cm²≤S＜413 cm²	无	无
413 cm²≤S＜2580 cm²	1.27（1 个排气孔）	5.1
2580 cm²≤S＜5160 cm²	1.91（1 个排气孔）	10.2
2580 cm² 以上每增加 2580 cm²	增加一个同尺寸排气孔	增加一段同尺寸不焊接区段

镀锌后重叠面上的排气孔或不焊接区段即可密封；排气孔不强制采用焊接密封的方法，也可采用堵塞密封的方法。不论采用哪种方法，都要能防止水分进入重叠面间隙而导致内部生锈和锈水渗出。

11.6　间隙配合件热镀锌

11-18　间隙配合件热镀锌需注意哪些问题？

需热镀锌的间隙配合件，可以在配合件组装后进行热镀锌，也可将配合件分开热镀锌后再组装。为了保证间隙配合件镀锌后在设计范围内相对活动自如，需采取一些技术措施。

（1）需热镀锌的间隙配合件（例如升降手柄、卸扣、轴），配合件之间的径向间隙（radial clearance）应大于等于 1.6 mm，如图 11-17 所示，以确保镀锌后相对运动自如。

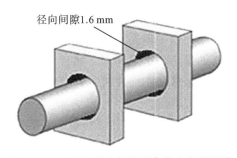

径向间隙1.6 mm

图 11-17　间隙配合件中配合件之间的间隙

（2）铰链的页片应单独热镀锌，镀锌后再用销钉将页片组装起来，销钉与页片销孔之间应该是间隙配合型的。镀锌之前，铰链所有零件的邻近表面之间必须有 0.8 mm 的间隙，以保证形成热镀锌层后配合件之间仍有合理的间隙，如图 11-18 所示。装配前应清除销孔内多余的锌。

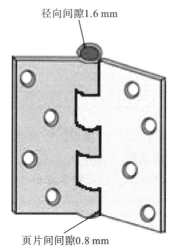

径向间隙1.6 mm

页片间间隙0.8 mm

图 11-18　铰链相邻表面之间的间隙

为了获得较佳的间隙配合性能，几乎所有间隙配合件都是镀锌后组装的。

(3)如果间隙配合件组装后热镀锌，镀锌后出现多余锌液冷却冻结了间隙配合件，则可以重新加热，去除多余的锌而使配合件之间自由运动。尽管再加热可能会导致热镀锌层局部变色，但这种变色不会削弱镀层的防腐蚀性能。

11.7　热镀锌螺纹连接件

11-19　设计制造热镀锌螺纹连接件时要注意哪些问题？

热镀锌螺纹连接件在工程中得到了广泛使用。普通尺寸的镀锌螺母、螺栓和螺钉很容易从商业供应商那里采购到。热镀锌螺纹连接件镀层厚度一般为 $45 \sim 90\ \mu m$。在设计制造螺纹连接件时，要考虑到镀层会使制件尺寸发生改变，故以下经验原则应该遵循。

(1)推荐采用低碳和低硅棒材制作热镀锌螺纹连接件，高碳和高硅钢会导致镀层厚而粗糙。

(2)加工制造螺纹连接件时应使用锋利的加工工具，以尽量降低制件的粗糙程度和防止螺纹表面撕裂。加工刀具磨损还可能增加螺栓直径或减小内螺纹内径。

(3)热镦头或热弯曲后需要在加工螺纹之前清理表面氧化皮，以免酸洗时为了清除螺纹件残留氧化皮而导致螺纹过度酸洗。

(4)螺栓螺纹加工成标准尺寸，热镀锌形成镀层会使螺栓螺纹尺寸增加，与之配合的标准螺纹尺寸的螺母则需在镀锌后再攻丝。建议螺母以带预制孔的半成品形式热镀锌，镀锌后加工出螺纹，这样可以避免二次攻丝增加成本和出现乱牙的情况。螺母上预制孔尺寸要小一些，以便在加工螺纹时去除镀层。如果加工螺纹时未能将孔中镀层完全去除，则在安装和使用时，螺纹上相对较软的镀层部分可能会损坏。在预制孔上加工出的内螺纹虽不再具有镀层，但与其配合的外螺纹上的镀层仍能对紧密配合的内外螺纹起到防腐蚀保护作用。

(5)对于螺纹直径大于 3.8 cm 的螺纹连接件，如果设计强度允许，更实用的做法是镀锌前加工外螺纹时将外径减小 0.8 mm，而未镀锌螺母采用标准尺寸的螺纹。

(6)与镀锌螺纹件配合的光孔，设计时必须考虑到热镀锌使螺栓直径增加的情况，通常采用扩大光孔尺寸的方法，使其适应螺栓镀锌后外径增大的情况。

11-20 如何调整内螺纹尺寸以适应外螺纹热镀锌后尺寸增加的情况？

普通螺纹的公称直径是指内螺纹和外螺纹的大径；螺纹中径是通过螺纹轴向截面内牙型上的沟槽和凸起宽度相等处的假想圆柱的直径；螺纹小径则是螺纹最靠近轴心处的直径，如图 11-19 所示。

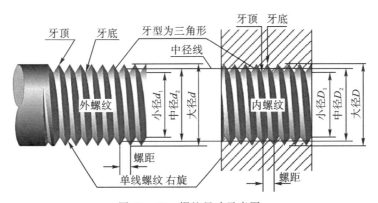

图 11-19 螺纹尺寸示意图

标准尺寸的螺栓外螺纹热镀锌后直径增大，与之相配的螺母内螺纹直径必须作相应修整，可在镀锌后进行再攻丝来实现。依据标准 ASTM A563/A563M《碳钢和合金钢螺母（英制和公制）的标准规范》，对符合标准 ASTM

F2329/F2329M《对碳钢、合金钢螺栓、螺钉、螺母、垫片和螺纹紧固件的热镀锌层要求》的不同规格的热镀锌螺母，螺母的扩径量和扩孔后的中径尺寸如表 11-6 所示。由标准螺母中径尺寸可以计算得到，螺纹按表中中径扩大量扩攻后，螺纹中径即为表中最小中径。当然，螺母螺纹大径和小径也扩大了与中径相同的扩径量。如买方有特定要求时，则可根据具体的装配要求进行扩孔。

标准 ASTM A563 中指出，采用标准 ASTM F2329 以外的热镀锌螺母，例如采用标准 ASTM A153 中的热镀锌螺母，则螺母内螺纹中径扩大量不得超过表 11-6 规定的值。

表 11-6　螺母扩径量和扩孔后的中径尺寸(参照标准 ASTM A563)

螺母规格	中径扩大量*/μm	最小螺纹中径/mm	最大螺纹中径/mm
M12×1.75	365	11.228	11.428
M16×2	420	15.121	15.333
M20×2.5	530	18.906	19.130
M22×2.5	530	20.906	21.130
M24×3	640	22.691	22.956
M27×3	640	25.691	25.956
M30×3.5	750	28.477	28.757
M36×4	860	34.262	34.562

注:*这些扩大量也适用于内螺纹的大径和小径；M12×1.75 中数字 12 为公称直径 12 mm，1.75 为螺距 1.75 mm。

11-21　如何确定与热镀锌螺栓装配的光孔尺寸?

工程中螺栓与光孔的装配关系如图 11-20 所示。决定制件上与热镀锌螺栓有装配关系的光孔尺寸时，应考虑到螺栓热镀锌后直径增大的问题，以避免装配时出现问题。典型的螺栓热镀锌层厚度为 45～90 μm。

图 11-20　螺栓与光孔配合连接接头

表 11-7 列出了未热镀锌螺栓和热镀锌螺栓相配合的光孔直径。

表 11-7　螺栓公称直径、标准光孔直径及与热镀锌螺栓配合的最小、最大光孔直径

螺栓公称直径 (d_b)/mm	标准光孔直径 /mm	与热镀锌螺栓配合的 最小光孔直径/mm	与热镀锌螺栓配合的 最大光孔直径/mm
$d_b \leqslant 12.7$	$d_b + 1.6$	$d_b + 3.2$	$d_b + 3.2$
6.4	8.0	9.6	9.6
12.7	14.3	15.9	15.9
$12.7 < d_b < 25.4$	$d_b + 1.6$	$d_b + 3.2$	$d_b + 4.8$
15.9	17.5	19.1	20.7
19.1	20.7	22.3	23.9
22.2	23.8	25.4	27
$25.4 \leqslant d_b < 28.6$	$d_b + 3.2$	$d_b + 3.2$	$d_b + 6.4$
25.4	28.6	28.6	31.8
$d_b \geqslant 28.6$	$d_b + 3.2$	$d_b + 3.2$	$d_b + 7.9$
28.6	31.8	31.8	36.5

设计与热镀锌螺栓配合的光孔时，接头的功能类型对决定光孔尺寸有重要影响。AISC 的《钢结构手册》对不同功能类型的接头中的热镀锌螺栓和光孔之间的配合尺寸作了规定。

承压型连接中光孔应为标准尺寸光孔，不得采用扩大孔。对于公称直径小于 25.4 mm 的热镀锌螺栓，如果由于镀层厚度偏厚而与光孔装配出现问题，可以通过铰削使光孔直径适度扩大，从而与热镀锌螺栓顺利装配。

抗滑移型连接中的螺栓公称直径小于 25.4 mm 时，为适应螺栓热镀锌后的直径增加，光孔扩孔后的直径应比螺栓公称直径大 3.2 mm。从表 11-7 可以看出，抗滑移连接中如果螺栓公称直径大于等于 25.4 mm，与之装配的光孔采用标准尺寸即可，因为标准光孔的尺寸已经比螺栓公称直径大 3.2 mm，两者之间的间隙孔足以适应螺栓热镀锌后直径的增加。

如果出于装配时光孔便于对准的考虑，光孔可采取表 11-7 中的最大光孔尺寸。

采用最大光孔尺寸时，设计人员必须评估连接面积减小而引起防滑能力降低的情况，以确保连接件之间不会发生滑移。根据相关规范要求，采用最大光孔连接时如设计防滑能力降低 15%，需在连接接头设计中增添螺栓连接。在某些特殊构件连接接头设计中，例如桥梁的螺栓连接接头，可能不允

许使用最大光孔尺寸。

11.8 制件不镀锌区域的遮蔽

11-22 哪些材料可用来遮蔽制件不镀锌的表面？使用遮蔽材料有什么附带问题？

有时出于某种目的，热镀锌制件上某些区域不希望形成热镀锌层，例如镀后进行焊接的区域，或需要较高摩擦系数的结合面，镀锌前需要对这些区域进行遮蔽。有些遮蔽材料虽然能起到很好的遮蔽效果，留下不镀锌的区域，但可能给镀后的清理工作带来麻烦和额外的工作量。在很多情况下，采用镀锌后打磨掉镀层的方法可能比使用遮蔽材料更可行。

有很多材料可用于遮蔽制件不镀锌区域，选用遮蔽材料，请咨询镀锌厂。遮蔽材料有四类：①树脂基耐高温涂料；②耐高温油脂和螺纹脂；③水性膏剂和涂料配制物；④耐酸耐高温胶带。

高温涂料适用于遮蔽不需要镀锌层的平面，镀锌后可通过打磨或刷洗去除遮蔽残留物。耐受镀锌工艺条件的高温油脂和膏剂通常用于内螺纹或光孔，膏剂用少量水润湿后，压入螺孔或光孔，务必注意不要让空气滞留在这些孔中。镀锌时膏体被加热而硬化，从而阻止锌液进入孔内；镀件镀锌后需要清除残留物。胶带则一般用于圆柱形部件，例如螺栓或销钉；胶带在镀锌液中加热碳化，碳化的残留物阻止形成镀层；镀件镀锌后，必须用硬毛刷清除残留物。使用填充螺栓或销钉是防止内螺孔或光孔形成镀层的另一种遮蔽方法，螺栓或销钉安装入孔前应涂上油脂，镀件镀锌后取出，有时可能需要加热才能取出螺栓或销钉，因为螺栓或销钉暴露部分周边锌液凝固可能会将螺栓或销钉固定。

专用防止镀锌的遮蔽产品有：Stop Galv、Maskote Zinc Stop-Off、Galva Stop；还有一些非专用产品：GE 100% Silicone Caulk、DAP Household Adhesive Sealant、NAPA RTV Red。非专用产品价格便宜，但有时遮蔽效果不佳。

镀锌制件采用遮蔽材料后，镀锌时会产生烟雾。这种烟雾排放可能会带来环保方面的问题，也可能对身体健康存在潜在危险。大量使用这种遮蔽材料，问题将更加突出。

美国热镀锌协会（AGA）结合《职业安全和健康条例》（*Ocupational safety*

and health act)中容许暴露限值(permissible exposure limits，PELs)和短期暴露限值(short‐term exposure limits，STELs)，调查研究了遮蔽材料在热镀锌时产生的烟雾含量，编写了《遮蔽材料‐安全数据表》(*Masking Materials ‐ Safety Data Sheets*)，从中可知，AGA 所研究的遮蔽材料，没有一种能耐批量热镀锌温度，浸入锌液后都会产生烟雾。实践表明，高温胶带和涂料比填缝剂或凝胶材料更容易产生烟雾。

查看《遮蔽材料‐安全数据表》可帮助镀锌厂了解烟雾中释放出的化学物质，便于决定是否需要选择使用个人防护设备(personal protective equipment，PPE)进行预防。

《遮蔽材料‐安全数据表》包含环境、健康和安全方面的要求，当然还包括遮蔽材料安全性的数据。选择用于镀锌件上的遮蔽材料，务必依据《遮蔽材料‐安全数据表》和听取遮蔽材料制造商的建议。

为了减小使用遮蔽材料产生的烟雾浓度，可以将有遮蔽材料的制件分开时段或批次进行热镀锌。在限制出现可见烟雾的地方，可在不遮蔽的情况下热镀锌，镀锌之后打磨去除指定区域的镀层。

11.9　镀锌制件上的标识

11‐23　热镀锌前如何在制件上制作标识?

热镀锌前，应仔细在制件上准备标识，制件上的标识有利于工序间有序周转，可避免制件混乱或丢失。标识分为永久性标识和临时标识。标识不应影响镀锌质量，破坏镀层的完整性。制件上化学清洁不能去除的标识，例如油漆、油脂和油基标识，必须用其他方法清除干净，否则会导致标识区域漏镀。因此，常建议采用其他的形式或材料进行标识。

临时标识最常见的形式是可拆卸标识，有条形码标识、钢印标识和模板标识。可拆卸标签可以一直缚系在制件上，镀锌件被运送到工作现场后，就可以将其拆除。这种标签通常是首选的。

另一种日益流行的临时识别方法是使用水溶性涂料进行标识。这些标识在镀锌厂的化学清洗过程中可被溶解去除。如果要求镀件交付到工作现场时仍要有标识，这种临时标记方法将不被推荐。

制件上的永久性标识，通常可采用打钢印、焊接、模压薄板三种方法进行制作。这三种方法制作的永久性标识，在制件热镀锌后及工作现场仍清晰可辨，如图 11‐21 所示。

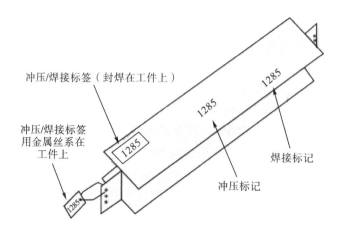

图 11-21　热镀锌件上的识别标记

　　用钢印在制件打出永久性标识，最好选择靠近制件中心的某个位置。钢印标识深度至少为 0.8 mm，宽度至少为 13 mm。该方法不应该用来标识有断裂危险的制件。

　　连续焊道或一连串的焊珠可以直接在制件上形成标识字母或数字。为了获得高质量的镀层，制作标识后必须清除所有残留焊剂、焊渣、焊接飞溅。

　　还有一种制作标识的方法是用模压铁片标识。铁片厚度最小为 2.7 mm，可用钢丝系于工件上。钢丝最细为 9 ♯，即直径不小于 3.8 mm。标签应该宽松地系于工件上，钢丝不妨碍镀件上形成正常的镀层，并且在镀件提出锌液后不会被多余锌液凝固在镀件上。根据需要，模压铁片标识可以直接密封焊接在制件上。

　　为了降低成本和减少周转时间，去除化学清洗液无法去除的标识所需进行的喷砂清理应在制造厂完成。

>>> 第12章　制件热镀锌后的处理和加工

12.1　制件热镀锌后的处理

12-1　制件热镀锌后的处理包括哪些方面？传统铬酸盐钝化工艺应用情况怎样？

制件热镀锌后需要进行一些处理。第7章问题7-1和第10章所介绍的检查热镀锌层质量并进行必要的修复、清理，是镀件后处理的重要内容。一般情况下，镀锌后镀锌件的排气、导液孔是敞开的，但有时有必要将这些孔在镀件投入使用前堵塞。例如钢管组合扶手上的排气、导液孔，会妨碍或影响预期用途，潮气、昆虫、垃圾等会从孔口进入，特别是可能对孩子造成安全隐患，需要将这些孔口堵塞。可以直接用锌或铝塞等堵住这些孔。如果使用除锌或铝以外的金属填塞材料，可能会加速孔口局部区域的腐蚀。可咨询镀锌厂和相关技术人员，以确定选用最适合的填塞材料。

常见的后处理是镀件从锌液提出后水冷或钝化。水冷可提高镀锌件的光亮度，钝化可减小形成白锈的可能性。镀件是否需要钝化处理，很大程度上取决于镀锌件的使用情况、堆叠方式及储存和装运条件。常用钝化方法有铬酸盐钝化和磷酸盐溶液钝化。磷酸盐溶液钝化处理在防止白锈方面一般要比铬酸盐钝化处理的效果差些。但是，如果镀件随后还要进行涂装，铬酸盐钝化处理可能会降低涂层的附着力，这时就应采用磷酸盐溶液钝化处理而不用铬酸盐钝化处理。

镀锌钢筋铬酸盐钝化可阻碍钢筋镀层与硅酸盐水泥浆之间发生反应，提高钢筋混凝土的整体强度（见第13章问题13-6）。

目前，国内热镀锌企业大多用铬酸盐溶液进行钝化处理。铬酸盐钝化处理，是将镀锌件浸入含有六价铬的钝化液中，从而在镀层表面形成钝化膜的一种工艺。传统铬酸盐钝化工艺技术成熟、操作较简单、成本低，得到的钝化膜外观较为美观、耐蚀性能高，并具有一定自我修复能力。

浸锌后的镀件随即浸入温度为 $30 \sim 60$ ℃的以铬酐(CrO_3)或重铬酸钠作为主盐配制而成的溶液中。根据钝化液中铬酸的含量，可将铬酸盐钝化液分为高铬钝化液(CrO_3浓度大于 200 g/L)、中铬钝化液(CrO_3浓度为 $10 \sim 20$ g/L)、低铬钝化液(CrO_3浓度为 $3.5 \sim 5.0$ g/L)、超低铬钝化液(CrO_3浓度小于 2 g/L)。各种浓度的铬酸盐钝化液在工业中都有所应用，目前国内热镀锌行业中普遍应用的是超低铬钝化液。

钝化液中铬离子含量可以由工厂化验室化验得知，而热镀锌操作人员感兴趣的是钝化液中铬酸盐或铬酐的含量，这对他们调整钝化液成分有很大帮助。如何将钝化液中的铬离子含量转换为铬酸盐含量？

(1)如果使用重铬酸钠($Na_2Cr_2O_7 \cdot 2H_2O$)：

钝化液中重铬酸钠含量＝钝化液中铬离子含量÷34.9％

34.9％是重铬酸钠中的铬含量。

(2)如果使用铬酐(CrO_3)：

钝化液中铬酐含量＝钝化液中铬离子含量÷52％

52％是铬酐中的铬含量。

铬酸盐钝化效果对钝化时间很敏感，若钝化时间过长所形成的膜层附着力下降。低铬钝化工艺的钝化时间一般 $30 \sim 40$ s，超低铬钝化时间不宜超过 60 s。

由于钝化处理后铬酸盐膜层中的水分较多，因此镀件在铬酸盐钝化后通常要进行干燥处理。干燥处理有助于加速成膜，提高膜层的硬度、结合力和耐蚀性。但是，干燥温度不宜太高，一般不超过 60 ℃，否则膜层很容易出现裂纹，降低耐蚀性。膜层出现裂纹的原因是膜层水分较快蒸发，膜层干燥固化收缩导致裂纹产生。在工业生产中，为了节省生产成本，很多企业选择利用钝化处理后镀件的余热进行自然干燥。在钝化膜的试验研究中，通常也要求试样在自然干燥的情况下，放置 24 h 以上再进行相关性能测试，否则测试结果误差较大。

12-2 钝化膜的形成机理是什么？研发钝化工艺有什么新动向？

铬酸盐钝化过程中，钝化液与镀件接触界面附近发生了一系列化学反应生成钝化膜。钝化膜组分和结构比较复杂，可简略表示为 $xCr_2O_3 \cdot yCrO_3 \cdot xH_2O$，其中水以结晶水的形式存在。

六价铬钝化膜的形成有三个过程，即溶锌过程、成膜过程及溶膜过程。

(1)溶锌过程。镀锌件浸入铬酸盐钝化液后，锌层表面发生氧化还原反应：六价铬离子与氢离子共同作用，使得锌溶解。

①六价铬在酸性溶液中主要以 $Cr_2O_7^{2-}$ 形式存在，六价铬还原为三价铬，锌被氧化：

$$3Zn + Cr_2O_7^{2-} + 14H^+ \rightarrow 3Zn^{2+} + 2Cr^{3+} + 7H_2O$$

②氢析出，伴随着金属界面 pH 值上升：

$$Zn + 2H^+ \rightarrow Zn^{2+} + H_2 \uparrow$$

(2)成膜过程。锌层表面的锌溶解，使得界面附近钝化液中氢离子浓度下降，pH 值上升，钝化液中的 Zn^{2+}、Cr^{3+} 便与 OH^- 等发生反应，形成了含碱式铬酸铬、碱式铬酸锌、氢氧化铬和其他金属氧化物的胶体膜。

三价铬化合物不溶于水，强度高，构成了钝化膜的骨架，而六价铬靠吸附、化学键力填充于三价铬化合物的骨架之中。

(3) 溶膜过程。钝化膜形成过程是一个成膜与溶膜的动态平衡过程，可以对钝化时间进行优选，从而得到满意的钝化膜厚度和外观。在钝化成膜的初始阶段，膜的形成和溶解同时进行，成膜速度大于溶解速度。经过一定时间后，膜的形成和溶解速度达到平衡，膜不再增厚。随着钝化时间的进一步延长，钝化膜的溶解速度会大于膜的形成速度。

六价铬钝化膜具有"自愈性"。当钝化膜受到损伤时，在有一定湿度的空气中，六价铬化合物溶于水，能继续与锌层发生氧化还原反应，再次形成钝化膜。这也是六价铬钝化效果好的主要原因。

虽然用六价铬钝化得到的钝化膜耐蚀性能很好，但是六价铬是剧毒和致癌物，对人体和环境都有重大危害，各国都陆续出台了相关政策以限制六价铬的使用和排放。各国的研究人员早已开始寻找替代六价铬的新型钝化液，开发出了无铬钝化、三价铬钝化等配方和工艺。

三价铬毒性低，其毒性仅为六价铬的 1% 左右。三价铬产生钝化膜的钝化机理类似于六价铬钝化，只是不包括六价铬还原成三价铬这一步骤。膜层中不含六价铬，膜的致密度不够，所以三价铬钝化液中需要加添加剂来提高三价铬钝化膜的耐蚀性。由于三价铬钝化膜不具有自愈能力，一旦受到破损，腐蚀很快就会发生。如果采用封闭剂或后处理涂层等保护措施，即可弥补这一缺陷。三价铬钝化工艺在实际生产中已得到应用，但由于三价铬在空气中尤其在氧化环境下易氧化成六价铬，对环境和人体仍有较大的危害。国内外技术人员正在不断加强无毒、高性能、低成本的无铬钝化工艺的研发。无机钝化、有机钝化及有机-无机复合钝化是研究的热点，目前看来有机-无机复合无铬钝化工艺最有可能取代铬酸盐钝化工艺。

12-3 如何确定热镀锌层表面是否存在钝化膜?

镀锌件表面的钝化膜对热镀锌层有很好的保护作用,但会影响热镀锌层表面涂漆层或粉末涂层的附着性。为保证涂敷工作顺利进行和涂层的使用性能,需要确认镀层表面是否存在钝化膜。镀层表面是否存在钝化膜,很难目测判断,一般需要通过测试来确定。测试工作可按照标准 ASTM B201《锌和镉表面铬酸盐涂层测试的标准实施规程》进行。

(1)表面状况。试验镀层表面不得有油、水、溶剂型聚合物及蜡等污渍。

(2)测试溶液制备。将 50 g 三水醋酸铅[$Pb(C_2H_3O_2)_2 \cdot 3H_2O$]溶解在 1 L 蒸馏水或去离子水中制成测试溶液,溶液的 pH 值应在 5.5～6.8 范围内。制备溶液初始过程中如出现白色沉淀,可以通过添加少量乙酸来溶解,条件是 pH 值不能降至 5.5 以下;如此后仍有白色沉淀物形成,则该溶液不能再用作测试溶液,应该废弃。

(3)测试方法。在测试镀层表面滴一滴醋酸铅测试溶液,让液滴在表面停留 5 s,然后小心吸干测试溶液,注意不要干扰任何可能形成的沉积物。测试液与锌金属接触发生反应会导致深色着色,所以,如出现深色沉积物或黑色污渍则表明没有钝化膜覆盖。

该测试方法对判断镀层上是否存在六价铬酸盐钝化处理生成的钝化膜是明确可靠的。从上述测试原理可知,该测试方法也可用来测试判断镀锌层上是否存在三价铬钝化膜或无铬钝化膜等其他膜层。

12-4 铬酸盐钝化膜为什么会有不同的颜色?

镀锌件铬酸盐钝化处理后,可能会因铬酸盐钝化膜层的颜色而改变外观色泽。铬酸盐钝化膜层通常是透明的,但钝化膜足够厚时,在镀层表面其颜色则完全可见。钝化膜层的颜色可呈现为彩虹黄色、黄铜色、棕色、橄榄色和黑色,之所以会出现不同的颜色,可以归因于钝化膜层中所含铬酸锌、铬酸铁或其他溶解的矿物质有差异。钝化膜改变镀锌件外观只是表面现象,镀层自身并没有改变颜色,镀层防腐蚀保护性能没有受到影响。铬酸盐钝化膜层的厚度和性能也可能会受钝化液温度、钝化时间和钝化液的 pH 值的影响,生产中应关注这些参数并适时进行调整。

可溶性铬酸盐钝化膜层在大约 6 个月的自然风化过程中溶解去除后,钝化膜层产生的颜色也随之消失,镀层表面将呈现出自然亚光灰色外观。

有时出于某种需要,要求从镀锌件表面去除钝化膜。ASTM D7803《热镀锌钢铁产品和五金器具表面粉末涂装预处理操作规程》和 ASTM D6386《热镀锌钢铁产品和五金器具表面漆涂装预处理操作规程》介绍了去除铬酸盐钝化膜所使用的机械方法。同时提醒去除铬酸盐钝化膜时应小心谨慎，以免损伤镀锌层。

12-5　有哪些技术方法可以改变热镀锌钢表面色彩？

有越来越多的客户不只是要求热镀锌件获得合格的镀层以提供持久的防腐蚀保护，还希望镀件有理想外观色泽。采用所谓的双涂层系统，即在热镀锌层表面进行涂漆或粉末涂装以获得特定颜色，是多数客户可以接受的方案。现在，技术人员在不断探索其他替代方案，例如将镀锌件浸入某种溶液或在镀层表面喷涂某种着色剂，但不会对镀层防腐性能产生负面影响，从而满足客户在不涂装的情况下改变镀件表面颜色的期望。彩色镀锌的工艺则使制件镀层表面直接呈现某种色彩，在技术人员的努力下也取得了不少成果和实际应用。

BRUGALCOLOR® 是一种彩色钝化技术，可形成多种持久的半透明颜色，如图 12-1（彩图见书后插页）所示，该技术在保持镀层初始外观（如锌花、斑纹等）的同时可获得特定颜色，深受一些用户的欢迎。

图 12-1　彩色钝化膜的半透明颜色

用户应该知道，批量热镀锌钢的初始外观可能因若干因素影响而不同；有些因素是镀锌厂和规范制定者可控制的，有些则不在他们能控制的范围内。例如，镀层表面产生锌花的热镀锌工艺应用已久，但并不是任何镀件都能获得这样特定的外观。

据报道，利用所谓的黑色氧化物转化膜层技术，在镀层表面产生一种氧化产物，可使镀层表面呈现从浅黑到深黑不等的颜色。

有时客户要求镀锌件的色泽能融入自然景观的色调中。Natina® Steel Solution 提供了一种颜色处理方法，能使镀层表面发生反应而形成斑驳、质朴的棕色饰面。

将不同的溶剂染料混合实现精确调色，涂敷在镀层表面可获得多种颜色。溶剂染料着色后可以涂上一层透明涂料以延长保色时间，但最终会随着长时间暴露或紫外光照射而褪色。这种涂敷溶剂染料的工艺一般仅适用于艺术品和小型零件，不适合大规模工业生产应用。

12.2 制件热镀锌后的加工

12-6 制件热镀锌后的焊接需要注意哪些问题？

制件镀锌前后进行焊接加工是常见的。镀锌前后进行焊接均需要获得良好的焊缝性能，并最后获得符合要求的防腐蚀保护层，同时需关注焊接过程中的安全与健康问题。

镀锌件上焊缝的拉伸、弯曲及冲击等性能应与制件材料未镀锌时的焊缝性能相当。焊接填充材料成分应与母材成分相同或相近。焊接组合构件，原则上要求在热镀锌前完成组装焊接。如果镀锌后焊接组装，焊缝区域有镀锌层，会使焊接工艺性能变差，焊缝的力学性能也得不到保证，还容易产生气孔、夹杂等缺陷；焊接时产生的烟雾和粉尘也较多。

如制件对于锌锅来说太大时，可以分成几个单独的部件制造，这些单独的部件分别进行热镀锌，最后各个部件之间采用螺栓连接，每个部件上的镀层都不会受到损害，整体构件能得到最好的防腐蚀保护。但是，许多情况下，采用拆分制造和热镀锌后用螺栓连接的方案在设计或结构方面是不可行的；有些组合镀锌构件必须在现场进行焊接组拼，进行镀锌件焊接就是不可避免的了。

美国焊接协会的标准 AWS D19.0《焊接镀锌钢》中要求：焊接有镀层的钢，为防止焊缝中有锌夹杂导致强度降低，在焊接前应将焊缝中线两侧焊缝区域内的镀层去除。去除镀层，打磨是首选也是最常见的方法。

如果采用特殊的焊接工艺，也可以在不去除焊缝区域镀层的情况下进行焊接，焊接时烧掉熔池前方的镀层或将熔化的锌从焊接区域清出去而得到合格的焊缝。

镀锌件焊接后所有焊缝上镀层已不复存在，焊缝附近的镀层也遭到了损坏，必须修复好焊缝区域的防腐蚀保护层。修复工作应按标准 ASTM A780 要求进行，可采用富锌漆或类似的许可产品进行修复，富锌漆膜的厚度应达到标准要求。

12–7　制件热镀锌后焊接可采用哪些焊接方法?

可以根据镀锌件材料规格、尺寸及焊接位置等因素,在不去除镀层的情况下选择以下焊接方法焊接镀锌钢件。

1. 熔化极气体保护电弧焊

熔化极气体保护电弧焊(GMAW)或熔化极惰性气体保护电弧焊(MIG),见图 12–2。GMAW 焊采用的保护气体为 CO_2 或 Ar–CO_2 混合气;MIG 焊的保护气体一般为 Ar。二者通常为半自动焊接方法。GMAW 焊和 MIG 焊特别适用于焊接厚度小于 13 mm 较薄的材料。焊接有镀层的母材时,GMAW 的焊接速度一般较慢,这样可以有足够的时间使镀层在焊接熔池的前端烧掉。增大焊接电流也是烧掉较厚的镀锌层的一种手段。

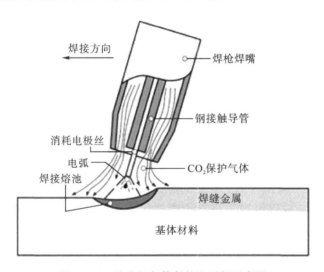

图 12–2　熔化极气体保护电弧焊示意图

焊接有镀层的工件时,焊缝熔深会减小。进行对接焊接时,必须采用更大的对接间隙。CO_2 气体保护焊会产生比较多的飞溅,焊接有较厚镀层的工件时更容易产生飞溅。飞溅颗粒会黏附在镀件表面,使其外观不美观,增加了清理工作量。焊接前在焊缝区附近涂抹硅基、石油基或石墨基等化合物可以减少飞溅黏附,使飞溅颗粒在焊接后容易被刷除。进行 GMAW 焊接时,降低焊接速度及采用 Ar–CO_2 混合保护气体可以使焊接电弧更稳定,形成的焊缝更平滑,同时可减少飞溅和焊缝附近镀层的损坏。

2. 焊条电弧焊

焊条电弧焊(SMAW)是最常见的电弧焊方法,如图 12–3 所示。SMAW

焊使用药皮焊条，焊条的长度范围为 23～ 46 cm，直径范围为 1.6～8.0 mm。

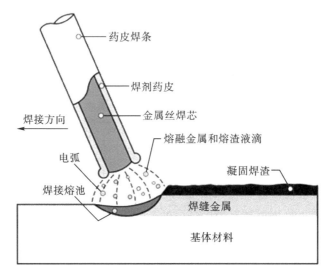

图 12-3 焊条电弧焊示意图

与熔化极气体保护电弧焊的情况一样，焊接有镀层的母材，焊缝熔深会减少，所以，母材之间的对接缝隙根部的开口尺寸需比无镀层母材之间对接缝隙根部的开口大。增加焊接时焊条与母材之间夹角及降低焊接速度和焊接时焊条沿接缝前后摆动，都有利于增加熔深和获得良好的焊接质量。

SMAW 也会增加飞溅。较慢的焊接速度可减少飞溅；通常，不需要使用防飞溅化合物。较慢的焊接速度也能使熔池前更多的镀层烧掉；同 GMAW 一样，通常无须特意增加焊接电流来烧掉更多的镀层。

总之，SMAW 焊接有镀层的工件时应注意如下一些细节。

(1)焊接速度应比焊接无镀层工件时慢，并有前后摆动动作，即焊条稍前移至焊池前，然后后移至熔池中。这样操作的目的在于焊缝推进时，能将熔池前端的镀层都烧掉，同时增加熔深。但摆动搅动了熔池，带动了熔渣流动并增加了飞溅。

(2)应该避免多道焊，以避免输入过多热量损坏焊道附近的镀层。

(3)建议所有位置采用短弧焊接，以便更好地控制焊接熔池，防止熔深不一致或咬边。

(4)对接接头母材之间的对接缝隙应适当增大。

3. 氧乙炔焊、电阻焊和摩擦焊

(1)氧乙炔焊。焊接镀锌件的准备工作与焊接裸钢的准备工作相似。焊接过程应控制好热量输入，以防过多的热量输入导致更大区域内的镀层受到损坏。不应通过火焰加热重熔焊缝金属来改善焊缝外观，否则会导致更多镀层损坏。

(2)电阻焊。电阻焊通常只能用于焊接基底钢厚度小于 6.35 mm、镀层重量小于 305 g/m^2 的镀锌材料，但也已有成功焊接镀层厚达 460 g/m^2 的镀锌件的实例，只是电阻焊电极寿命要比焊接镀层较薄的镀件短得多。焊接较厚镀层的镀锌材料，必须频繁地更换或修整磨损的电极。电阻焊焊接镀锌薄板材料，无需事先去除镀锌层，且对镀锌层的损伤很小。

(3)摩擦焊。如果试图采用摩擦焊将平头螺柱焊接到镀锌板上，不论平头螺柱表面有无镀层，都不能成功。因为平板上的镀层是一个低摩擦系数接触面，摩擦焊接热量不足。采用尖头螺柱可解决螺柱与镀锌平板摩擦焊的问题，螺柱尖角为 120°角时效果最佳。螺柱尖头上如有镀层则会增加焊接所需的时间。

12-8 焊接镀锌材料时应如何加强对焊工的安全防护?

焊接有镀层的工件会产生较大量的烟雾和气体，烟雾中可能含有锌、铁、铅等元素和其他潜在有毒物质；烟雾的成分和数量通常取决于基材和焊接材料的成分，以及焊接方法和焊接工艺参数。量化焊接烟雾对人员健康的影响是有差异的，这是因为，即使焊接方法和焊接工艺参数一样，而工作条件却千差万别。例如，使用覆盖颈前部头盔比敞开颈部头盔接触的烟雾少。焊工的操作姿势会极大地影响人体暴露在烟雾中的情况，工作时头部置于烟流中的焊工所接触的烟雾浓度要比头部避开烟流的焊工高得多。

过度吸入锌尘或氧化锌会导致锌中毒，几个小时后便开始出现症状。锌中毒症状有口中有甜味、喉咙干燥、疲劳、恶心、呕吐、发冷或发烧，发烧很少超过 38.9 ℃。脱离污染现场 24～48 h 后一般可以完全恢复。虽然还没有证据证明，反复暴露在含中等浓度氧化锌的空气中会造成永久有害，但是应避免焊工和操作员在烟雾浓度高到足以令人不适的环境下工作。

为避免过量接触甚至吸入铅或锌元素构成潜在的健康危害，美国焊接协会(AWS)和美国国家标准学会(American National Standards Institute，ANSI)制定的标准 ANSI Z-49.1《焊接、切割和相关工艺的安全》中叙述了焊接环境中有关人员的安全和健康问题，提出保护、通风、防火等具体预防措施和做法，值得遵循和借鉴。

良好的通风可以最大限度地减少操作人员吸入的烟雾量。改善工作环境有不同的途径，可以利用风机向作业场地输入新鲜空气以稀释被污染空气中的污染物浓度；为在较密闭区域（如储罐等）操作的工人提供正压空气，用风扇或鼓风机送至操作位置；可以在作业场地焊接工位设置固定抽风罩，在烟雾抵达焊工呼吸区之前将其抽走；可安装空气滤清器，将烟雾收集并过滤掉污染物颗粒，进行空气再循环。如果不能提供通风良好的焊接环境，暴露在烟雾中的人员应尽可能配备软管面罩或空气呼吸器。

12-9 制件热镀锌后进行弯曲变形时应注意哪些问题？

由于装配关系或实际空间位置限制等原因，有时需要对热镀锌后的工件进行弯曲变形。但弯曲时弯曲处可能会出现镀层开裂或龟裂现象。为了避免弯曲时镀层开裂，保护镀层的完整性，制件镀锌后进行弯曲时应遵循以下指南。

（1）弯曲直径应尽可能大，不要使弯曲部分变形量达到极限程度。

（2）最好在镀锌件有一定温度的情况下进行弯曲，如果可能，在热镀锌后尽快弯曲。

（3）弯曲速度会影响镀层的完整性，镀锌件弯曲变形速度最好慢一些。

镀锌件弯曲时镀层出现裂纹，往往难以避免。弯曲区域的损伤可以依照标准 ASTM A780 中的方法进行修复；但不建议用锌焊料进行修复因为该方法需用焊炬加热弯曲区域，由于火炬温度较高，可能导致基体钢产生应变时效。

制件热镀锌后进行弯曲的方案有一定好处，那就是不存在冷弯后热镀锌可能导致应变脆化和氢脆的问题。虽然镀锌时加热可使酸洗时吸收的氢部分排出，但经过深度冷加工的钢材酸洗过程所吸收的氢不易释放，产生氢脆的倾向增大。

>>> **第 13 章　热镀锌钢筋在钢筋
混凝土中的应用**

13.1　钢筋性能对钢筋混凝土结构的影响

13-1　钢筋混凝土为什么会发生开裂和剥落？

混凝土是一种复杂的建筑材料。混凝土的化学、物理和力学性能及其与
金属的结合关系是科研技术人员研究的主要课题。建筑中广泛使用钢筋混凝
土。钢筋嵌入混凝土中提高了结合体的强度，对钢筋混凝土结构在整个使用
寿命期内的性能和完整性起着至关重要的作用。正常情况下，由于混凝土中
存在氢氧化钙而呈碱性，pH 值约为 12.5。在这种环境下，钢筋表面会形成
氧化铁钝化膜，钢筋几乎不会发生腐蚀。由于混凝土是一种多孔材料，水、
氯离子、氧气、二氧化碳和其他气体等腐蚀性物质会进入混凝土基体，并逐
步到达钢筋。一旦这些腐蚀性物质达到一定浓度，便会使钢筋周围混凝土的
pH 值低于钢材的腐蚀阈值，钢筋就会开始腐蚀，随着 pH 值的降低，腐蚀速
率增加。

例如，钢筋混凝土桥面板浇注后，在碱性环境下钢筋表面钝化，几乎不
产生腐蚀现象。但如果桥面暴露在含盐空气和海水水雾恶劣环境中，在冬季
道路和桥面还可能使用除冰盐除冰，这些腐蚀性盐会渗入混凝土逐步到达钢
筋表面；当腐蚀性物质达到一定浓度后，钢筋表面就会去钝化并开始腐蚀；
随着时间的推移，钢筋腐蚀产生的腐蚀产物不断积聚会对混凝土造成向外的
推力，导致混凝土开裂、染色并最终剥落。裸钢筋腐蚀导致混凝土剥落的过
程如图 13-1 所示。

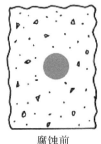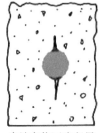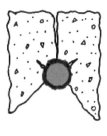

| 腐蚀前 | 腐蚀产物逐步积累 | 进一步腐蚀：表面开裂、污染物积聚 | 混凝土最终散裂，被腐蚀的钢筋暴露 |

图 13-1　钢筋混凝土开裂剥落过程示意图

13-2　钢筋混凝土中采用热镀锌钢筋有什么优越性？

钢筋混凝土中由于钢筋的腐蚀会导致结构承载力降低或失效，因此防止钢筋腐蚀是保证钢筋混凝土结构寿命的关键。实验室试验数据和现场使用结果证实，暴露在腐蚀性环境的钢筋混凝土结构中，采用热镀锌钢筋比裸钢筋具有更长的使用寿命。

例如，在桥梁结构中的桥面、桥墩、桥桩等钢筋混凝土构件中，采用热镀锌钢筋后，抗开裂剥落性能显著提高，有许多桥梁经历 45 年后，桥面上也没有出现因热镀锌钢筋腐蚀而造成混凝土开裂的迹象。即使在恶劣条件下，热镀锌钢筋在混凝土中也表现极佳。

钢筋混凝土中采用热镀锌钢筋的优越性表现在以下几个方面。

(1)在大气中的耐腐蚀性。对于桥梁和公路建设工地来说，钢筋暴露在露天自然环境中是司空见惯的。环氧涂层钢筋特别容易受到紫外线损伤，在紫外线照射下，环氧树脂涂层会立即开始分解，这种防腐蚀保护在钢筋投入使用前可能就已经破坏了；另外，气温度低于 10 ℃ 的情况下，在搬运过程中钢筋表面的环氧树脂涂层也可能开裂。裸钢筋暴露在自然环境中很快会生锈。与裸钢筋和其他涂层钢筋相比，热镀锌钢筋的优势显而易见。热镀锌钢筋的镀层不会被太阳光线损坏，寒冷天气对镀层也几乎没有影响，镀层的防腐蚀保护作用完全可以使钢筋基体免遭腐蚀，热镀锌钢筋随时可以用于施工。

(2)在施工过程镀锌层不易损坏。镀层与钢基体的冶金结合强度约为24.8 MPa。施工过程如发生钢筋掉落、施工人员踩踏、与现场混凝土或其他钢筋摩擦等情况，一般不会导致镀层脱落。热镀锌钢筋表面坚韧耐用的镀层可以承受施工中常见的粗糙操作。

(3)在混凝土中的耐腐蚀性。在钢筋混凝土中，热镀锌钢筋良好的抗腐蚀表现与镀层在混凝土中独特的腐蚀行为有关，镀层有较高的腐蚀起始阈值和较低的腐蚀速度。

①在混凝土中的耐氯性。裸钢筋和热镀锌钢筋在混凝土中的腐蚀机理与大气条件下的腐蚀机理不同。混凝土中的钢筋处于高碱性环境中，裸钢表面会被钝化，直到钢筋周围氯化物的含量超过 $0.95 kg/m^3$ 时，钢筋表面去钝化并开始腐蚀。而镀层可以耐受的氯化物浓度至少是裸钢的 4 至 5 倍，再加上它对基体钢的屏障保护作用，大大延迟了氯化物对钢筋基体开始腐蚀的时间。

②在混凝土中抵抗碳化影响。混凝土中裸钢筋通常会在 pH 值低于 11.5 时发生去钝化；热镀锌钢筋镀层表面可以在较低的 pH 值下仍保持钝化状态，也就是说混凝土碳化引起的 pH 值降低时热镀锌钢筋镀层仍可受到保护；即使镀层开始腐蚀，腐蚀速率也明显小于裸钢。

ASTM A767/A767M《用于钢筋混凝土的镀锌钢筋标准规范》对热镀锌钢筋的镀层厚度、镀锌前后加工处理及镀层修复等做了一系列规定，是热镀锌钢筋具有良好抗腐蚀性能的保障。需要注意的是，与其他钢结构零部件焊接形成组合构件的热镀锌钢筋不受标准 ASTM A767 约束，而应满足 ASTM A123/A123M《钢铁制件热镀锌层标准规范》的要求。

13-3 采用热镀锌钢筋的钢筋混凝土为什么不易发生开裂剥落？

混凝土具有优异的抗压强度，但其抗拉强度较低，混凝土中加入钢筋形成钢筋混凝土则更为坚固。但是，如钢筋生锈，则会导致混凝土开裂剥落。钢筋混凝土中的裸钢筋腐蚀时，产生的腐蚀产物是由铁的氧化物、氢氧化物及其水化物组成的复杂混合物，其体积是腐蚀反应中钢材消耗的体积的 $2\sim7$ 倍。随着腐蚀产物的累积，周围的混凝土将承受越来越大的张力，一旦张力大于混凝土的抗拉强度，混凝土将破裂直至剥落。一般情况下，混凝土受到 $3\sim4$ MPa 的拉应力，就会开裂。混凝土开裂剥落会损坏混凝土结构外观和破坏结构完整性，还会导致更多的腐蚀性物质（如氯化物）进入裂缝，进一步腐蚀钢筋，从而加剧混凝土结构损坏。

混凝土中采用热镀锌钢筋，与采用裸钢筋相比，混凝土开裂剥落的可能性大大降低。由于锌的腐蚀产物比铁的腐蚀产物体积小，并且锌腐蚀产物会迁移到混凝土基体中而不是堆聚在钢筋与混凝土界面而对混凝土产生张力。氧化锌和氢氧化锌之类的锌腐蚀产物迁移到混凝土内，起到填补混凝土中的空隙和微裂纹的作用，从而带来阻止腐蚀性物质（如氯化物）向混凝土内渗透的额外好处，这是热镀锌钢筋混凝土结构使用寿命长的因素之一。锌腐蚀产物向混凝土基体迁移示意图如图 13-2 所示。

混凝土中采用热镀锌钢筋，即使在高腐蚀环境中也可避免混凝土过早开

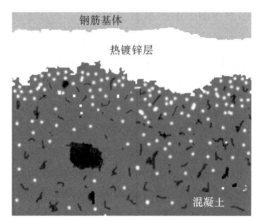

图 13-2　锌腐蚀产物(白色)向混凝土基体迁移示意图

裂剥落。

图 13-3 为热镀锌层和混凝土界面区域的扫描电子显微镜(scanning elec-tron microscope，SEM)照片。照片中左边白色为热镀锌层，大灰色粒子是细沙粒，可以看到富锌腐蚀产物（浅灰色相)已迁移到混凝土基体中。

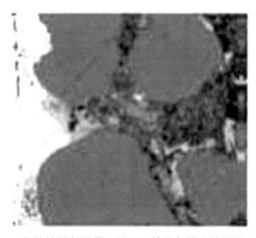

图 13-3　热镀锌层与混凝土界面区域的扫描电镜照片（×100)

13-4　为什么钢筋混凝土浇注养护后表面有时会显现钢筋配置形状？

在第 3 章问题 3-2 中已叙述过，金属发生电化学腐蚀需要有四个要素：阳极、阴极、电解质和电流回路。去除任何一个要素，都不会形成腐蚀原电池，都可使电化学腐蚀不会发生或终止。混凝土中常会出现不同金属件彼此接触的情况，要防止它们之间发生电化学腐蚀，就得消除某个电化学腐蚀要素。

在钢筋混凝土中热镀锌钢筋往往与裸钢筋制成的中间支撑、绑线等接触。浇注混凝土后，热镀锌钢筋镀层与这些裸钢件之间会形成腐蚀电池；特别是在高氯化物环境中(如重度盐分的混凝土路面或海洋环境)，更有利于腐蚀电池的形成从而加快镀层的腐蚀速度。

钢筋混凝土结构中异种金属接触发生的腐蚀反应不但出现在使用过程中，也会出现在混凝土浇铸和养护过程中。ASTM A767/A767M《用于钢筋混凝土的镀锌钢筋标准规范》附录"镀锌钢筋与非镀锌钢模板的结合使用指南"中指出了混凝土浇注和养护过程可能出现的情况和需要注意的事项。

如果浇注混凝土的模板是由裸钢或不锈钢制成的，需要将热镀锌钢筋与模板电绝缘。如果两者之间发生接触，热镀锌钢筋表面的锌与裸钢或不锈钢的电化学电位不同，会形成腐蚀电池而开始腐蚀，锌离子可以从镀层中释放出来，迁移到混凝土表面，结果将在混凝土表面以钢筋配置的形状呈现较深的颜色，导致在热镀锌钢筋附近的混凝土外观发生变化。在严重的情况下，混凝土会黏附到金属模板上。

在第4章问题4-8中介绍了防止混凝土中不同金属接触发生电化学腐蚀的一些措施，例如所有钢筋、捆绑钢丝及金属件都采用热镀锌件；用绝缘带包裹使彼此间隔离等。

13-5　热镀锌钢筋和裸钢筋的盐雾试验结果有何差异？

对镀锌试样进行盐雾试验的目的是预测镀层在腐蚀性物质作用下的使用寿命。盐雾试验依照 ASTM B117《盐雾试验设备操作规程》和 ASTM G85《改良后盐雾试验操作规程》进行。

依据标准 ASTM B117 对盐雾试验的要求，镀锌试样要暴露在含有盐分的恒定湿润环境中。由于形成碱式碳酸锌保护膜需要干湿循环环境，因此在这种盐雾试验环境下镀锌试样表面不会形成碱式碳酸锌层，盐雾试验得到的镀层寿命比实际干湿循环环境中的寿命短得多。依据标准 ASTM G85 进行盐雾试验则较有意义，这种盐雾试验模拟了大气中的潮湿和干燥循环变化环境。但是，正如第7章问题7-9中所叙述的那样，各种加速腐蚀试验都不能充分揭示实际环境中镀层的腐蚀行为，无法将模拟试验结果与实际服役环境下镀锌件腐蚀情况进行真正的比较。尽管盐雾试验方法受到了责疑，但目前在一些对比试验中其仍然是评估镀层抗腐蚀性常用的试验方法。

热镀锌钢筋和裸钢筋加速腐蚀对比试验的结果表明，热镀锌钢筋抗腐蚀性明显优于裸钢筋。《混凝土中的热镀锌钢钢筋》(*Galvanized Steel Reinforcements in Concrete*)一书中介绍了这方面的研究成果。

水灰比(water - cement ratio)为 0.5 的普通波特兰水泥(硅酸盐水泥)(Portland cement,PC)钢筋混凝土进行常规盐雾试验的结果表明,热镀锌钢筋开始腐蚀时的氯化物浓度是裸钢筋的 3.5 倍。

水灰比为 0.5 的 PC 钢筋混凝土的干湿循环盐雾试验结果也表明,热镀锌钢筋开始腐蚀的氯化物浓度是裸钢筋的 1.8 倍。

刚浇注凝固的混凝土中的热镀锌钢筋或混凝土中的裸钢筋的表面都会生成一层保护膜,与它们各自在大气环境中形成的保护膜不同。在盐雾试验中,混凝土中的钢筋与直接暴露于盐雾环境的钢筋的腐蚀行为也不同。常规盐雾试验得到的混凝土中热镀锌钢筋和裸钢筋开始腐蚀的氯化物浓度差异很大;而模拟干湿循环的大气环境的盐雾试验所得到的结果显示,两种钢筋开始腐蚀的氯化物浓度差异减小了,但仍然很明显。

加速腐蚀试验测试钢筋混凝土开裂时间的结果显示,热镀锌钢筋混凝土寿命是裸钢筋混凝土的 4～12 倍。

13 - 6 热镀锌钢筋经铬酸盐钝化处理有何好处?有哪些方法可进行铬酸盐钝化处理?

钢筋与混凝土的结合强度对于提高钢筋混凝土的整体强度至关重要。混凝土混合料及添加剂、养护条件、养护时间等许多因素,都会影响钢筋和混凝土之间的结合强度。热镀锌钢筋镀层中锌与混凝土之间的化学反应很值得关注。水泥与水混合制成混凝土时,就会产生氢氧化钙。然后将混凝土和热镀锌钢筋浇注在一起,形成钢筋混凝土体系。在初始养护阶段,混凝土是湿润和高碱性的,pH 值约为 12.5;混凝土中的氢氧化钙与镀层中的锌发生反应,最初形成一层氢氧化锌,随后生成复杂的羟基锌酸钙[$CaZn_2(OH)_6 \cdot 2H_2O$]和氢气。这种反应将持续到混凝土凝固或锌层表面完全被羟基锌酸钙覆盖为止。羟基锌酸钙对镀层起到防腐蚀保护作用,值得关注的是反应过程中有氢气析出。氢气会在混凝土中产生气孔和空隙,影响混凝土的强度和稳定性。在混凝土 pH 值高于 12.5 的高碱性条件下,如果镀层表面未经铬酸盐钝化,混凝土中氢氧化钙与钢筋镀层之间的反应显著增强,锌的腐蚀速率显著加快,过量的氢气析出会影响镀锌钢筋和混凝土之间的结合性能,降低结合强度。顺便说一下,曾有人担忧析出的氢气会被钢筋基体吸收而导致钢脆化。实验室研究表明,释放的氢气不会透过镀层到达基底钢,一旦混凝土硬化，反应就会停止，也就再无氢气析出。也有研究表明，析出氢气发生的时间比最初想象的要短得多，这意味着氢气析出较少。

ASTM A767/A767M《用于钢筋混凝土的镀锌钢筋标准规范》要求钢筋在镀锌后的进行铬酸盐处理，除非客户要求不进行这种处理；并指出铬酸盐处理的目的是防止钢筋镀锌层与硅酸盐水泥浆之间发生反应。热镀锌钢筋可在镀锌后立即进行铬酸盐钝化处理，超低铬钝化液中铬酐含量低于 2 g/L，温度应不低于32 ℃，钝化时间不少于 20 s。

标准 ASTM D6386《热镀锌钢铁产品和五金器具表面漆涂装预处理操作规程》和 ASTM D7803《热镀锌钢铁产品和五金器具表面粉末涂装预处理操作规程》提到，铬酸盐钝化膜层在大气中被消耗完通常需要持续约六个月时间。美国热镀锌学会一项新的研究发现，镀层上铬酸盐钝化膜层在大气中的存在时间为 45～98 d，这为施工者掌握热镀锌钢筋铬酸盐钝化后到置入混凝土的间隔时间提供了依据。如果需要，可以根据 ASTM B201《锌和镉表面铬酸盐涂层测试标准实施规程》检测热镀锌钢筋表面是否存在钝化膜。

除了将热镀锌钢筋进行铬酸盐处理外，还有其他方法利用铬酸盐来达到防止浇注和养护期间混凝土与热镀锌钢筋之间发生反应的目的。例如，将一定量的铬酸盐直接添加到混凝土混合料中进行搅拌混合，水泥浆中的铬酸盐总含量在 50～100 mg/kg 范围内即可达到目的，但为确保热镀锌钢筋和混凝土之间的反应受到抑制，一般选择的最低含量为 100 mg/kg。也可直接选用本身含有必需量铬酸盐的某些类型的水泥。铬酸盐含量较低类型的混凝土仍可能与锌发生反应，因此要确保混凝土硬化达到所需强度之前，不拆除模板和支架。如果混凝土混合物中含有 100 mg/kg 及以上的铬酸盐，或者热镀锌钢筋进行了合格的铬酸盐钝化处理，则可按常规的拆模方案拆除模板和支架。

结合强度试验显示，铬酸盐钝化处理的热镀锌钢筋和裸钢筋相比，其与混凝土的结合性能相同或略好。

13.2　热镀锌钢筋在钢筋混凝土中的服役寿命

13-7　热镀锌钢筋在钢筋混凝土中的服役寿命包括哪几个时段？如何估算服役寿命？

在钢筋混凝土中，热镀锌钢筋镀层的总寿命包括镀层表面去钝化所经历的时间，镀层牺牲保护基体钢而完全消耗所经历的时间，以及镀层消耗后裸钢筋开始腐蚀到混凝土开裂的时间。热镀锌钢筋上某一个区域中的镀层完全被消耗后，钢材才会开始局部腐蚀。实验室数据和现场测试结果都已证实，在腐蚀性环境下钢筋混凝土结构中热镀锌钢筋比裸钢筋有更长的使用寿命。

为了减缓混凝土结构在高氯化物环境下出现开裂剥落的进程，采用了各种钢筋防腐蚀方法，钢筋热镀锌是其中最重要的方法。热镀锌钢筋在高氯化物环境中具有独特的优势和较长的使用寿命，是桥面板等钢筋混凝土结构合适的选择。图13-4显示了随着使用时间的延长，钢筋表面氯离子浓度的变化情况，以及热镀锌钢筋和裸钢筋腐蚀程度与混凝土内应力增加而影响钢筋混凝土使用寿命的关系。

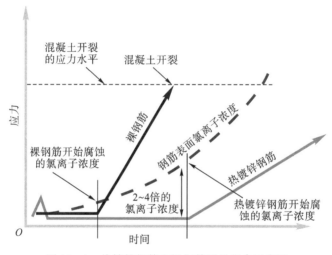

图13-4　热镀锌钢筋和裸钢筋服役寿命示意图

钢筋混凝土结构中，热镀锌钢筋的寿命＝钝化膜消耗时间＋镀层寿命＋裸钢筋服役寿命，可以分别对这三部分的寿命进行评估。

1. 钢筋混凝土中热镀锌钢筋镀层表面达到去钝化氯离子阈值的时段

腐蚀性物质的浓度超过镀层的腐蚀阈值，镀层就会去钝化并开始腐蚀。多年来研究人员对于海洋环境和经常使用除冰盐的区域进行了大量研究，量化了热镀锌钢筋镀层开始腐蚀的氯化物阈值。实验室加速试验结果表明，热镀锌钢筋镀层开始腐蚀的氯化物阈值是裸钢筋阈值（0.95 kg/m³）的2～4倍，显著延长了镀层开始腐蚀的时间。

2. 消耗镀层的时段

钢筋混凝土经初始养护阶段之后一旦硬化，混凝土与热镀锌钢筋镀层之间的反应便停止。腐蚀性物质进入热镀锌钢筋的唯一途径就是穿过混凝土基体的孔隙。热镀锌钢筋镀层的腐蚀产物从钢筋镀层表面迁移到混凝土中，填充混凝土中孔隙，阻碍了腐蚀性物质到达钢筋镀层表面，延长了钢筋镀层的服役寿命。镀层消耗时间与钢筋上的初始镀层厚度或单位面积上镀层质量（重量）有关。ASTM A767/A767M《用于钢筋混凝土的镀锌钢筋标准》和 ASTM A1094/A1094M《混凝土结构加固用连续热镀锌钢筋的标准规范》规定了钢筋上镀层的最小厚度或单位面积上的镀层质量（重量）。

标准 ASTM A767 对镀层厚度类别 1 的要求是：3 号钢筋镀层重量（质量）不小于 920 g/m^2（相当于镀层厚度为 129 μm）；4 号和较大号的钢筋镀锌层重量（质量）不小于 1070 g/m^2（相当于镀层厚度为 150 μm）。

标准 ASTM A767 对镀层厚度类别 2 的要求是：钢筋镀层重量（质量）不小于 620 g/m^2（相当于镀层厚度为 86 μm）。

标准 ASTM A1094：钢筋镀层重量（质量）不小于 360 g/m^2（相当于镀层厚度为 50 μm）。

根据镀层厚度可以对镀层消耗时段长度进行评估。例如，标准 ASTM A767 对 1 类中 4 号及尺寸大于 4 号的钢筋的镀层要求是镀层重量（质量）不小于 1070 g/m^2（相当于镀层厚度为 150 μm），以每年 3 μm 的腐蚀速率计，镀层消耗的时段长约为 50 年。

3. 镀层消耗后裸钢筋暴露腐蚀时段

镀层消耗后钢筋基体就会暴露出来，腐蚀的最后时段开始。随着裸钢筋上的腐蚀产物增多，混凝土所受张力增大。一旦拉应力超过混凝土的抗拉强度，混凝土将开裂或剥落。一般情况下，从裸钢筋开始腐蚀到混凝土开裂经历的时长大约为 3~7 a，具体时长取决于混凝土的性能和环境条件。

13-8 有实例说明热镀锌钢筋在钢筋混凝土结构中的耐用性吗？

下面通过实例分析，了解钢筋混凝土中热镀锌钢筋的服役寿命问题。

美国宾夕法尼亚州的 Tioga 大桥所处环境为美国北方气候，道路除冰盐是氯离子的主要来源；佛罗里达州的 Boca Chica 大桥（以下简称"Boca"大桥），处于南部沿海气候区，长期暴露在海水和含盐空气导致的高氯离子环境中。在题为《热镀锌钢筋在高氯环境混凝土桥面中的应用》(*Hot-Dip Galvanizing for Bridge Decks in Chloride-Rich Environments*)的文献中介绍道，经过 27 年服役时间，对这两座桥梁的钢筋混凝土桥面板取芯分析，钢筋混凝土中氯化物浓度变化如图 13-5 所示。由图可见，Tioga 大桥面板中氯化物浓度达到锌腐蚀阈值的时间要比 Boca 大桥早约 20 年；也就是说，Tioga 大桥面板中热镀锌钢筋镀层开始腐蚀的时间要比 Boca 大桥早约 20 年。

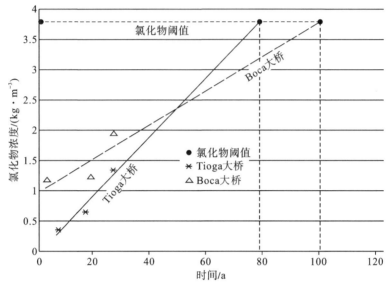

图 13-5　Tioga 大桥和 Boca 大桥面板钢筋混凝土中氯化物浓度与时间的关系

实验室加速试验结果表明，热镀锌钢筋镀层开始腐蚀的氯化物阈值是裸钢筋阈值（0.95 kg/m³）的 2～4 倍；而对实际桥面板数十年的取芯测试分析，观察到该阈值前者是后者的 5～10 倍。为保险起见，这个倍数按 4 倍计算，则钢筋混凝土中热镀锌钢筋镀层处于钝化状态的时间是钢筋周围混凝土中氯离子浓度达到 3.8 kg/m³ 时所经历的时间。

根据 27 年取样分析，预计 Tioga 大桥和 Boca 大桥分别服役大约 78 年和 102 年之前，都不会达到热镀锌钢筋镀层开始腐蚀的氯化物阈值（3.8 kg/m³）。根据这些信息，可以绘制出在没有对桥面板进行维护的情况下，桥面板钢筋混凝土结构中的热镀锌钢筋的寿命图，见图 13-6。

如热镀锌钢筋镀层厚度为 150 μm，镀层表面去钝化以后开始腐蚀，直至镀层耗尽前大致可保证 50 年的使用寿命。在镀层消耗完后，裸钢筋开始以较快的速度腐蚀，直到混凝土开裂和剥落。

免维护的使用寿命＝达到氯化物阈值的时间＋镀层消耗时间＋裸钢筋寿命

Tioga 大桥免维护的使用寿命：大约为（78＋50＋15）年，即约 143 年。

Boca 大桥免维护的使用寿命：大约为（102＋50＋15）年，即约 167 年。

由此可以看出，在沿海地区或冬季使用道路除冰盐的环境下建造的热镀锌钢筋混凝土桥梁可以获得很长的使用寿命。混凝土中氯化物达到镀层开始腐蚀阈值后，镀层仍能保护裸钢筋数十年。

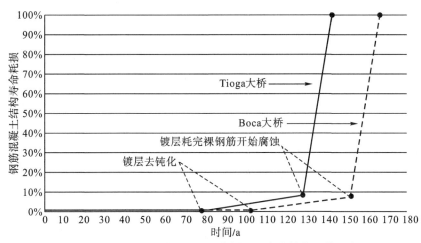

图 13-6　Tioga 大桥和 Boca 大桥面板中热镀锌钢筋寿命

　　但本书作者认为图 13-5 和图 13-6 中表达 Boca 大桥和 Tioga 大桥有关数据的线段位置值得商榷。稍微仔细一点分析图 13-5 就可发现，Tioga 大桥面板中热镀锌钢筋的镀层去钝化并开始腐蚀的时间要比 Boca 大桥早约 20 年，这显然是不符合常理的。从图 13-5 中可以看出，27 年取芯分析的数据表明，Tioga 大桥面板中氯化物浓度一直低于 Boca 大桥，这与两座桥梁所处的自然环境是相对应的。如果两座桥梁所处的自然环境不发生显著变化的话，根据已知的理论和认识可大致预估到，Tioga 大桥面板中氯化物浓度低于 Boca 大桥的情况会一直维持下去，Tioga 大桥的拟合线会一直处于 Boca 大桥拟合线之下，两者达到氯化物阈值前不会相交，得到的结论将是 Boca 大桥面板中热镀锌钢筋的镀层开始腐蚀的时间要比 Tioga 大桥早。而且在类似图 13-6 的寿命图中，"Tioga 大桥"的曲线应在"Boca 大桥"的曲线右边。

13.3　钢筋热镀锌前后的弯曲变形

13-9　钢筋在热镀锌前后弯曲变形有什么不同？

　　热镀锌钢筋弯曲有与其他热镀锌件类似的共性，也有其特性。热镀锌钢筋可以在镀锌前弯曲，也可以在镀锌后弯曲。钢筋热镀锌前或热镀锌后弯曲时，工艺方面应考虑以下几点。

1. 钢筋在热镀锌前弯曲

　　在热镀锌前对钢筋进行弯曲时，建议弯曲直径尽可能大，以避免冷弯后的钢筋加热到热镀锌温度时，变形部分可能产生应变时效脆化现象。采用大的弯曲直径可以减小冷弯过程中产生的内应力和弯曲部分的应变量，降低产生应变时效脆化的倾向。钢材质量是影响钢筋产生应变时效脆化倾向另一重要因素。钢筋的钢材质量等级通常较低，含杂质元素较多，弯曲产生的应力应变更可能诱发应变时效脆化和断裂现象的发生。

ASTM A767/A767M《用于钢筋混凝土的镀锌钢筋标准规范》中推荐的钢筋最小弯曲直径是钢筋公称直径的 $6\sim10$ 倍，详见第 2 章表 2 - 8。如果设计要求钢筋的弯曲直径比推荐值小，那么弯曲后在热镀锌之前必须依据标准 ASTM A767 将钢筋进行温度为 $480\sim560$ ℃的去应力退火，退火保温时间按钢筋直径以每 25 mm 保温 1 h 计。如钢筋进行热弯，则一般不会诱发应变时效脆化。ASTM A143/A143M《热镀锌结构钢产品防止脆化的实践及检测脆性的方法》提出，中型和重型型材、板材和五金件的弯曲直径至少为钢截面厚度的三倍(3X)，但该要求不适用于钢筋。

2. 钢筋在热镀锌后弯曲

钢筋热镀锌后进行弯曲要按照标准 ASTM A767 的有关规定进行；但标准中没有对已镀锌钢筋的弯曲直径作出限制。一些钢筋镀层较厚，例如标准 ASTM A767 中的 1 类热镀层，弯曲过程中弯曲区域发生镀层开裂或剥落的可能性增加。所以，需要热镀锌后弯曲的钢筋一般首选标准 ASTM A767 中厚度较薄的 2 类镀层，镀层厚度小于 100 μm 的热镀锌钢筋弯曲时一般不会开裂或剥落。如果镀锌钢筋弯曲变形过程出现镀层开裂或剥落，标准 ASTM A767 第 7.3.2.1 节指出，这种情况不能成为拒收的理由。

热镀锌钢筋弯曲过程镀层开裂的可能性随钢筋直径、弯曲严重程度和弯曲速度的增大而增大，所以，减慢弯曲变形速度及尽可能采用大的弯曲直径可以减少热镀锌钢筋弯曲时出现镀锌层开裂或剥落现象。

13 - 10　预先经弯曲变形的钢筋热镀锌后如何进行脆性测试？

一般说来，除非有明显的脆化证据或迹象，否则不需要对热镀锌钢筋进行脆化测试。如果钢筋在热镀锌前按 ASTM A767/A767M《用于钢筋混凝土的镀锌钢筋标准规范》进行冷弯，弯曲直径应等于或大于标准 ASTM A767 中的推荐值；如果钢筋弯曲直径小于规定值，依照标准 ASTM A767 进行去应力退火或采用热弯曲，热镀锌时通常不会有脆化的风险。如果钢筋弯曲直径小于规定值而没有进行去应力处理或未采用热弯曲，热镀锌时有应变时效脆化倾向，则热镀锌后可以进行脆性检验。

ASTM A143/A143M《热镀锌结构钢产品防止脆化的实践及检测脆性的方法》为热镀锌钢筋的脆化测试提供了指南。该标准建议弯曲测试在热镀锌钢筋的直线段上进行，并将弯曲程度与同规格裸钢筋弯曲程度进行比较。热镀锌钢筋应能承受与未镀锌钢筋基本相同的弯曲度（见第 7 章问题 7 - 6）。镀层的开裂脱落不作为脆性破坏判据。

标准 ASTM A143 没有明确预先经弯曲变形的钢筋热镀锌后的脆性测试方法。研究人员 2019 年发表的文献《修改后的钢筋弯曲脆性试验》（*Modified Embrittlement Test for Bent Rebars*）提出了对热预先经弯曲变形的钢筋热镀锌后进行脆性测试的方法，正被逐步推广应用，具体测试方法简介如下。

测试预先经弯曲变形的钢筋热镀锌后的脆性，仍采用类似于标准 ASTM A143 中与未镀锌钢筋弯曲比较方法。按照钢筋弯曲设计要求，制作 2 根弯曲成形的钢筋试件，其中一根钢筋进行热镀锌。随后，热镀锌钢筋和未镀锌钢筋均沿原弯曲方向进行进一步弯曲，如图 13 - 7 所示，弯曲度甚至达到 180°。热镀锌钢筋不应先于未热镀锌钢筋开裂。

图 13 - 7　预先经弯曲变形的钢筋热镀锌后的脆性测试方法示意图

13.4　不同类型的钢筋在混凝土中的性能比较

13 - 11　热镀锌钢筋、裸钢筋和环氧树脂涂层钢筋与混凝土之间的结合强度有何差异？

混凝土和钢筋之间的结合强度对于提高钢筋混凝土结构的整体强度至关重要。钢筋的带肋表面可以增强与混凝土的结合强度。除了改变钢筋的外形结构可以增强与混凝土的结合强度外，钢筋表面涂层也影响钢筋与混凝土的结合强度，从而影响钢筋混凝土结构的承载能力。最常见的钢筋类型有裸钢筋、热镀锌钢筋和熔敷环氧树脂钢筋。

在人们的直观意识中，良好的镀层表面明亮、均匀和光滑，与裸钢相比，其与混凝土之间的结合力要差得多。对热镀锌钢筋及裸钢筋与硅酸盐水泥混凝土的结合情况的研究结果表明，热镀锌钢筋及裸钢筋与混凝土之间的结合强度取决于养护时间和环境因素。在某些情况下，热镀锌钢筋与混凝土完全结合可能需要比裸钢筋更长的时间，它取决于镀层表面与水泥之间的反应进展情况。最近的研究都表明，热镀锌钢筋与混凝土之间的结合强度等于或大于裸钢筋与混凝土的结合强度。钢筋与混凝土的结合强度可以按照 ASTM A944《用梁端试样比较钢筋与混凝土结合强度的测试方法》进行测试。

有三项研究（A、B、C）对比了热镀锌钢筋及裸钢筋与混凝土的结合强度，并分别发表了研究论文《混凝土用镀锌钢筋》(Zinc Coated Reinforcement for Concrete)、《镀锌对混凝土中钢筋性能的影响》(The Influence of Steel Galvanization on Rebars Behavior in Concrete)和《带肋镀锌钢筋在混凝土中的结合》(Bond of Ribbed Galvanized Reinforcing Steel in Concrete)。每项研究都发现，热镀锌钢筋与混凝土的结合强度高于裸钢筋与混凝土的结合强度，如图 13-8 所示。镀锌层与混凝土之间结合强度的增加，认为是由于镀锌层和混凝土之间形成了羟基锌酸钙晶体的原因，该晶体增加了热镀锌钢筋与混凝土之间的结合力，从而增加了二者之间的结合强度。

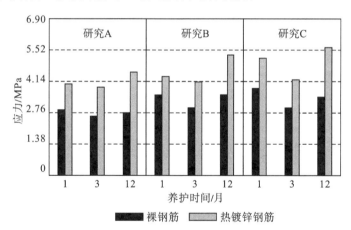

图 13-8　热镀锌钢筋及裸钢筋与混凝土结合强度的对比

熔敷环氧涂层也常用于钢筋防腐蚀保护。美国土木工程师协会（The American Society of Civil Engineers）、《国际水泥复合材料与轻质混凝土学报》(The International Journal of Cement Composites and Lightweight Concrete)和土木工程师学会会刊《结构与建筑》(Structures and Buildings)的研究发现，对于带肋钢筋，环氧涂层钢筋与混凝土的结合强度比裸钢筋降低了

20%～50%。涂有环氧树脂的热镀锌钢筋与混凝土的结合强度也是类似的情况。可以得出结论：热镀锌钢筋与混凝土的结合强度比环氧涂层钢筋的高得多。

13-12　实际工程应用中热镀锌钢筋是否确实很优秀？

自 20 世纪 50 年代起，人们在实际钢筋混凝土工程结构中开始使用热镀锌钢筋，建于 1953 年的百慕大长鸟桥(long bird bridge in Bermuda)是最较早的应用例子之一。百慕大群岛属于海洋环境，环境中氯化物含量高。1978年，施工技术实验室对该桥进行了检查，发现混凝土中的氯化物含量高达 4.3 kg/m³。对该桥混凝土截面的氯离子分析表明，混凝土可能是用海水混合制成的，高浓度的氯离子含量，缩短了热镀锌钢筋表面氯离子达到热镀锌层腐蚀阈值的时间，加快了腐蚀。然而，即使在这样恶劣的环境条件下该桥使用了近 50 年，热镀锌层也仅显示出轻微的腐蚀迹象。

20 世纪 60 年代，纽约州高速公路管理局（New York State Thruway Authority，NYSTA)注意到了用盐为道路除冰带来的有害作用。冰雪冻融循环，再加上海洋环境带来的额外氯化物，使得道路钢筋混凝土结构体处于恶劣的环境中，需要对钢筋混凝土中的钢筋采取保护措施。NYSTA 在 20 世纪 80 年代早期开始使用环氧树脂涂敷钢筋，经过十多年的观察，NYSTA 发现钢筋环氧树脂涂层有许多缺陷：

(1)环氧树脂膜中的凹坑及不连续部位钢筋容易发生腐蚀；

(2)涂层耐磨性差，在运输及安装施工过程容易被损坏。

NYSTA 对环氧树脂钢筋、热镀锌钢筋和其他涂层类型钢筋进行了免维护使用寿命周期成本分析和比较。结果表明，热镀锌钢筋的单位重量成本略高于环氧树脂钢筋。但由于环氧树脂与混凝土的结合强度较差，钢筋混凝土结构中所需的环氧树脂钢筋数量远远大于热镀锌钢筋的数量，这使热镀锌钢筋在财务上处于极具竞争力的地位。在全寿命生命周期成本分析中，热镀锌钢筋的优势是其他涂层钢筋远不可比的。

1973 年建造的雅典大桥(Athens bridge)被指定采用热镀锌钢筋。建造八年后进行了检查，钻取岩芯以评估混凝土中氯化物含量，发现混凝土中氯化物含量为 1.1～4.7 kg/m³，最大值远远超过裸钢筋发生活性腐蚀的阈值。热镀锌钢筋镀层厚度检查显示没有明显的腐蚀迹象。1991 年和 2001 年分别对这座桥梁进行再检查，仍没有发现热镀锌钢筋明显的腐蚀迹象。检查结果表明桥梁的钢筋混凝土结构还有 40 年以上的服役寿命。据估计，已有超过 500 座桥梁钢筋混凝土结构采用了热镀锌钢筋。目前，所有桥梁钢筋混凝土结构中的热镀锌钢筋的检查报告，都反映出了热镀锌钢筋的优异性能，大多数桥梁结构免维护层使用寿命估计至少为 75 年。

世界著名的悉尼歌剧院和印度莲花庙建筑中也都采用了热镀锌钢筋混凝土结构，它们的建筑外形如图13-9和图 13-10 所示。

图 13-9　澳大利亚悉尼歌剧院

图 13-10　印度莲花庙

>>> 第 14 章 各种锌涂层的性能 特点及应用

14.1 各种锌涂层的生产工艺及应用

14-1 生产锌涂层的常用工艺方法有哪些？

锌保护层可以为基底钢防腐蚀提供屏障保护和阴极保护，广泛应用于钢铁制品的防腐蚀保护。

金属锌的电极电位比铁的低，如果金属锌与钢铁基材之间有电解质存在，则锌铁接触会形成腐蚀电池，锌作为阳极失去电子发生腐蚀，而铁作为阴极受到保护。与其他低电极电位的金属（如镁和铝）相比，金属锌最大的优点是在一般的环境中都可以作为阳极材料。通常情况下金属锌表面不会发生钝化，而金属铝在多数情况下都存在一层氧化铝保护层。与金属镁相比，金属锌有更低的自腐蚀速率，因此锌的阴极保护作用更长久。

最常用生产锌保护层的工艺方法有热镀锌、热喷涂锌、富锌漆涂敷、薄板连续热镀锌和电镀锌等。为表述方便，通常将各种工艺方法生产的锌保护层统称为锌涂层。各种工艺方法生产的锌涂层具有各自的特性，与基底金属的结合力、涂层硬度、涂层的耐腐蚀性和厚度各不相同，应根据具体制件的设计要求和每种生产锌涂层的工艺方法的适用性、经济性和锌涂层制件的预期使用寿命等，选择锌涂层的生产方法及工艺。关于批量热镀锌层的形成、性能，热镀锌工艺等，前面各章已作了叙述。

14-2 连续热镀锌的工艺特点是什么？适用哪些类型产品？

连续热镀锌生产线见图 14-1 示意。薄钢板、钢带或钢丝在大约 150 m

长的生产线上进行清洗、酸洗、溶剂处理和热浸锌，以 30～185 m/min 的速度向前运行；锌锅中镀锌液含有少量的铝，以抑制锌铁合金层的形成与成长，确保镀锌层基本为纯锌层。

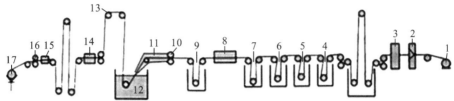

1—开卷机；2—剪切；3—焊接；4—碱洗槽；5—水洗槽；6—酸洗槽；7—水洗槽；8—干燥机；

9—酸洗槽；10—导电辊；11—加热炉；12—锌锅；13—钝化辊涂机；14—干燥器；

15—平整机；16—涂油机；17—卷取机。

图 14 - 1　连续热镀锌生产线示意图

和批量热镀锌工艺一样，连续热镀锌前钢件分别在碱洗槽、酸洗槽中进行清洁，配合以刷洗、水漂洗和干燥，完全清除钢件表面氧化物和污染物，随后进入氢和氮组成的还原性气体保护退火炉内进行软化退火；离开退火炉后进入真空室，以防止被重新氧化；然后浸入锌液中，并绕着浸入辊向前输送，然后沿垂直方向移出锌液，移出后随即使用精确调节的高压空气（气刀）去除多余的锌液，以严格控制镀锌层厚度。

有一种连续热镀锌生产线，在镀锌层形成后有一道称为镀锌退火的在线热处理工序，退火温度为 500～550 ℃，目的是使铁与锌扩散并发生反应，形成锌铁合金镀层。锌铁合金镀层相比纯镀锌层具有更好的耐腐蚀性能、焊接性能、涂装性能及耐砂石冲击性能，但是成型性能相对较差，且没有纯镀锌层光亮。

对薄钢板连续热镀锌，已颁布有专用标准 ASTM A653/A653M《薄钢板热镀锌或镀层锌铁合金化的标准规范》。在薄板连续热镀锌工艺中可以通过改变锌液中添加的合金元素和含量生成不同类型的镀锌层。薄钢板连续热镀锌工艺生产的镀锌层类型主要有：

（1）纯锌层。

（2）锌铁合金层（含 90％～92％锌、8％～10％铁）。

（3）锌铝合金层（含 55％铝、45％锌或 95％锌、5％铝）。

由于连续热镀锌薄钢板的镀锌层较薄，表面不涂装的连续镀锌板建议用于室内或轻度腐蚀性的环境。可在镀锌板表面进行喷漆等处理增加其使用寿命。

14-3　富锌漆有哪些种类和应用？如何涂敷？

根据成膜物质的不同，传统上将富锌漆分为无机和有机两类，近些年又开发出了有机和无机复合型富锌漆。无机富锌漆又可分为水性和溶剂型两种类型。溶剂型无机富锌漆的成膜物质一般为正硅酸乙酯等易溶于有机溶剂的物质。水性无机富锌漆主要以硅酸盐为基料，以水为溶剂。有机富锌漆的成膜物质主要是有机类合成树脂，如环氧树脂等。

根据美国防护涂料协会(SSPC)颁布的标准 SSPC Paint 20《富锌漆：Ⅰ型-无机；Ⅱ型-有机》，如果应用中没有明确指定富锌漆品种，则选用Ⅰ型无机富锌漆或Ⅱ型有机富锌漆都是可以接受的。富锌漆既可以单独使用，也可以作为多层涂料层的底漆。根据金属锌粉在漆干膜中的重量比，可划分如下等级：1级，锌含量≥85%；2级，77%≤锌含量<85%；3级，65%≤锌含量<77%。如果应用中没有明确规定富锌漆具体的锌含量等级，那么采用任一等级的锌含量都是可以接受的。富锌漆可用于批量热镀锌件的镀锌层修复。

标准 HG/T 3668—2020《富锌底漆》对有机及无机富锌漆干膜中的锌含量规定：1类有机及无机富锌漆，金属锌含量≥80%；2类有机及无机富锌漆，金属锌含量≥70%；3类有机及无机富锌漆，金属锌含量≥60%。

标准 ASTM A780/A780M《热镀锌层损坏及漏镀区域的修复实施规程》则要求富锌漆干膜中锌含量应有 65%～69%，或大于 92%。

用锌粉配置富锌涂料时，必须和成膜基料、助剂及适当的溶剂充分混合，以形成均匀的混合涂料。将富锌涂料用刷涂或喷雾的方法涂敷在洁净干燥的制件表面上，形成锌涂层，有人称之为"冷镀锌"。所需的涂敷工具及设备包括刷子、喷涂器、喷涂机或辊子等。

喷涂过程必须不断搅拌涂料，供料管线尽可能短，以防止锌粉沉淀。如果用刷子或辊子涂敷，形成的漆膜可能会不均匀。如果漆膜涂层太厚，干燥后则可能会产生龟裂。富锌漆涂敷可在车间或现场进行，可以用于任何尺寸和形状的制件，但在结构复杂的制件上涂敷是很困难的，也很难保证涂敷层的质量。

钢表面涂敷富锌漆前应采用喷砂方法进行清理。喷砂清理最好达到标准 SSPC SP 5/NACE No.1《喷砂清理到金属表面呈彻底的金属光泽》的要求。但如果清理程度符合标准 SSPC SP 10/NACE No.2《喷砂清理到金属表面呈金属光泽》或标准 SSPC SP 6/NACE No.3《商业级喷砂清理》的要求，一般也是可以接受的。

表面不复涂面漆的单独富锌漆涂层，在一般环境中也可以有很好的使用效果。富锌漆涂层表面复涂面漆，可以延长锌涂层在恶劣环境中的使用寿命。富锌漆应用于海洋工程、石油化工、工程机械等比较恶劣的腐蚀环境，也有良好的防腐蚀效果。

锌粉-氧化锌涂料在热镀锌层上有良好的附着力，是涂装热镀锌件的合理选择。根据联邦标准 TT-P-641G《用于镀锌表面的锌粉-氧化锌底漆》[*Primer Coating*：*Zinc Dust-Zinc Oxide*（*For Galvanized Surfaces*）]，锌粉-氧化锌涂料分为Ⅰ型、Ⅱ型和Ⅲ型，所用的溶剂分别是亚麻籽油、醇酸树脂和酚醛树脂。Ⅰ型适用于户外应用，Ⅱ型适用于需耐热的环境，Ⅲ型适用于水浸或恶劣的潮湿环境。由于锌粉-氧化锌漆涂料中的金属锌含量较低，因此不能直接作为基底钢防腐蚀牺牲保护涂层。用作热镀锌层上的涂敷层时，涂料膜对镀锌层起到了屏障保护作用，使镀锌层的使用寿命得以延长。对于锌粉-氧化锌涂料涂层来说，镀锌层表面是比裸钢表面更好的基体，锌粉-氧化锌涂料涂层的使用寿命也能得以延长。镀锌层和锌粉-氧化锌涂料涂层中锌的腐蚀产物的体积比钢铁腐蚀产物的体积小，从而大大减小了锌粉-氧化锌涂料涂层隆起和分离的可能性。锌粉-氧化锌涂料涂层上可以复涂各种类型的涂料面漆，而且涂料面漆有多种颜色可选择。

14-4　如何进行热喷涂锌？热喷涂锌适合哪些应用场合？

在美国焊接协会（AWS）制定的标准 AWS C2.21M/C2.21《热喷涂设备性能验证规范》中，介绍了验证热喷涂设备及系统性能的基本程序和要领。热喷涂锌设备及系统一般包括热喷涂枪、气体控制台、控制装置和原料供应系统，图 14-2 是热喷涂锌设备和系统的示意图。热喷涂锌是将锌金属丝或粉末锌送入喷枪中迅速加热熔化并借助燃烧气体和压缩空气喷涂到制件上形成锌涂

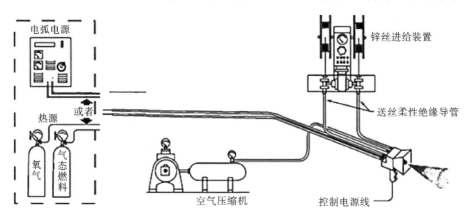

图 14-2　热喷涂锌设备和系统示意图

层的工艺方法，加热熔化锌金属的热源是氧气-乙炔火焰或电弧。现在已开发出将熔融锌直接送入喷嘴进行喷涂的设备和系统。热喷涂过程制件的温度不会升高到热镀锌那样的温度；热喷涂锌层是自由锌层，没有金属间化合物层。

热喷涂锌前的表面处理、喷涂方法及质量控制可参照标准 AWS C2.18《用铝和锌及其合金或复合材料的热喷涂涂层保护钢的指南》。热喷涂锌的涂层质量在很大程度上取决于操作者的技能；此外，还容易受施工气候的影响。热喷涂表面必须干燥并且环境温度必须至少高于露点 5 ℃。在满足气候条件的情况下，热喷涂锌可以在工厂或现场进行，在工厂进行时，一些因素比较好控制。热喷涂锌工艺的应用也有其局限性。制件上的拐角、螺纹、边缘及空腔部分可能很难或无法采用热喷涂工艺进行涂敷或很难形成合格的锌涂层。

在热喷涂锌之前，需要遵照标准 SSPC – SP 10/NACE No.2《喷砂清理到金属表面呈金属光泽》对制件表面进行喷砂清洁处理，清洁处理后 4 小时内完成热喷涂工作。热喷涂锌表面通常涂敷低黏度聚氨脂、环氧酚醛、环氧树脂或乙烯基树酯，以对热喷涂锌层形成薄的保护膜层。

一般说来，除了复杂结构和小尺寸的内腔、凹槽等难以进行热喷涂锌外，热喷涂锌可以用于任何尺寸的钢制件。如制件太大而无法进行热镀锌时，热喷涂锌可用作热镀锌的替代方法。热喷涂锌也是延长已安装在用的热镀锌件寿命的绝佳选择。经过冷变形的制件，热镀锌时可能会变形，如果需要控制变形，可采用热喷涂锌工艺，但热喷涂锌需要有熟练操作人员和可用的设备系统，并且成本偏高。

14 - 5　如何进行机械镀锌？机械镀锌在应用上有什么限制？

典型的机械镀锌工艺过程是把经过前处理的工件放入转动的镀筒中，加入适量锌粉、活性剂、冲击介质（玻璃珠），滚筒转动时会在滚筒内形成一种相互碰撞和搓碾的流态环境，在有预镀镀层工件表面上逐渐形成镀锌层。

机械镀锌前处理包括镀锌前对未镀工件进行除脂、除锈等处理，去除掉未镀工件表面的油脂、氧化物等污染物，并进行硫酸铜处理。硫酸铜处理的目的，是在待镀锌件表面快速形成一层较薄的铜层（厚度一般不超过 0.5 μm），习惯上称为"闪铜"，此薄铜层可作为机械镀锌过程锌金属粉末附着的底层。机械镀锌层厚度通过调节滚筒中的锌粉量和滚镀持续时间来控制。机械镀锌后，不论镀件有没有进行钝化后处理，都要干燥后再包装。

一种省去了预镀铜膜环节的方法是，先向镀桶内加入一定量的亚锡盐，待工件表面出现白色块状区域时，再向镀桶内加入少量锌粉末；随着镀桶的旋转，工件表面将形成一层锡盐与锌粉组合的薄层，随后再加入足量的锌粉。

依据镀筒内是否添加水溶液，机械镀锌工艺可分为干性机械镀锌工艺和湿性机械镀锌工艺。干性机械镀锌工艺，在镀筒内不添加相关的水溶液，仅在介质的冲击动能的作用下，使金属锌粉末黏附到镀件表面或和已黏附的锌粉末相结合。

湿性机械镀锌工艺，如图 14-3 所示，镀筒中除加入适量的活性剂和其他助镀剂外，还添加水溶液，在镀筒内形成一种酸性的混合型镀液，在介质的冲击作用与活性剂的共同作用下，使锌金属粉末附着到工件表面并和其他锌粉末相结合逐步形成镀锌层。相对于干性机械镀锌工艺，此工艺的适用性更加广泛。

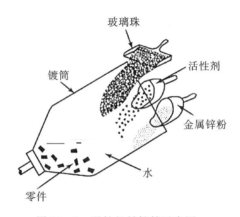

图 14-3 湿性机械镀锌示意图

机械镀锌工艺过程通常在常温下进行，产生的废水废液等可在处理后循环使用，以减轻资源的浪费和对环境的污染。但该工艺因受工艺条件及设备的限制，目前仅广泛应用于一些小五金件，镀锌件的尺寸通常限制在 200～300 mm以下，重量小于 0.5 kg。机械镀锌一次装筒零件数量受镀筒容量限制，零件形状结构必须较为简单，凹槽或盲孔内因为玻璃珠无法击打到而不能实现锌涂敷。同样重要的是，要选择大小合适的玻璃珠，以免被卡在制件的空腔、凹槽或螺纹中。

机械镀锌最常用于高强度紧固件和一些不适合热镀锌的小制件的镀锌层生产。

14-6 电镀锌工艺及应用有什么特点？

电镀锌工艺分为连续电镀锌和零件电镀锌工艺。

连续电镀锌工艺流程大致如下：将钢板、钢带或钢丝输入合适的入口设备，经过一系列的清洗和漂洗工序，最后进入电镀锌槽并在制件表面形成镀锌层，过程类似于薄板热镀锌，但二者镀锌机理不同，连续电镀锌是通过在镀件上电沉积锌而形成镀锌层的。连续电镀锌最常用的锌电解质为硫酸锌溶液，阳极采用铅-银或其他不溶性导电材料，也可以采用纯锌可溶性阳极；电镀过程中，钢件为阴极；溶液中带正电的锌离子被还原为锌原子沉积在钢件上形成镀锌层；可以在电解质溶液中添加晶粒细化剂，有助于在钢件上产生紧密光滑的镀锌层。

连续电镀锌工艺适用于薄钢板镀锌，其产品在汽车、家电等行业应用非常广泛。由于电镀锌层极薄，为了延长电镀锌层的使用寿命，通常在电镀锌层表面进行漆涂敷。

零件电镀锌原理与连续电镀锌相同，都是采用电沉积工艺形成镀锌层。小型紧固件、曲柄把手、电灯开关板、螺钉、弹簧和其他小五金件等通常采用电镀锌，这些品种繁多、要求不一的小型制件很难在连续作业线上完成电镀锌。制件经过碱性溶液或电解清理、酸洗去除表面氧化物并漂洗后，装在框内或吊挂在吊架上浸入镀液中。电镀液一般为氰化物、碱性非氰化物或酸性氯化物盐溶液，锌用作消耗性阳极。氰化物电镀液电镀效率高，但毒性大，处理不当会造成污染。电镀液中可以加入各种增亮剂来增加镀锌层光泽，但需要仔细控制才能保证电镀质量。

零件电镀锌件通常用于室内或轻度腐蚀环境。如在中等腐蚀性环境或恶劣环境中使用，必须对电镀锌件进行铬酸盐处理，在电镀锌层上形成铬酸盐转化膜层，给电镀锌层提供防腐蚀保护。

14.2　各种锌涂层的性能

14-7　薄板连续热镀锌层有什么特性？

薄板连续热镀锌与批量热镀锌都是经过热浸锌在钢件表面形成镀锌层。尽管都是热镀锌，但工艺方法、产品对象及镀锌层厚度要求等方面都有明显不同。

连续热镀锌工艺具有更好的可控性和精确性，热浸锌后使用气刀可确保镀锌层厚度均匀；镀锌层中合金层很薄，几乎完全由自由锌层 η 构成，所以镀锌层具有良好的延展性，能够承受深度拉深或弯曲而不会开裂；但镀锌层耐磨性比批量热镀锌层低。

薄板连续热镀锌层应符合标准 ASTM A653/A653M《薄钢板热镀锌或镀

层锌铁合金化的标准规范》的要求。该标准中将镀锌层厚度分为 G30、G60 和 G90 等级别。"G"后面的数字与以 oz/ft^2（盎司/英尺^2）为单位的双面镀锌层重量相关，如 G90 表示双面镀锌层重量合计为 0.9 oz/ft^2（274.5 g/m^2）或单面镀锌层厚度约为 20 μm。连续热镀锌层厚度等级与 ASTM A123/A123M《钢铁制件热镀锌层标准规范》中的批量热镀锌层厚度等级各自所对应的镀锌层厚度值对照见表 14-1。

表 14-1　连续热镀锌和批量热镀锌的镀锌层等级及相应的最小平均镀锌层厚度

薄板连续热镀锌					批量热镀锌			
镀锌层级别	双面镀锌层总重量 /(oz·ft^{-2})	单面最小平均镀锌层厚度或重量			镀锌层级别	单面最小平均镀锌层厚度或重量		
		oz·ft^{-2}	mils	μm		mils	μm	oz·ft^{-2}
G360	3.60	1.80	3.02	76.8	100	3.94	100	2.32
G300	3.00	1.50	2.52	64.0	85	3.35	85	1.97
G235	2.35	1.17	1.97	50.1	80	3.15	80	1.85
G210	2.10	1.05	1.76	44.8	75	2.95	75	1.74
G185	1.85	0.93	1.56	39.5	65	2.56	65	1.51
G165	1.65	0.83	1.39	35.2	60	2.36	60	1.39
G140	1.40	0.70	1.18	29.9	55	2.17	55	1.27
G115	1.15	0.58	0.96	24.5	50	1.97	50	1.16
G100	1.00	0.50	0.84	21.3	45	1.77	45	1.04
G90	0.90	0.45	0.76	19.2	35	1.38	35	0.81
G60	0.60	0.30	0.50	12.8	镀锌层等级由钢的厚度和类型决定，镀锌层等级对应的是必须达到的以 μm 为单位的最小平均镀锌层厚度。 单位换算： 1 μm⇌0.03937 mils 1 μm⇌0.02316 oz/ft^2 （依据标准 ASTM A123）			
G40	0.40	0.20	0.34	8.5				
G30	0.30	0.15	0.25	6.4				
G01	0.01	0.005	0.0083	0.21				
镀锌层等级名称"G"后面的数字与钢板两面的镀锌层总厚度相关。 单位换算：1 oz/ft^2⇌1.68 mils。（依据标准 ASTM A653）								

注：①表中薄板连续热镀锌的单面最小平均镀锌层厚度是在两面镀锌层等厚的情况下得到的。单位换算：1 oz/ft^2⇌308 g/m^2。

②标准 ASTM A653 中国际单位制的镀层厚度等级以 Z+数字表示，"Z"后面的数字与以 g/m^2 为单位表示的双面最小平均镀锌层厚度相关。

对于某些镀锌层（平均，下同）厚度要求，采用连续热镀锌或批量热镀锌方法都可以实现。但是，厚度小于 5 mm 的薄制件，采用批量热镀锌工艺可能会产生翘曲变形。此外，如果薄板制件需要在热镀锌后进行成形加工（如冲压、弯曲等），则连续热镀锌薄板是优选的，因为成形加工不会使其镀锌层开裂。

不管哪种热镀锌工艺形成的镀锌层，对基体都能起到防腐蚀保护作用，镀锌层的使用寿命与镀锌层厚度呈线性关系。对于连续热镀锌件，G30、G60 和 G90 是最常见的镀锌层厚度等级，这三个等级的镀锌层厚度要比一般的批量热镀锌件的镀锌层薄得多。

连续热镀锌薄板在加工成产品和安装过程中通常会进行钻孔或冲孔、裁切等，从而可能会形成无镀锌层的切口。虽然周边镀锌层仍能为这些无镀锌层的区域提供阴极保护，但由于连续热镀锌层薄，这些孔或切边附近存在的锌量较少，最佳的做法是在加工后修补裸露区域，以延长其使用寿命。

14-8　富锌漆涂层有什么特性？与热镀锌层有什么不同？

有机或无机富锌漆涂料的干膜厚度一般为 $64\sim90~\mu m$。用富锌漆修复热镀锌层时，根据标准 ASTM A153，富锌漆涂层厚度要比该类材料所要求的最小镀锌层厚度大 50%，但不得超过 $100~\mu m$。富锌漆涂层厚度可使用磁性测厚仪进行测量。

有机涂料以有机树脂为成膜物质，长期暴露于强光下易老化失去其防腐蚀效果，因此涂料耐候性较差。除此之外，有机涂料在应用过程中会释放大量的挥发性有机化合物（volatile organic compounds，VOC），会造成一定的环境污染；有机树脂为易燃物，在涂料施工及使用过程中存在一定的安全隐患。有机富锌漆中成膜物导电性能较差，为增加其导电性，涂料配方设计时，往往会增加锌含量，这通常会影响涂层的附着力等物理性能，容易造成漆膜脱落而影响制件的使用寿命。

无机涂料成膜物质来源于无机矿土，材料价格低廉，环境相容性好，施工安全性更佳。无机富锌漆具有优异的耐热性和导电性，涂层中的氧原子可与金属离子络合生成稳定的金属络合物，因此，涂层与基材存在化学吸附作用，涂层附着力更高，可有效抵抗有机物及海水中氯化物的侵蚀，可广泛应用于腐蚀性较强环境下的防腐蚀工程。有机富锌漆与金属基材仅存在物理吸附作用，涂层吸附力弱、耐候性差，但和无机涂层相比，有机涂层的拉伸、抗冲击、抗损伤等力学性能比较优异。

无机富锌漆的防腐蚀年限一般可达 20 年以上，因此可用于恶劣环境下的金属防腐蚀。而有机富锌漆的使用年限较短，一般为 5～10 年左右，在成本相当的前提下，采用无机富锌漆可实现利益最大化。

因无机涂料中氧原子需与金属原子发生络合反应，涂层才能良好地附着金属基材在上，所以对基材涂敷前的表面处理要求严格；漆膜固化容易受空气温度、湿度等环境因素的影响。而有机富锌漆对基材涂敷前的表面处理要求比无机富锌漆低，对施工环境也不是很敏感。

无机富锌漆与其他面漆配合使用时相容性比有机涂料差；无机富锌漆涂层的表面上往往会有许多细小孔隙，在其上面涂敷面漆时容易起泡；如果无机富锌漆层没有完全固化就涂敷其他面漆，可能会由于涂层之间的黏合力差而导致涂层分离。

选用合适的无机、有机基料，将两者复合作为成膜物质，再与锌粉混合，形成一种结合有机与无机富锌漆优点的高性能涂料。有机-无机相结合的富锌涂料一般是在水性无机富锌涂料中，加入有机树脂对其改性而成的。

富锌涂料用的锌粉有粒状及片状两种，片状锌粉平行搭接使导电性比点接触的粒状锌粉更好，可以更好地起到电化学保护作用。但是片状锌粉含量越高越容易发生沉降团聚现象，影响涂层的性能，且生产成本较高，在一定程度上限制了片状锌粉在富锌涂料中的应用。在富锌涂料中添加石墨烯、碳纳米管等替代部分锌粉，制备综合性能高的新型复合涂料成了当前的研究热点之一。

表 14 - 2 列出了热镀锌层与富锌漆涂层的某些特性，可相互进行比较。无机富锌漆层中锌含量约为 4.2 g/cm^3，比热镀锌层少约一半。富锌漆层与钢基体为机械结合或经轻度化学反应而附着在钢基体上；热镀锌层与钢基体是冶金结合，结合强度显然比富锌漆层高。

表 14 - 2　热镀锌层与富锌漆涂层比较

特性		热镀锌层	富锌漆涂层
锌涂层物理状态	厚度	满足相关标准要求，例如按标准 ASTM A123，钢结构材料厚度为 6.4 mm，则热镀锌层厚度大于等于 100 μm	有一定随机性(受涂敷者的技能、气候等因素影响，漆涂层厚度可能无法全部满足最低要求)
	一致性	边缘及拐角处热镀锌层厚度大于等于平面上热镀锌层厚度	边缘及拐角漆涂层厚度小于平面上漆涂层厚度

续表

特性		热镀锌层	富锌漆涂层
阴极保护作用		确定，热镀锌层相对钢基体是阳极	不确定（如果漆涂层中含锌量太低，或成膜物质导电性不良，漆涂层中的锌就不能起到良好的阴极保护作用）
在腐蚀性矿井水中浸泡 2000 h		基底钢无腐蚀	可发生漆涂层吸收水和基底钢在漆涂层下腐蚀
暴露在紫外线下		对热镀锌层性能没有影响	有机富锌漆涂层受到紫外线照射会降解；无机富锌漆涂层没有严重的退化
耐磨性	硬度	合金层维氏硬度为 HV179～250，比钢基体硬度高	较低
	抗磨损	数据显示，其耐磨性是富锌漆层耐磨性的三倍	较差
与钢的结合强度		≈24.8 MPa	2.8～4.1 MPa
使用温度范围		−100～350 ℃	无机富锌漆涂层可以承受高达约375 ℃的温度；有机富锌漆涂层使用温度限制在90～150 ℃
涂敷工艺	表面准备	已形成规范的、可控的、科学的程序	待涂敷表面涂敷前必须达到清洁要求并符合清洁时效要求。受操作工技能影响
	实施涂敷	热镀锌温度、锌液成分调整可控；热镀锌层质量在一定程度上受操作人员影响，热镀锌层外观可见	涂敷过程富锌漆需不断搅拌，需调控每一道工序的涂敷厚度和时间
涂敷条件		每天每时，所有的气候条件	受空气温度、湿度等环境因素的影响
产品的尺寸范围		受锌锅尺寸、吊运设备、场地限制	无限制
生命周期成本		一般情况下，热镀锌初始成本就是生命周期成本	在制件生命周期内，富锌漆涂层通常需要几个维护周期，成本远远高于热镀锌层

富锌漆在涂敷过程中需要不断搅拌，以防止富锌漆中锌颗粒沉积而使部分涂层中锌粉浓度达不到要求。如果锌颗粒被封裹在导电性很差的成膜物质中，那么涂层中的锌就不能对钢基体起到阴极保护作用。富锌漆涂层防腐蚀、涂层均匀性（特别是在角落和边缘）欠佳，且在制件生命周期内维护成本较高。

14-9 热喷涂锌层有什么特性？与热镀锌层有什么不同？

与热镀锌层一样，热喷涂锌层也可给基体钢提供防腐蚀屏障保护和阴极保护，但保护效果与热喷涂锌层自身的性能特点相关。

热喷涂锌层厚度范围一般为 84~211 μm，采取特殊措施也可生产厚度超过 250 μm 的涂层。热喷涂锌层的一致性与操作人员的经验和技能水平有关，制件拐角或边缘的喷涂层可能较薄。而热镀锌在平面和边角部分产生的镀锌层厚度基本均匀一致。

热镀锌层和热喷涂锌层的显微组织明显不同，图 14-4(a) 为热喷涂锌层的显微组织，(b) 为热镀锌层显微组织。可以看出，热喷涂锌层组织孔隙较多，而热镀锌层较致密。(a) 图热喷涂锌层组织中的黑点就是空隙，热喷涂锌层受到大气腐蚀时，锌的腐蚀产物会填充到孔隙中去。

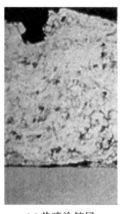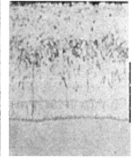

(a) 热喷涂锌层　　　　(b) 热浸镀锌层

图 14-4　热喷涂锌层和热镀锌层显微组织比较

制件表面热喷涂锌层对基体防腐蚀保护的寿命与涂层中的锌含量直接相关，所以，除了涂层厚度外，涂层密度也很重要。热喷涂锌层密度约为 6.4 g/cm³；而热镀锌层的密度约为 7.2 g/cm³。

热喷涂锌层的附着机理主要是机械性的，附着力取决于喷涂时锌颗粒的动能。热喷涂锌层与基体钢的结合强度约为 10.3 MPa；热镀锌层与基体钢是冶金结合的，结合强度约为 24.8 MPa。除了结合强度或附着力外，锌涂层的耐磨性也很重要，耐磨性与硬度相关。如用维氏硬度值（HVN）来评定材料的硬度，钢基体的硬度约为 HVN159；金属间化合物热镀锌层的硬度为HVN179～250 ，高于基体钢硬度，具有优异的耐磨性能。热喷涂锌层的硬度基本是自由锌的硬度，只有 HVN70，在运输、装配和使用期间容易遭到机械损坏。

热镀锌层在多种类型的大气环境（包括工业、城市、海洋和农村等环境）中，可以免维护 50～75 年，而热喷涂锌层免维护时间大约为 17～22 年。在考虑采用哪种工艺方法获得锌保护层时，成本是必须考虑的重要因素。生产热镀锌层的初始成本大约是生产热喷涂锌层的一半。在钢制件的整个生命周期中，由于热喷涂锌层需要额外的维护，其最终成本可能是热镀锌层的 4～5倍。热镀锌与热喷涂锌工艺及所获得镀（涂）层的性能简要对比见表 14 - 3。

表 14 - 3 热镀锌与热喷涂锌工艺及锌保护层性能对比

特性		热镀锌	热喷涂锌
免维护时间（耐久性）		50～75 年	17～22 年
锌涂层（热镀锌层）覆盖区域	空腔	可以	不能
	难以达到的角落	可以	不能
对基体的阴极保护作用		可以	可以
结合强度		≈24.8 MPa	≈10.3 MPa
结合类型		冶金结合	机械结合
涂敷工艺	条件	不受天气影响	需满足一定的气候条件
	场所	工厂	一般没有限制
	表面处理	碱、酸和助镀溶液一系列标准化化学清洗和处理	由操作工喷抛清理至钢表面呈金属光泽
	实施涂敷	定时、可控	热喷涂锌必须在喷抛清理后 4 h 内进行
硬度（耐磨性）		金属间化合物热镀锌层为 HVN179～250，比钢基体硬度高	喷涂锌层为 HVN 70，涂层为锌金属，硬度小于基体钢的一半，容易受到划伤和冲击损伤
锌涂层（热镀锌层）物理状态	厚度	35～100 μm	84～211 μm
	均匀性	在平坦表面和边角部分均匀一致	边角、拐角处涂层可能比较薄；受操作者技能影响
制件的尺寸范围		受锌锅大小的限制	没有尺寸限制

14-10 机械镀锌层有什么特性？与热镀锌层有什么不同？

依据标准 ASTM B695《钢铁表面机械镀锌层的标准规范》，机械镀锌层按厚度进行分类，见表 14-4，各类镀锌层最小厚度在 $5\sim107\ \mu m$ 范围内。一般商用紧固件的镀锌层厚度为 $38\sim50\ \mu m$。机械镀锌层的密度约为 $5.4\ g/cm^3$；而热镀锌层密度约为 $7.2\ g/cm^3$。热镀锌层每单位体积的锌含量比机械镀锌层高 30% 以上。

表 14-4 机械镀锌层厚度的分类及对应的最小厚度

分类	110	80	70	65	55	50	40	25	12	8	5
最小厚度/μm	107	81	69	66	53	50	40	25	12	8	5

机械镀锌无论是镀锌前经过预镀铜处理，还是镀筒内加入少量的亚锡盐进行打"锡底"，作用都是使锌粉能够更加容易地附着于工件表面，改善机械镀锌层的表面覆盖完整性并提高结合强度。从微观上看，机械镀锌层似乎是由松散的扁平锌颗粒黏在一起而成的；机械镀锌层与钢基体以机械方式结合，其与钢基体之间及其中锌粒与锌粒之间的结合要比热镀锌层与钢基体之间及热镀锌层组成之间的冶金结合弱很多。机械镀锌件的小尺寸内腔、凹槽和螺纹等区域镀锌层厚度通常较小，因为这些区域受到的玻璃球锤击作用很小。热镀锌件的镀锌层在所有表面几乎都是均匀的，一般由一系列锌铁合金层和表面纯锌层组成；机械镀锌层没有锌铁合金层，锌层耐磨性较差。

有些制件采用机械镀锌则比电镀锌和热镀锌更具有优越性。

电镀过程中，作为阴极的镀件在镀锌层形成和增厚的同时，镀件基体金属内也渗入了氢，增加镀件产生氢脆的风险。本书第 5 章问题 5-5 对热镀锌件的氢脆问题已作了叙述。对于高强度钢制件，在热镀锌温度下加热，强度往往会有所降低。而机械镀锌在室温条件进行，不存在降低强度的问题。例如国内有研究人员认为 GB / T 3098.1《紧固件机械性能 螺栓、螺钉和螺柱》中 9.8 级及以上级别的螺栓热镀锌后难以满足强度要求，故大多采用机械镀锌。

虽然紧固件采用机械镀锌并不鲜见，但螺母和螺栓的螺纹等锋利边缘处的镀锌层附着力和镀锌层厚度肯定存在不足，这将极大地影响紧固件的长期防腐蚀性能，因此，如果紧固件强度受热镀锌温度影响微小，采用热镀锌能获得更可靠的长期防腐蚀保护。

近年来机械镀锌有逐渐向合金化方向发展的趋势，如在一般机械镀锌的基础上加入其他金属粉末或者直接以合金粉进行机械镀锌，以此来提升镀锌层的质量和性能。

14-11 连续电镀锌层有什么特点？

连续电镀锌工艺可以用于任何等级的热轧或冷轧薄钢板，可在一侧或两侧表面镀上相同或不同重量的锌层，且不应影响母材的力学性能。电镀锌层重量应符合标准 ASTM A879/A879M《标明每面镀锌层等级的薄钢板电解镀锌层标准》的规定，见表14-5。

表14-5　连续电镀锌钢板每面镀锌层等级与重量

镀锌层厚度等级	镀锌层重量（英制）		镀锌层厚度等级	镀锌层重量（国际单位制）	
	最小 /(oz·ft^{-2})	最大 /(oz·ft^{-2})		最小 /(g·m^{-2})	最大 /(g·m^{-2})
00Z	无镀锌层	无镀锌层	00G	无镀锌层	无镀锌层
01Z	0.01	0.05	03G	3	15
02Z	0.02	0.08	06G	6	24
04Z	0.04	0.10	12G	12	31
07Z	0.07	0.13	20G	21	40
08Z	0.08	0.16	24G	24	49
13Z	0.13	0.23	40G	40	70
16Z	0.16	0.26	50G	49	79
20Z	0.20	0.30	60G	61	92
23Z	0.23	0.36	70G	70	110
30Z	0.30	0.43	90G	92	131
32Z	0.32	0.46	98G	98	140

注：单位换算，$1.00\ \text{oz/ft}^2 \rightleftharpoons 305\ \text{g/m}^2$，$1\ \text{g/m}^2 \rightleftharpoons 0.00328\ \text{oz/ft}^2$。

连续电镀锌层等级中带 Z 字母的镀层重量单位采用的是英制单位 oz/ft^2，带 G 字母的镀锌层重量单位是国际单位制（SI）单位 g/m^2。标准 ASTM A879 指出，每个单位制应独立使用。如果薄钢板两侧表面防腐蚀保护要求不同，则应组合指定两个表面的镀锌层厚度等级，但不能出现 00Z/00Z 或 00G/00G 这样的组合，因为连续电镀锌板材应至少在一个表面上有镀锌层。

从表14-5可以看出，电镀锌层厚度等级中不但规定了镀锌层厚度最小值，还规定了镀锌层厚度最大值。32Z 和 98G 分别是英制和国际单位制中最厚的电镀锌层厚度等级，所要求的最小镀锌层重量分别为 0.32 oz/ft^2 和 98 g/m^2，最大镀锌层重量为 0.46 oz/ft^2 和 140 g/m^2。根据标准 ASTM A879，1 oz/ft^2 相当于 1.68 mils，1 g/m^2 相当于 0.14 μm，则 32Z 和 98G 等级要求的电镀锌层厚度最小值分别约为 0.54 mils 和 13.7 μm，最大值分别约为 0.77 mils 和 19.6 μm。

连续电镀锌层的组织、性能、厚度及与钢基体结合力等方面与热镀锌层有很大差异。这种电沉积镀锌层是纯锌附着在钢基体上，与钢基体是一种机械结合，没有形成冶金结合和合金层。连续电镀锌层表面光滑，镀锌层具有很高的塑性，即使发生严重变形，仍能保持完整。由于薄板上的电镀锌层非常薄，建议采用涂漆或其他表面涂层来提高其使用寿命。

连续电镀锌的钢丝可进一步缩径，形变率取决于钢丝的化学成分、热处理工艺和钢丝直径。经过热处理和电镀锌的钢丝冷拔面缩率可达到 95％左右。

电镀锌层可进行适当处理，使其表面状态适合涂装。

14-12 零件电镀锌层有什么特点？

零件电镀锌层完全是纯锌层，具有暗灰色哑光表面，电镀锌层厚度不超过 25 μm。调整工艺或在镀液中添加试剂或通过镀后处理，可以使电镀锌层表面呈银白色且较有光泽。

标准 ASTM B633《钢铁上电镀锌层的标准规范》列出了零件电镀锌层的等级，见表 14-6。表中 Fe/Zn 后面数字为电镀锌层厚度，单位为 μm。电镀锌件镀层厚度应该符合所选的厚度等级；但电镀锌件上螺纹孔、深槽、角根部等区域的电镀锌层很难达到规定最小厚度，所以这些部位的电镀锌层通常不受最小厚度要求的限制，除非明确指定这些部位电镀锌层厚度要求不能例外。

表 14-6 零件电镀锌层的厚度等级及所适用的服役条件

等级名称	电镀锌层最小厚度/μm	服役条件★
Fe/Zn 25	25	SC4—非常严酷
Fe/Zn 12	12	SC3—严酷
Fe/Zn 8	8	SC2—中度
Fe/Zn 5	5	SC1—轻度

注：★服役条件(service condition，SC)，按服役条件严酷性，从高到低分为 4 个层次(SC4～SC1)。服役条件除环境的腐蚀性外，还包括电镀锌层受到摩擦、碰撞等情况。

电镀锌后处理包括电镀锌层表面钝化，可赋予不同的半透明颜色或延长镀锌层寿命。标准 ASTM B633 将电镀锌层表面最终状态分为 6 种类型，见

表 14-7。表中还列出了每种类型表面膜层耐盐雾试验时间，由此基本可以判断出它们的相对耐腐蚀性能，根据具体环境的腐蚀性，可选择电镀锌后不同类型的表面处理方式。

表 14-7　零件电镀锌层表面处理类型及其膜层耐盐雾试验时间

类型	描述	★耐盐雾试验时间/h
Ⅰ	电镀锌后不进行后处理	—
Ⅱ	有色铬酸盐钝化	96
Ⅲ	无色铬酸盐钝化	12
Ⅳ	磷酸盐转化膜	—
Ⅴ	不含六价铬无色钝化	72
Ⅵ	不含六价铬有色钝化	120

注：★ 对符合标准 ASTM B633 相关要求的六类表面处理的电镀锌件样品，按标准 ASTM B117《盐雾试验设备操作规程》进行盐雾试验。试验样品连续暴露于盐雾中，电镀锌层表面钝化膜层耐盐雾试验时间应符合表 14-7 要求，试验期结束时，不得显示有锌的腐蚀产物和基础金属腐蚀产物。

电镀锌层表面经钝化处理，会减少电镀锌层重量。对于电镀锌层厚度等级为 Fe/Zn 12 和 Fe/Zn 25 类的镀层，这种减少是微不足道的；但对厚度等级为 Fe/Zn 8、Fe/Zn 5 类的电镀锌层的影响就不能忽视了。所以，不建议对镀层标称厚度小于 5 μm 的电镀锌层进行钝化处理。电镀锌层经 Ⅴ 类型和 Ⅵ 类型钝化处理生成的膜层从技术上来说并不是"铬酸盐"钝化膜，它们是不含六价铬离子的钝化膜，但能为电镀锌层提供较好的防腐蚀保护。

14.3　各种锌涂层的综合比较及选择

14-13　各种锌涂层厚度、含锌量及防腐蚀保护能力有何差异？

不同工艺方法获得的锌涂层具有不同的防腐蚀保护能力，涂层厚度通常是预判各种锌涂层使用寿命的依据。同一种工艺产生的锌涂层，使用寿命与锌涂层厚度呈线性关系，涂层越厚，使用寿命相对越长。评估不同工艺产生的锌涂层寿命时，单凭前述的镀锌层厚度判断可能会产生偏差，除锌涂层厚度外，单位体积内的锌含量也是一个重要的评判因素。不同工艺方法产生的锌涂层单位体积锌含量有的相同，有的则不同。

图 14-5 为几种常用工艺方法产生的锌涂层横截面显微组织照片，这些

照片不但显示了一般情况下各种工艺方法生产的锌涂层厚度的差别，还可看出锌涂层的致密程度的不同。

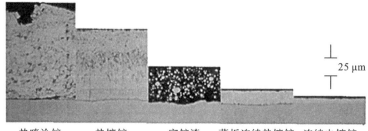

热喷涂锌　　　热镀锌　　　富锌漆　薄板连续热镀锌　连续电镀锌
图 14-5　各种锌涂层横截面显微照片

表 14-8 中列出了不同工艺方法生产的锌涂层，是以单位面积上的锌含量为 305 g/m² 时对应的锌涂层厚度。

表 14-8　单位面积含锌量相同时不同类型锌涂层的厚度

生产锌涂层工艺类型	含锌量为 305 g/m² 时对应的锌涂层厚度
热镀锌（批量或连续）、电镀锌（连续或零件）	43 μm
热喷涂锌	48 μm
机械镀锌	55 μm
富锌漆	75～150 μm

单位面积锌涂层含锌量相同，预计防腐蚀保护使用寿命基本相同。例如 43 μm 厚的热镀锌层与 55 μm 厚的机械镀锌层或 75～150 μm（取决于漆料配方）厚的富锌漆涂层有基本相同的防腐蚀保护寿命。

需要注意是，对于连续热镀锌板，相关标准中镀层厚度等级对应的单位面积镀锌层重量是指板两面镀锌层的总重量，在两面镀锌层等厚的情况下取其一半才是单面单位面积镀锌层的含锌量。

14-14　各种锌涂层及应用有何异同之处？

锌涂层暴露在大气中时，由于涂层中锌的活性很高，会很快地与大气中的氧、水汽发生反应，如果反应产物能在锌涂层表面形成有效的屏障，将极大地降低锌涂层进一步腐蚀反应的速度。锌涂层中锌对基体金属有阴极保护作用。

如果选择采用锌涂层进行防腐蚀保护，需根据制件特点、生产设备条件及服役环境选择合适的生产锌涂层的工艺方法。表 14-9 汇总了各种工艺方法生产的锌涂层的特性、遵循标准、成品外观、适用环境等信息。

表 14-9 各种锌涂层比较

锌涂层特性等信息 性能特点	工艺方法						
	批量热镀锌	薄板连续热镀锌	富锌漆涂敷	热喷涂锌	机械镀锌	连续电镀锌	零件电镀锌
涂敷场所及条件	工厂控制;无特殊要求	工厂控制;无特殊要求	在车间或现场;适当的温度和湿度;操作人员较高的技能	在车间或现场;适当的温度和湿度;操作人员较高的技能	工厂控制;无特殊要求	工厂控制;无特殊要求	工厂控制;无特殊要求
遵循标准	ISO 1461, GB/T 13912, ASTM A123, A153,A767, CSA G164	ASTM A653	★SSPC-PS Paint 20,SSPC-PS Guide 12.00, SSPC-PS 12.01,HG/T 3668	AWS C2.21 AWS C2.18	ASTM B695	ASTM A879	ASTM B633
涂层厚度	不小于有关标准中要求的最小厚度(35~100 μm)，一般情况下单面镀锌层厚度为 50~203 μm	不小于有关标准要求的最小厚度(双面镀锌层厚度等级情况下单面镀锌层厚度为 0.21~77 μm)	一般为 64~90 μm。据标准 ASTM A153,镀锌层的修复涂层比基材要求的最小镀层厚度大50%,但不可大于 100 μm;据 ASTM A123,修复涂层厚度为 75~100 μm	一般为 84~211 μm,可超过 250 μm	不小于有关标准要求的最小厚度(5~107 μm)。一般商用紧固件的镀锌层厚度为 38~50 μm	单面镀锌层厚度最小值为 0~13.7 μm。单面镀锌层最大值为 0~19.6 μm(产品至少在一个表面上有镀锌层)	不小于有关标准要求的最小厚度(5~25 μm)。一般镀锌层厚度为 5~13 μm
锌涂层单位体积锌含量	≈7.2 g/cm³	≈7.2 g/cm³	≈4.2 g/cm³（无机富锌漆）	≈6.4 g/cm³	≈5.4 g/cm³	≈7.2 g/cm³	≈7.2 g/cm³

续表

锌涂层特性等信息	工艺方法						
	批量热镀锌	薄板连续热镀锌	富锌漆涂敷	热喷涂锌	机械镀锌	连续电镀锌	零件电镀锌
制件尺寸	一般是紧固件到大型构件(由锌锅尺寸决定,可考虑采用渐进热镀锌方法)	薄钢板、薄钢带、钢丝 ★★薄钢板、镀锌后厚度为0.25~5.5 mm、宽度为600 mm及以上	无限制	无限制	小零件,通常尺寸在200~300 mm范围内,重量小于0.5 kg	薄钢板、薄钢带、钢丝	小零件
涂层厚度一致性	100%均匀覆盖,包括边缘、拐角。	厚度均匀,由气刀控制	不一致,边缘和角落涂层较薄,内腔表面难以涂敷。操作员的技能水平影响涂层厚度一致性。	不一致、操作员的技能水平影响涂层厚度一致性。	不一致、边缘、拐角和凹陷处涂层较薄甚至漏镀	100%覆盖	100%覆盖
与基体钢的结合	冶金结合,结合强度约24.8 MPa	冶金结合,结合强度24.8 MPa	机械结合,结合强度为2.8~4.1 MPa	机械结合,结合强度10.3 MPa	机械结合,结合强度4.1 MPa	机械结合,结合强度2.1~3.4 MPa	机械结合,结合强度2.1~3.4 MPa

续表

锌涂层特性等信息	工艺方法						
	批量热镀锌	薄板连续热镀锌	富锌漆涂敷	热喷涂锌	机械镀锌	连续电镀锌	零件电镀锌
硬度（耐磨性）	金属间化合物层 HV 179～250	≈HV 70	硬度较低，不耐磨	≈HV 70	≈HV 75	≈HV 70	≈HV 75
成品外观	哑光灰色或光亮色，可以形成锌花，也可呈以上外观混合状态	可有小锌花或大锌花，也可无锌花，花光亮表面	光滑的表面，颜色适合特殊要求	哑光灰色，粗糙	哑光灰色，较电镀表面粗糙	表面平滑，光亮，如表面钝化则略显粗糙	光滑表面；暗灰色到有光泽；由添加剂控制
适用环境	室内/室外	室内或室外弱腐蚀性环境	室内/室外	室内/室外	室内/室外	室内或室外弱腐蚀性环境	室内或室外弱腐蚀性环境

注：★ SSPC－Paint 20《富锌漆：Ⅰ型—无机；Ⅱ型—有机》，SSPC－PS Guide 12.00《富锌涂层体系指导》，SSPC－PS 12.01《单一富锌涂层体系》。

★★引自标准 ISO 3575《商业级和拉伸连续热镀锌和锌铁合金镀层碳钢板》和 ISO 4998《结构级连续热镀锌和锌铁合金镀层钢板》。

本表未收纳各类锌涂层的生产成本和制件寿命周期内维护成本方面的信息，但决定采用何种锌涂层生产工艺方法时，经济成本也是必须考虑的因素。

14-15 如何选择建筑工程用镀锌钢钉？

热镀锌、电镀锌和机械镀锌是生产钉子镀锌层的三种常用的工艺方法。用户在选购镀锌钉子时，往往会忽略生产镀锌层的工艺方法及镀锌层性能方面的差异。表14-10列出了这三种生产镀锌层的工艺方法及所生产的镀锌层的性能特点。应根据所需的防腐蚀保护要求及镀锌层的相关性能指标，选择合适的镀锌层生产工艺生产的镀锌钉子。

表 14-10 三种镀锌钢钉镀锌层比较

镀锌层特性等信息	工艺方法		
	热镀锌	电镀锌	机械镀锌
具体工艺方法	钢钉表面经一系列化学物质溶液清洁后，浸入锌液中，然后用离心方法除去多余的锌	清洁钢钉表面，浸入电镀液槽中，在电流的作用下进行锌电沉积	清洁钢钉表面，经处理形成所谓"闪铜"的预镀铜层，然后和玻璃珠、锌粉一起在桶内翻滚
镀锌层厚度	不小于 43 μm	最厚为 9 μm	5～107 μm（依据翻滚时间），典型厚度为 38 μm
覆盖完整性	100％覆盖	100％覆盖	镀锌层厚度不一致，在边缘和钉头处镀锌层较薄
适用环境	室外和室内	室内	室内（很少在室外应用）
首次维护时间	25～55＋年	5～10＋年	10～15 年

注：首次维护时间最小值和最大值分别为工业和农村环境中的首次维护时间。

热镀锌钢钉的镀锌层是均匀的，即使镀锌层被划伤或小范围局部受损，仍可对钢钉基体起到良好的防腐蚀保护作用。热镀锌钢钉镀层有优异的耐磨性和抗击打能力。热镀锌钢钉适用于各种腐蚀性环境。

电镀锌钢钉镀锌层非常薄，比较适用于室内环境。电镀锌钢钉用于室外环境，如屋顶工程，使用5～10年之后，在钉头上就可能看到锈迹。机械镀锌钢钉大部分表面可以获得与热镀锌相近的镀锌层厚度，但钉子边缘和钉头下方的镀锌层较薄，镀锌层的密度比热镀锌层低25％，耐磨性也不如热镀锌层。机械镀锌钢钉应用于室外环境，镀锌层寿命通常只有10～15年。

五金店常将电镀锌和机械镀锌的钢钉作为"镀锌"钢钉出售，这有可能使人们误认为是热镀锌钢钉。为房屋屋顶等室外工程购买钉子时，应确认是热镀锌钢钉。

14-16　螺栓和其他紧固件应如何选择锌保护层类型？

各种工艺生产的镀锌层的寿命与镀层厚度存在线性关系，当然也与镀锌层密度有关。紧固件镀锌层的生产工艺方法有如下几种。

1. 零件电镀锌

零件电镀锌紧固件的电镀锌层厚度通常为 $5\sim13\ \mu m$。零件电镀锌工艺一般适用于室内或室外弱腐蚀环境使用的小型紧固件。在中等腐蚀环境中使用的电镀锌紧固件通常需经铬酸盐处理，在表面形成铬酸盐转化膜，以提高电镀锌层使用寿命。铬酸盐处理还可用于形成可接受的外观色泽，典型的铬酸盐转化膜的色泽可以是透明或略带蓝色(俗称为透明锌或蓝锌)、彩虹黄色(俗称为黄锌)、重铬酸锌色、锌黄铬酸盐色、镀锌金色、氧化黑色、黑铬酸盐色或黑锌色。

2. 机械镀锌

紧固件机械镀锌可获得与热镀锌相近的镀锌层厚度，但紧固件边缘附近和螺栓头部下方表面的镀锌层都较薄。商用紧固件机械镀锌层厚度一般为 $50\ \mu m$ 左右。机械镀锌紧固件的外观多为哑光灰色，表面略显粗糙。

3. 高温热镀锌

高温热镀锌是锌浴温度在 $560\sim630\ ℃$ 范围内的热镀锌工艺。镀锌层由 γ 层和紧密的 δ 层组成，总体镀锌层薄而非常坚硬，表面显粗糙。根据需要，镀锌层厚度可以控制在 $25\sim80\ \mu m$ 范围内。

高温热镀锌通常用于一些既需要卓越的防腐蚀保护性能的镀锌层又需要精确装配(镀锌层厚度受控)的五金件。高温热镀锌层耐磨性好，镀锌层表面利于涂装。

4. 热扩散镀锌(渗锌)

热扩散镀锌(渗锌)工艺是将清洁后的制件放入配有锌粉和专用化学品的滚筒中加热翻滚，加热温度为 $360\sim440\ ℃$，产生的镀锌层为铁锌金属间化合物层，没有自由锌层，表面呈哑光灰色；镀锌层厚 $25\sim76\ \mu m$。ArmorGalv$^{®}$ 和 Greenkote 是热扩散镀锌的专利方法。镀件的镀锌层厚度可按照标准 ASTM A1059《钢紧固件、五金器具和其他产品的锌合金热扩散镀层》中的规定选定。

对装配或对准要求较高的紧固件，以及镀锌层上需涂漆或进行粉末涂装的紧固件，采用热扩散镀锌可能是比较适宜的。在北美，五金件镀锌大多指定采用热扩散镀锌工艺；而在欧洲，热扩散镀锌工艺则大多应用于小零件和管子。热扩散镀锌工艺整体成本比热镀锌高，且生产量大小受到设备产能限制，达到规范要求的镀锌层厚度的镀锌时间一般为 6～8 h。

5. 热镀锌

螺纹紧固件上有螺旋曲面和许多边角凹槽，螺栓头部分也是多边角外形。确保镀锌紧固件表面的镀锌层均匀一致是非常重要的。如果这些边角、凹槽区域没有足够厚的镀锌层，钢基体可能首先从这些区域开始腐蚀。螺纹腐蚀会降低紧固强度而产生安全问题。热镀锌能形成均匀的镀锌层；镀锌层中铁锌化合物垂直于钢基体生长，拐角和边缘的镀锌层可以与平面上的镀锌层一样厚。漆涂敷工艺在边缘和角落产生的锌涂层相对其他部分薄很多。电镀由于电流分布不均匀等因素也会使镀锌层厚度不均匀。机械镀锌形成的沉积镀锌层厚度，也不能像热镀锌一样均匀，甚至会在凹角部分产生漏镀。环氧树脂涂敷螺栓可能会漏涂或在固化过程中产生空隙，使得螺栓甚至在出厂之前就可能开始腐蚀；环氧树脂涂层在装配及使用、拆装过程中也可能被损坏。

镀锌层对基底钢的防腐保护作用与镀锌层厚度及密度有关。热镀锌层厚度比机械镀锌层厚，密度也高；热镀锌层的密度比机械镀锌层至少高 30%；电镀锌层的密度虽然和热镀锌层相同，但涂层非常薄，一般仅适用于室内。

紧固件的保护涂层的耐磨性是另一个要考虑的重要因素。螺栓和其他紧固件在装配或使用过程经常反复拆装，可能造成涂层磨损或损坏，在转运过程发生碰撞也有可能损伤涂层。热镀锌层中的铁锌合金层比基体钢更硬，具有优异的耐磨性。其他工艺生产的锌涂层的硬度最多只有基体钢的一半。镀锌层除了为基体提供屏障保护之外，当热镀锌层被划伤或小范围刮除时，镀锌层仍能为基体钢提供阴极保护。环氧树脂涂层只能提供屏障保护，并且容易被损坏。

综上所述，热镀锌与其他生产锌涂层的方法相比，可使边缘、角跟部和螺纹能和其他表面一样获得完整均匀的镀锌层，镀锌层密度更高，耐磨性和结合强度也更高，能为基体钢提供更长的防腐蚀保护寿命。其他锌涂层因各自的生产工艺和性能特点，在工程中也都得到了很多应用。

>>> 第 15 章　双涂层体系

15.1　双涂层体系的特性及影响涂装的因素

15-1　什么是双涂层体系？

为保护钢免受腐蚀，研究人员长期以来采用热镀锌或涂敷某种类型的漆或粉末喷涂等方法，在钢表面形成某种保护涂层。随着科技新成果的不断取得，越来越多地同时应用两种防腐蚀保护方法，最典型的例子就是钢件经过热镀锌后再在镀锌层表面进行涂漆或粉末喷涂，组成所谓"双涂层体系"。两种涂层协同作用提供的防腐蚀保护效果远远优于其中任何一种单独涂层的使用效果。现在已有许许多多成功的采用双涂层体系的产品实例，小轿车外壳和无线电塔就是其中两个很好的例子。

镀锌层表面进行涂漆或粉末喷涂前，需要仔细清洁及轮廓制备。镀锌层表面只有仔细清洁和正确的轮廓制备后，涂漆层和粉末涂层才能在镀锌层上有极佳的附着力，双涂层体系才能发挥很好的防腐蚀保护作用。

在研究过去涂敷失败与成功案例的基础上，经热镀锌厂、涂料生产公司、研究人员、涂料施工承包商和其他有关方面讨论协商，于1999年制定了标准ASTM D6386《热镀锌钢铁产品和五金器具表面漆涂装预处理操作规程》；此后又多次修改更新，2022年发布了ASTM D6386-22版标准，该标准详细说明了热镀锌层表面进行漆涂装表面预处理的实施规程。镀锌件暴露在大气中的时间不同，镀锌层表面状况也不同，其表面状况大致可分为三种，即镀锌后新表面、表面部分风化和完全风化。针对不同的表面状态，镀锌层表面漆涂装的预处理工作略有不同。

镀锌层表面采用粉末喷涂可获得优异的耐腐蚀涂层，喷涂层中不含任何挥发性材料，且比较耐磨。粉末涂料采用聚酯热固性树脂，喷涂到清洁的镀锌层表面后，在接近180 ℃的温度下进行固化。如能正确地进行涂装和维护，则涂敷层不会出现裂纹、起皮或脱落，也不会产生环境污染问题。2012 年标准 ASTM D7803《热镀锌钢铁产品和五金器具表面粉末涂装预处理操作规程》颁布，2019 年颁布了改版后的标准 ASTM D7803 - 19，该标准提出了热镀锌层表面进行粉末涂装的预处理要求和方法，不同表面状态的镀锌层表面预处理要求和方法有所不同。标准 ASTM D6386 和 ASTM D7803 都引用了美国防护涂料协会表面处理标准中的相关内容，见第 2 章表 2 - 16。粉末喷涂工艺还涉及一个除气步骤，有其独特的实施工序。

15 - 2　标准 ASTM D6386 和 ASTM D7803 对镀锌层表面涂装前的预处理有什么不同表述？

ASTM D6386《热镀锌钢铁产品和五金器具表面漆涂装预处理操作规程》和 ASTM D7803《热镀锌钢铁产品和五金器具表面粉末涂装预处理操作规程》对于镀锌层新表面、表面部分风化和完全风化三种表面状态，两个标准有各自的预处理规程。不难发现，这两个标准存在一些重要的差异，但在许多方面是相似或相同的。

对于镀锌层表面涂装的预处理方法，标准 ASTM D7803 和 ASTM D6386 有两个重要区别。第一，标准 ASTM D6386 允许对镀锌层表面进行洗涤底漆处理，即可依据美国防护涂料协会(SSPC)的标准 SSPC-Paint 27《碱性铬酸锌-乙烯基丁缩醛洗涤底漆》进行表面处理，并且允许在漆涂装前对镀锌层进行丙烯酸钝化处理，而标准 ASTM D7803 不允许在粉末喷涂前进行这两种表面处理。第二，标准 ASTM D7803 给出了粉末喷涂前镀锌件加热预处理(预烘烤)的指南，而标准 ASTM D6386 中没有这方面内容和要求。粉末喷涂前对镀锌件预加热是很有必要的，目的是防止粉末涂料固化过程中发生镀锌层表面脱气现象。通过预热镀锌件，可使镀锌层表层水分在粉末喷涂前蒸发，可大大减少粉末涂层出现针孔或起泡的机会。

15 - 3　双涂层体系可以满足对外观色彩的不同要求吗？

采用双涂层体系除了给基体材料提供无与伦比的防腐蚀保护外，还可根据需要获得所希望的外观色彩。

(1)美观需求。镀锌层本身就可以形成金属灰色表面，深受许多专业人士欣赏。但有时镀锌层金属色表面不适合某些特定项目，在镀锌层上涂漆或喷涂粉末涂料形成双涂层体系则是解决表面色泽问题的很好选择，可以满足建筑师对充满活力的色彩的追求，或满足业主对制件表面色彩与周围环境融合的愿望，或能凸显某品牌标识。镀锌层表面涂漆或进行粉末喷涂在满足对镀锌件外观颜色要求的同时，可给镀锌层提供很好的防腐蚀保护。

（2）安全标志。维护高空交通安全标志及构件的成本很高，也非常麻烦。这些标志物或构件通常要求进行热镀锌，并在镀锌层表面涂上橙色和白色等安全标志颜色漆层，这样既能提高安全标志物或构件的辨识度又能保证它们的使用寿命。

（3）彩色代码。双涂层体系广泛用于工业设施中，例如输送蒸汽、水和其他流体的热镀锌管道系统，通常涂上颜色代码或标志，以方便区分或给人们以警示，对设施维修和安全都有好处。

15–4 双涂层体系在耐久性和经济性方面有什么优越性？

钢构件选择双涂层体系，获得所希望的外观色彩不是最大获益之处，显著延长双涂层的维护周期和使用寿命并节省了成本，才是最大的收益。

双涂层体系将镀锌层的卓越保护作用与另一种防腐蚀保护涂敷层（例如漆涂敷层或粉末涂敷层）的优势相结合，镀锌层对基体钢起到屏障保护作用和阴极保护作用，涂敷层为镀锌层提供了屏障保护，大大延长了镀锌层的使用寿命。镀锌层作为涂敷层的基底层，能与涂敷层很好结合，并不会在涂敷层与镀锌层之间产生破坏这种结合的腐蚀产物，所以不会像裸钢基体那样表面氧化导致漆涂层或粉末涂层与基体分离，而失去对镀锌层的屏障保护作用。热镀锌件镀锌层表面进行漆涂敷或粉末喷涂，构成的双涂层体系表现出来的这种更为复杂有效的防腐保护现象，称为协同效应。由于这种协同效应，双涂层对钢基体的防腐蚀保护寿命显著增加。

双涂层体系的寿命对两种涂层单独使用的寿命之和的倍数简称为双涂层倍增系数。倍增系数一般为 1.5～2.3，具体值取决于双涂层体系的服役环境。如果钢制件只进行热镀锌，镀锌层可以在 70 年内免维护地对基体钢起到防腐蚀保护作用；如果只采用漆涂敷，可在 10 年内免维护地对基体钢起到防腐蚀保护作用；而将镀锌层与漆涂层组成双涂层体系，在同一环境下，对基体钢可以有 120 年至 184 年的防腐蚀保护作用。如果对漆涂层或粉末涂层不进行任何维护修补，漆涂层或粉末涂层将会自然耗损掉，而以后对基体的防腐蚀保护则由镀锌层单独维持。在实际应用中，要根据漆涂层或粉末涂层的耗损情况进行及时修补甚至全部重新涂敷，以充分发挥双涂层协同效应而获得双涂层体系的长寿命。双涂层体系中的涂漆层完全风化后也易于重新涂敷，重新涂敷前对暴露的镀锌层表面需要进行处理，但所需的工作量是较小的。协同效应在项目寿命期内能带来显著的经济优势。如要和其他各种腐蚀防护体系的初始和生命周期成本进行比较，可利用生命周期成本计算器（LCCC）进行分析。

15-5 如何估算双涂层体系的首次维护时间？

为了大致确定双涂层体系的首次维护时间，需要评估服役环境并取得相关数据。

(1)漆涂层或粉末涂层的寿命。根据服役环境和应用情况，裸钢表面单独的漆涂层或粉末涂层的免维护使用寿命，一般为10到20年左右。这方面的具体数据产品制造商或用户可以提供。

(2)热镀锌层的寿命。热镀锌层的寿命实际是指没有其他涂敷层的热镀锌层的首次维护时间，定义为镀锌件从开始服役到表面出现5%生锈区域的服役时间。可以利用第4章图4-1，根据环境条件和镀锌层厚度，直观地估算热镀锌件"首次维护时间"。设计时为了预估镀锌件首次维护时间，镀锌层厚度可采用标准ASTM A123依材料类别和材料厚度所确定的最小平均镀层厚度（见第2章表2-4）；对于已经热镀锌的制件，则可依据测量得到的精确镀锌层厚度来估算镀锌件首次维护时间。

利用锌涂层寿命预测器（ZCLP），输入服役地区的年均温度、空气中的盐度、二氧化硫浓度、相对湿度、降雨量和遮蔽条件等环境数据，确定的首次维护时间更为可靠。

锌涂层寿命预测器ZCLP是一个基于互联网的工具，适用于批量热镀锌和连续热镀锌生产的镀锌件，也适用于电镀锌件或热喷涂锌件，但不适用于涂层中除锌以外其他元素含量大于1%的情况。使用锌涂层寿命预测器，是假定产品的锌涂层是按照普遍接受的质量标准生产的，并且锌涂层没有明显的损坏和缺陷。锌涂层有损坏和缺陷会加速腐蚀并降低锌涂层防腐蚀保护性能。

(3)双涂层倍增系数。根据环境条件选择双涂层倍增系数；1.5适用于腐蚀性很强的海洋环境和其他极端侵蚀性环境；1.5～1.6适用于海水飞溅和浸没条件；1.7～2.0适用于工业和一般海洋环境；2.0～2.3适用于低腐蚀性环境（郊区、农村或极低湿度）。

得到上述三方面数据后，则可按下式来估算双涂层体系免维护使用寿命（即首次维护时间，也就是基体金属表面出现5%锈蚀面积所经历的时间）：

双涂层体系免维护使用寿命＝双涂层倍增系数×（涂敷层寿命＋镀锌层寿命）

根据研究，镀锌层与漆涂层或粉末涂层组成的双涂层体系的维护周期，是裸钢上单独的涂漆或粉末涂层及单独的镀锌层使用免维护时间之和的1.5～2.3倍，也就是说双涂层体系显著延长了首次维护时间。

在实际应用中，出于美观等方面的考虑会对镀锌层表面的漆涂层或粉末涂层进行及时维护(补漆、维修漆、全部重新涂敷)，使得双涂层体系的协同效应始终得以发挥作用。镀锌层和涂敷层组成的双涂层体系中的漆涂层或粉末涂层，如经过及时维护一直处于理想情况下，镀锌层永远不会暴露在环境中，整个双涂层体系将可无限期地对钢基体起到防腐蚀保护作用。

15-6 实施双涂层体系一般要经历哪些步骤？

需要涂装的热镀锌件应预先通知镀锌厂，并咨询涂料制造商以确定专门为镀锌件配制的涂料。

成功实施镀锌层表面涂漆形成双涂层体系需要经历五个步骤，而镀锌层表面粉末喷涂形成双涂层体系需要经历七个步骤，见表15-1。

表15-1 实施双涂层体系需要的步骤

序号	镀锌层表面涂漆双涂层体系	序号	镀锌层表面粉末喷涂双涂层体系
1	与镀锌厂沟通	1	与镀锌厂沟通
2	确定表面状况	2	确定表面状况
3	清洁表面	3	清洁表面
4	表面轮廓处理	4	表面轮廓处理
5	涂漆	5	加热预处理(预烘烤)
		6	粉末喷涂
		7	粉末喷涂层固化

镀锌层表面粉末喷涂形成双涂层体系要比表面涂漆形成双涂层体系多了两个步骤：在粉末喷涂之前的加热预处理(预烘烤)和粉末喷涂之后的粉末喷涂层固化。

镀锌层表面进行涂漆或粉末喷涂，与在裸钢表面涂漆或粉末喷涂一样，正确的表面预处理对于确保涂层的附着力至关重要。根据镀锌层不同的表面情况(新镀锌，部分风化的镀锌，完全风化的镀锌)，采用的表面预处理方法有所不同。表面预处理方法一般包括溶剂、碱液或氨水清洗；使用较软的介质(例如玉米芯颗粒)进行轮廓处理；经某种处理在镀锌层表面形成转化膜层。

镀锌层在涂漆和粉末喷涂前的表面预处理，必须分别按照 ASTM D6386

《热镀锌钢铁产品和五金器具表面漆涂装预处理操作规程》和标准 ASTM D7803《热镀锌钢铁产品和五金器具表面粉末涂装预处理操作规程》要求进行。表面清理和轮廓处理是表面准备的两个关键内容。如果这两件事做得好，与镀锌层相容的漆涂层或粉末喷涂层应该能良好地附着于镀锌层表面，从而形成一个持久和有效的双涂层体系。

15-7 生产双涂层体系需要有关方协调解决哪些问题？

如果制件热镀锌后要进行涂装，则设计方、制造商、镀锌厂和涂装方之间进行及时沟通至关重要，以便及时修改设计方案，改进热镀锌工艺和表面涂装工艺。镀锌厂应尽量提供适合涂漆或粉末喷涂的镀锌层表面。对热镀锌而言，镀锌层表面粗糙，或存在小浮渣夹杂物、锌流痕等并不影响镀锌层的防腐蚀保护性能，根据标准 ASTM A123 通常是可接受的。但这些表面状况不符合标准 ASTM D6386《热镀锌钢铁产品和五金器具表面漆涂装预处理操作规程》或标准 ASTM D7803《热镀锌钢铁产品和五金器具表面粉末涂装预处理操作规程》的要求，这两个标准指出这些表面状况会影响漆涂层或粉末喷涂层的附着力。标准 ASTM D6386 及标准 ASTM D7803 针对镀锌层不同的表面条件（新镀锌层、部分风化和完全风化），提出涂装的表面预处理内容：避免制件热镀锌后进行可能干扰漆或粉末涂料附着力的后处理，使镀锌层表面平滑、清洁（包括铬酸盐钝化膜和白锈的清除），对镀锌层表面轮廓进行处理；对粉末喷涂，还需进行脱气处理。

有关各方应互相配合为镀锌层表面涂敷做好准备。

（1）避免制件热镀锌后进行影响涂料附着的处理。如果制件热镀锌后要进行涂装，客户或负责涂装的一方应提前通知镀锌厂。镀锌厂收到通知后，应确保镀锌后不进行任何影响涂料在镀锌层表面附着的后处理，例如镀锌后水冷或浸入铬酸盐溶液中冷却并钝化。

（2）使镀锌层表面平滑。如制件热镀锌后要进行涂漆或粉末喷涂，则镀锌层表面平滑状况应满足标准 ASTM D6386 或标准 ASTM D7803 的要求；涂敷实施方和镀锌方必须沟通并商定各自在保证镀锌层表面平滑方面应尽的责任。

热镀锌件表面的锌刺、锌片或厚而粗糙的边缘，或者锌液将铁锌金属间化合物（锌渣）或氧化锌颗粒包裹并凝固而在镀锌层表面形成的丘状凸点，必须磨平或去除，使这些地方与周围区域齐平，以避免在高点区域出现涂敷层过薄甚至不连续的情况。

（3）进行表面清洁、轮廓处理和脱气处理。除要求镀锌层表面平滑之外，在进行漆涂敷或粉末喷涂前镀锌层表面需要进一步进行清洁和轮廓处理，粉末喷涂前还需进行脱气处理。这部分工作均由涂漆或粉末喷涂施涂方负责。清洁和轮廓处理应根据镀锌层不同的表面状况（新镀锌层、镀锌层部分风化、镀锌层完全风化），按标准 ASTM D6386 及标准 ASTM D7803 的要求进行。

15-8　镀锌层表面状况对涂装表面预处理有何影响？哪些因素可能导致涂装失效？

不同表面状况的镀锌层在涂漆或粉末喷涂前的表面预处理内容略有不同。三种表面状况的表面预处理的要求及导致涂装失效的原因简介如下。

（1）新镀锌层。所谓新镀锌层是指热镀锌后未经过水淬冷或铬酸盐钝化处理的新鲜镀锌层。通常是指热镀锌后不超过 48 小时，镀锌层最外层是光亮的纯锌层或者是暗灰色的金属化合物层，或是两者的组合。不论镀锌层外观色泽如何，新镀锌层表面上几乎没有锌氧化物和其他腐蚀产物，因此清洁过程简化了一些。另外，新镀锌层表面是光滑的，因此必须进行轮廓处理，使镀锌层表面能对漆涂料或粉末涂料起到锚定的作用。

（2）部分风化。部分风化的镀锌层是指热镀锌后在自然大气条件下，经历 48 小时至一年左右时间镀锌层的表面状况。热镀锌后可能进行过表面处理，例如淬水冷却或铬酸盐钝化处理。部分风化的镀锌层表面必须在涂漆或粉末喷涂之前去除掉白锈和铬酸盐钝化膜，以及表面污垢、灰尘或油脂等污染物。部分风化的镀锌层表面是最常见的，涂装的表面准备工作也是最难的。

（3）完全风化。镀锌层完全风化一般要经历六个月或更长时间，镀锌层表面被碱式碳酸锌所覆盖。碱式碳酸锌紧紧地黏附在镀锌层表面上，不溶于水，不会被水冲洗掉。碱式碳酸锌膜在其生长过程中自然会使镀锌层表面变粗糙，所以它不应被去除，不需要额外的表面轮廓处理，涂敷层的附着性能会很好。如果表面上有油污、油脂或烟灰等污染物，则应将其去除。

在镀锌层上涂敷涂料形成双涂层体系，涂敷失效机理有些复杂，失效形式可能表现为涂层开裂、剥落或起泡。失效原因大都是表面预处理不充分或使用了与镀锌层不相容的漆或粉末涂料。有些涂料不适合涂在镀锌层上，它们与锌发生反应，形成降低涂料在锌层上的黏附力的腐蚀产物或薄膜。大多数信誉良好的涂料制造商都配制有专门用于镀锌层的涂装材料。

为了防止镀锌件镀层表面产生白锈，镀锌后一般都进行铬酸盐钝化处理。钝化膜对许多涂料在镀锌层表面的附着性有负面影响，所以要进行涂装的镀锌件应禁止在热镀锌后铬酸盐钝化处理。但工程实践中会遇到不能确定镀锌层表面是否存在钝化膜的情况，凭视觉检测很难认定镀锌件是否经过钝化处理，这就需要在镀锌件的几个代表性点上按照 ASTM B201《锌和镉表面铬酸盐涂层测试的标准实施规程》进行测试。标准 ASTM D6386《热镀锌钢铁产品和五金器具表面漆涂装预处理操作规程》和标准 ASTM D7203《热镀锌钢铁产品和五金器具表面粉末涂装预处理操作规程》提出了去除镀锌件表面钝化膜的补救措施。标准 ASTM D6386 的附录 X1.3 和标准 ASTM D7203 的 5.1.2.1 节指出，铬酸盐钝化处理形成的钝化膜，经过六个月的自然风化或经表面打磨或经扫砂清理可从镀锌层表面去除。标准 ASTM D6386 的 5.4.1 节和标准 ASTM D7203 的 5.1.3.1 节规定，扫砂处理需按照标准 SSPC-SP 16《已涂装和未涂装的镀锌钢，不锈钢和有色金属的扫砂清理》采用快速移动喷嘴的方法进行。

除正确表面清洁和轮廓处理外，涂漆或粉末喷涂前，表面还必须完全干燥。特别是对于粉末涂料，如果镀锌层表面不干燥，水分将与锌反应形成氧化锌；在粉末涂料层的固化过程中，滞留在氧化锌中的水分形成水蒸气，会膨胀和释放出来（即脱气），并渗透到粉末涂料中，从而导致粉末涂层形成小的凹坑或气泡，影响粉末涂料的连续性和附着力。预烘烤将有助于排出镀锌层表面滞留的水分，降低粉末涂料的固化时发生脱气的可能性。镀锌层表面的扫砂处理可打开已困有空气和水分的表面氧化锌形成的空腔，有助于预烘烤时蒸发掉镀锌层表面的水分。

15.2　镀锌层涂装的表面清理和轮廓处理

15-9　如何做好镀锌层涂漆和粉末喷涂前的表面清理工作？

镀锌层漆或粉末喷涂前表面清理工作的目标是清除镀锌层凸出点，去除镀层表面污垢、油脂等一切污染物。去除镀锌层表面污染物最常见的方法是用酸性或碱性溶液清洗，或使用某些清洁剂清洗；打磨则使表面平滑。需要注意的是，打磨和高酸性或碱性溶液清洗都会损失一些镀锌层，某些清洁剂还可能与不同的涂料产生不同的反应，所以，选用清洁剂应咨询涂料制造商。

对于新镀锌层、部分风化、完全风化三种不同的镀锌层表面状况的清理，方法虽略有不同，但步骤大致相同：①清除凸起、流挂和锌滴；②清除有机污染物质（新镀锌层大多不必考虑）；③冲洗并干燥。

1. 清除凸起、流挂和锌滴

镀锌件从锌浴中提出后，多余的锌液向下流淌，可能在镀锌件表面形成流挂，也可能在镀锌件边缘形成厚的锌层或锌滴。有时锌液包裹铁锌金属间化合物（锌渣）或氧化锌颗粒，凝固后在镀锌层表面形成丘状凸出点。这些丘状凸出点和粗糙的边缘应按照标准 SSPC‐SP 2《手动工具清理》和标准 SSPC‐SP 3《动力工具清理》使用手动或动力工具打磨去除，应避免造成凸出处镀锌层减薄或不连续和镀锌层外观不美观的情况。打磨时应小心，尽量不去除镀锌层，如打磨之后某区域镀锌层厚度小于要求值，则应按照标准 ASTM A780/A780M《热镀锌层损坏及漏镀区域的修复实施规程》对该区域镀锌层进行修复。标准 ASTM D7803 指出，对于要进行粉末喷涂的镀锌层，应采用能适应粉末涂层固化温度的材料按照标准 ASTM A780 进行镀锌层修复。

2. 清除有机污染物

有机污染物可以用碱性溶液、酸性溶液或溶剂清洗。

（1）碱性溶液。碱性溶液的 pH 值在 11～12 范围内，不能大于 13。由 10 份水和 1 份碱性清洁剂混合而成的稀碱性溶液，不会损坏镀锌层。镀锌件可以浸渍在碱性溶液中或用碱性溶液刷涂或利用电动清洗机用碱性溶液清洗，可去除表面的油、油脂或污垢。浸渍或刷洗时，溶液温度在 60～85 ℃ 范围内效果最佳。如果使用动力机械清洗，则冲洗液压不能过高，以确保镀锌层不会受损。

（2）酸性溶液。可以用稀酸性溶液（25 份水与 1 份酸的混合物）除去有机污染物。酸性溶液会轻微腐蚀镀锌层，并使其表面呈暗灰色。酸性溶液通常采用刷涂法，并应在涂抹后两到三分钟内用清水彻底冲洗。

（3）溶剂清洗。用溶剂清洗时，可用干净的抹布或刷子将溶剂涂在镀锌层表面上。抹布或刷子会黏附有机物，因此必须经常更换，以免有机物重新污染镀锌层表面。

（4）动力冲洗。完全风化的镀锌层会自然产生主要由碱式碳酸锌组成的粗糙表面膜。表面处理方法是用温水进行动力冲洗，以除去表面上的松散颗粒，但冲洗水压应小于 10 MPa，以免损坏碱式碳酸锌保护膜。

3. 冲洗并干燥

最后的清洁步骤是清水冲洗，以清除任何残留的清洁溶液或研磨产生的灰尘。冲洗后，应在轮廓处理之前将零件完全干燥，最好采用加热干燥方法以快速完全除去镀锌层表面的水分。

15‐10 镀锌层在涂漆和粉末喷涂前如何进行表面轮廓处理？

需要进行漆涂装的新镀锌层或部分风化的镀锌层表面清洁（包括去除铬酸

盐钝化膜或白锈)后,应对表面进行轮廓处理,使表面产生一定的粗糙度,粗糙的轮廓利于漆涂料锚定,提高漆的附着力。轮廓处理一般有五种方法:扫砂处理、磷酸锌处理、洗涤底漆处理、丙烯酸钝化处理和表面打磨。

1. 扫砂处理

扫砂是轮廓处理最常用的方法。按标准 SSPC - SP 16《已涂装和未涂装的镀锌钢、不锈钢和有色金属的扫砂清理》中描述的程序进行扫砂,使镀锌层表面轮廓变粗糙。图 15 - 1 所示是正在进行扫砂处理的实操场景。普通喷砂清理的喷射角度一般为 90°;与普通喷砂不同,镀锌层表面扫砂角度为 30°~60°。一般情况下镀锌层去除量不超过 25 μm 是可以接受的。另外,必须谨慎选择磨料,以使镀锌层表面粗糙化而不会过多地去除镀锌层。硅酸铝、硅酸镁颗粒是成功被采用的磨料之一,磨料颗粒大小应在 200~500 μm 范围内。其他可使用的磨料有莫氏硬度为 5 或更低的软矿砂、有机介质(例如玉米芯、核桃壳)、刚玉、石灰石和铸锌丸。使用莫氏硬度 5 以上或体积密度超过 3.2 g/cm³ 的磨料能够产生表面轮廓高度,即峰顶与峰谷之间的平均高度差更大的粗糙镀锌层表面,但喷砂工可能需要采取额外的缓解措施,以降低损坏镀锌层的风险。

图 15 - 1 扫砂实操

可根据磨料介质及其硬度值、喷嘴到工件的距离、工件的几何形状等因素调整扫砂压力。对于一些镀锌层,即使扫砂压力为 0.15~0.25 MPa 也可能过大,必须小心不要让镀锌层受损。扫砂用的压缩空气中的油污会降低漆料对扫砂后镀锌层表面的附着力,需要小心避免此类污染。按照标准 ASTM D4285《鉴别压缩空气中油或水的标准试验方法》可以评估镀锌层表面油污污染的情况。扫砂的目的是在磨料的冲击下使镀锌层表面金属产生变形而增加表面粗糙程度,而不是去除镀锌层金属。使用这些磨料对镀锌层进行扫砂,应快速移动喷嘴，扫砂速度应不低于 $110\ m^2/h$。

扫砂之前或之后，镀锌层厚度小于要求值的任何区域都应按照标准 ASTM A780 进行修复。在扫砂过程中，镀锌件表面温度至少应比露点高 3 ℃，以延缓氧化锌的形成。扫砂后，应用干净的压缩空气吹扫表面。

2. 磷酸锌处理

通过浸渍、喷涂或软毛刷刷涂等方法使酸性磷酸锌溶液与镀锌层表面接触并发生反应，该溶液含有氧化剂和其他盐，可以加速在镀锌层表面形成具有适当结晶纹理的磷酸盐涂层。磷酸盐涂层不但可以对镀锌层起到一定的防腐蚀保护作用，并且可以增加涂漆膜在镀锌层上的附着力和使用耐久性。经过 3～6 min 的磷酸盐处理后，用清水清洗表面，并在涂漆前使其完全干燥，最好通过加热干燥以快速完全去除镀锌件表面的水分。

3. 洗涤底漆处理

洗涤底漆的主要成分为：含羟基的树脂，能够与树脂和酸反应的颜料，以及能够通过与树脂、颜料和锌表面反应使树脂不溶化的酸。通过喷涂、软毛刷刷涂、浸渍或辊涂机涂等方式将其涂敷到镀锌层表面，可使其与镀锌层表面反应形成厚度不超过 13 μm 的薄膜。该薄膜在漆涂装前的干燥时间应遵循制造商的说明，并依据标准 SSPC - Paint 27《碱性铬酸锌-乙烯基丁缩醛洗涤底漆》选择与之能很好匹配的漆料。

4. 丙烯酸钝化处理

丙烯酸钝化处理是通过浸渍、喷涂或其他合适的方式，使酸性丙烯酸溶液与镀锌层表面充分接触并反应形成涂层，然后该涂层在烘箱或空气中干燥，形成厚度约为 1 μm 的涂层薄膜。丙烯酸涂层薄膜对镀锌层表面有强黏附力，并为漆涂敷提供了一个易于锚固和能高度相容的表面。丙烯酸涂层薄膜还给镀锌层提供了屏障保护，抑制了镀锌层腐蚀的发生。

5. 表面打磨处理

如果需要，可以依据标准 SSPC SP 11《动力工具清理至金属裸露》，使用动力工具，例如研磨机，对镀锌层表面进行粗糙化处理，以产生适合漆附着的表面轮廓；但不能去除太多的镀锌层，去除的镀锌层厚度最多不能超过 25 μm。如果打磨时镀锌金属温度超过 50 ℃，锌的硬度会降低，可以产生更粗糙的表面轮廓。打磨后，应用清洁的压缩空气吹净表面。

如果镀锌层表面处理不能像 2、3、4 中所述那样形成保护膜，那么在某些大气条件下，如高湿度或高温或两者兼有，镀锌层表面会很快形成氧化锌，所以应在表面处理后 30 min 内进行漆涂装。氧化锌的形成是肉眼看不到的，在任何环境中，表面准备好后都要尽快进行涂装。

需粉末涂装的镀锌层表面轮廓处理不能用洗涤底漆处理和丙烯酸钝化处理两种方法，可选用前述的扫砂处理、磷酸锌处理或表面打磨处理。

15-11　扫砂磨料硬度等因素对镀锌层表面轮廓处理有什么影响？

扫砂是镀锌层表面涂敷工业漆料和粉末喷涂前表面轮廓处理最常用的方法，根据标准 SSPC-SP 16《已涂装和未涂装的镀锌钢、不锈钢和有色金属的扫砂清理》，扫砂用磨料尺寸和硬度应根据表面轮廓处理要求进行选择。对镀锌层，选用莫氏硬度≤5、粒度为 35～70 目（0.500～0.212 mm）的磨料可达到最低的表面粗糙度要求，又可防止损坏镀锌层。标准 SSPC-SP 16 建议选用硅酸铝或硅酸镁颗粒、软矿砂和玻璃珠介质，以及玉米芯或核桃壳等有机材质进行扫砂，扫砂速度通常为每小时 110 m² 或更高，经扫砂的镀锌层表面轮廓高度（峰顶与峰谷之间的平均高度差）应不小于 19 μm。

然而，莫氏硬度<5 的喷砂磨料并不总能有效地产生所希望的粗糙表面。标准 ASTM D6386 最新版（D6386-22）指出，采用莫氏硬度≥5、密度超过 3.2 g/cm³ 的磨料能产生轮廓高度更高的粗糙镀锌层表面。涂料生产商有时还会要求镀锌层表面轮廓高度为 51～64 μm，施涂者则可选用市场上各种较硬的磨料，以使扫砂后达到要求的表面轮廓高度。

美国热镀锌协会（AGA）为了协助制定双涂层体系的规范，对采用碎玻璃、石榴石、低硅砂、煤渣和钢砂等较硬磨料和对镀锌层产生最小损伤的扫砂情况进行了评估。他们发现，采用莫氏硬度≥5 的磨料扫砂处理镀锌层表面，能够形成表面轮廓高度不小于 51 μm 的粗糙表面；但操作工可能需要采取额外的缓解措施，以有效降低损伤镀锌层的风险。这些缓解措施包括增加扫砂时喷嘴与金属表面的距离、降低扫砂气流压力、加快喷嘴移动速度和采用更细的磨料等。各种扫砂磨料的规格见表 15-2；图 15-2 展示了采用各种磨料对镀锌层表面进行扫砂轮廓处理时能产生的表面轮廓高度。

除了评估扫砂处理产生的表面轮廓高度外，还要评估不同的扫砂工艺参数下，每种扫砂磨料在镀锌层表面产生的峰密度（峰数/mm²）和镀层损伤的情况。镀锌层表面的轮廓特征会影响镀锌层表面涂敷层的性能及附着力。

使用较硬的介质进行扫砂处理时，可能会导致镀锌层厚度减少 10～15 μm。实际上，采用双涂层体系，如能对镀锌层表面的涂敷层及时高质量维护，镀锌层很少有机会暴露出来。鉴于这种情况下，表面处理造成镀锌层厚度的有限减少是可以接受的。

表 15 - 2　扫砂磨料的硬度和筛网目数

代号	扫砂磨料	莫氏硬度	＊筛网目数
A	十字石砂	7.0～7.5	45～80(0.355～0.180 mm)
B	石榴石	7.0～8.5	100(0.150 mm)
C	煤渣	6.0～7.0	20～40(0.850～0.425 mm)
D	合成橄榄石 辉石砂	7.0～7.5	60～82(0.250～0.176 mm)
E	硅酸铝矿物砂	6.0～7.0	60～100(0.250～0.150 mm)
F	低硅砂	7.0～7.5	45～80(0.355～0.180 mm)
H	碎玻璃	6.0	20～40(0.850～0.425 mm)
I	石榴石	7.5～8.5	80(0.180 mm)
K	合成橄榄石、辉石砂	7.0～7.5	35～80(0.500～0.180 mm)
L	钢砂	＊＊Rc42～48	＊＊＊G25
M	低硅砂	7.0～7.5	25～70(0.710～0.212 mm)
N	低硅砂	7.0～7.5	25～70(0.710～0.212 mm)
O	碎玻璃	6.0	10～40(0.710～0.212 mm)

注：＊筛网目数：每平方英寸上的筛孔数目(1 英寸＝2.54 厘米)。目数越大，孔径越小，括号内数值为孔径。

＊＊Rc：是洛氏硬度(Rockwell hardness)三种测试规范 HRA、HRB、HRC 中的一种，即 HRC 的简称。HRC(简称 Rc)是根据 150 kg 载荷下 120°金刚石锥压入试件表面深度测得的硬度。

＊＊＊G25：就是粒度大小为 1 mm 的钢砂。

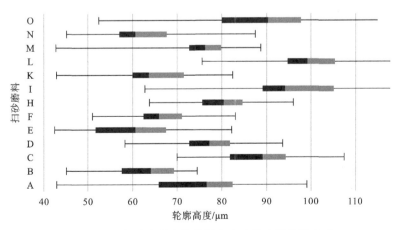

图 15 - 2　扫砂磨料在镀锌层上产生的表面轮廓高度

(图中英文字母代号含义见表 15 - 2)

15-12　镀锌层涂敷洗涤底漆需要注意哪些问题？

对于镀锌层的涂敷表面处理，标准 ASTM D6386《热镀锌钢铁产品和五金器具表面漆涂装预处理操作规程》中提出洗涤底漆处理可作为扫砂处理的一种替代方法。传统上，洗涤底漆是 A、B 两件装的产品，A 件为含有铬酸锌颜料的聚乙烯丁缩醛树脂的醇溶液；而 B 件为活化剂，含有磷酸的醇溶液。在使用前 A、B 混合，混合溶液涂在镀锌层表面并与其发生反应，以形成适合漆附着的镀锌层表面。标准 SSPC-Paint 27《碱性铬酸锌-乙烯基丁缩醛洗涤底漆》专门介绍了这种双组分洗涤底漆的涂敷和涂敷情况检查。

然而，某些行业和地区对使用铬酸盐有限制，市场上已有不含铬酸盐的产品。一些水基配方可满足低挥发性有机化合物（volatile organic compound, VOC）的要求。目前还没有管理这些产品使用的通用规范，使用时应遵循制造商的产品说明。

大多数类型的漆涂料都可以很好地黏附到洗涤底漆上，含有酒精或酮溶剂的漆及一些单组分水基涂料（丙烯酸树脂、聚氨酯、环氧树脂等），与洗涤底漆间的附着力是很理想的。洗涤底漆与乙烯基漆、亮漆、橡胶漆一般不兼容，这些漆涂层与洗涤底漆之间需要中间涂层，应和漆制造商确认选用的洗涤底漆和面漆之间的兼容性。

洗涤底漆不适用于经过磷酸锌处理的镀锌层。另外，镀锌后经铬酸盐溶液钝化，也会负面影响洗涤底漆与镀锌层的附着力。涂敷洗涤底漆的镀锌层表面需要干净，使得它们之间得以发生良好的化学反应。根据需要，可以依照标准 ASTM B201《锌和镉表面铬酸盐涂层测试的标准实施规程》检测镀锌层表面是否存在铬酸盐膜层。如表面存在铬酸盐钝化膜，可根据标准 ASTM D6386 附录 X1 中提供的补救程序去除。

关于洗涤底漆的混合、稀释、适用期、涂敷方法、涂敷厚度、干燥时间和相容面漆的选择，应遵循漆制造商的建议。如采用碱性铬酸锌-乙烯基丁缩醛洗涤底漆，可以从标准 SSPC-Paint 27 中获得具体的指导。使用洗涤溶剂清洗需涂敷洗涤底漆的镀锌层表面时，应按照标准 SSPC-SP 1《溶剂清理》的规定进行。除用溶剂清洁外，制造商偶尔会建议采用强力清洗或轻度打磨的方法清洁镀锌层表面。洗涤底漆的涂敷和固化对水分比较敏感，应在溶剂清洗并干燥后立即涂敷，间隔时间一般不要超过 0.5~4 h。

洗涤底漆可以采用空气喷涂、刷涂或辊涂方式涂敷，通常干膜厚度为 8~13 μm。干膜厚度不能超过 13 μm 或制造商提出的最大厚度，这一点至关重要，以避免涂敷面漆后洗涤底漆分层或失效。为了将洗涤底漆涂层厚度控制在目标范围，喷涂是首选方法。刷涂或辊涂很难均匀涂敷并将涂敷层厚度控制在建议的最大厚度范围内，所以它们一般仅用于修复。

15.3 涂漆和粉末喷涂

15-13 粉末喷涂预烘烤和固化工序如何进行？

镀锌层表面经过清洁和轮廓处理形成利于漆涂敷的表面状况后，进行涂漆并不困难，和裸钢上涂漆没有多大区别。涂敷应在表面清洁和轮廓处理后尽快开始，可以采用刷涂或喷涂方法进行漆涂敷。

镀锌层经自然腐蚀全风化，会产生主要由碱式碳酸锌组成的粗糙表面膜。因此，漆涂敷前不需要再进行额外的表面轮廓处理。采用合适的涂料体系（包括底漆和面漆），完全可以成功涂装全风化的镀锌件。

与镀锌层兼容的涂料配方有许多，新涂料配方也在不断出现，选择漆涂料时要咨询涂料制造商，了解其兼容性及施工条件和方法。

镀锌层表面粉末喷涂比用漆涂装多两道工序：在粉末喷涂之前镀锌件需要预烘烤，喷涂后需进行粉末涂料固化处理。镀锌层表面正确清洁和轮廓处理后，即可进行烘烤。烘烤的温度应比粉末涂层固化温度高约 30 ℃；如果镀锌层经过磷酸盐处理，建议镀锌件的预烘烤温度不超过 280 ℃；温度过高会使薄的磷酸盐涂层变质，转化成粉状物质，影响粉末涂层的附着力；在预烘炉中应保温足够时间，以使镀锌件表面达到预烘炉的温度，并确保排出镀锌层上所有的水分。

预烘烤完成后，应将零件冷却至低于粉末涂料固化的温度，然后再进行粉末涂料喷涂。粉末喷涂应在预烘烤后尽快进行，以尽量缩短镀锌层可能氧化的时间。应向粉末涂料制造商咨询有关粉末涂料与镀锌层的兼容性，并按照他们的说明进行喷涂。值得提倡的是，在对镀锌件进行涂装之前，应先在镀锌钢板试件上进行试涂装，以检查涂层效果。

粉末喷涂后，应将喷涂件放入固化炉中。固化炉温度和固化时间应遵循涂料制造商的说明。固化温度应尽可能低，以降低进一步脱气的可能性；较长的固化时间可能会使已经形成的涂层凹坑重新密封。所以，较低的温度和较长的固化时间可以达到最好的效果。

15-14 与镀锌层相容的漆或涂料有哪些类型？

表 15-3 列出了 16 种涂料与镀锌层的相容性。虽然这些信息不能视为镀

锌件双涂层体系中涂料选择的依据，但能为寻求双涂层体系中的最佳涂料类型提供帮助。

表 15-3　各涂料及与镀锌层的相容性

序号	涂料类型	相容性	备注
1	丙烯酸树脂(acrylic resin)	依条件而定	如果漆涂料 pH 值高，由于氨与锌反应可能会出现问题
2	脂肪族聚氨酯 (aliphatic polyurethane)	相容	如果用作聚酰胺环氧底漆(polyamide epoxy primer)的面漆，则认为可产生优越的双涂层体系
3	沥青(asphalt)	相容	用于埋在土中的零件
4	氯化橡胶(chlorinated rubber)	相容	VOC 含量高，严重限制了其可用性
5	煤焦油环氧树脂(coal tar epoxy resin)	依条件而定	一般只在土壤中的镀锌件表面使用
6	环氧树脂(epoxy resin)	依条件而定	建议选择专门用于涂敷镀锌层表面的该类涂料
7	聚酰胺固化环氧树脂 (polyamide cured epoxy resin)	相容	对镀锌钢有优异的附着性
8	丙烯酸乳胶漆(acrylics acid latex paint)	相容	额外的好处是环保
9	水性乳胶漆 (water-based latex paint)	依条件而定	使用前应咨询漆涂料生产商
10	油基涂料(oil-based coating)	依条件而定	使用前应咨询漆涂料生产商
11	硅酮(silicone)	不相容	不可直接涂敷于镀锌层，可用于带底漆的高温体系
12	乙烯基漆(vinyl paint)	相容	通常需要分析，若 VOC 含量高，则会严重限制其可用性
13	粉末涂料(powder coating)	相容	低温固化粉末涂层在镀锌钢上表现出色

可参考标准 SSPC-Guide 19《镀锌基底保护涂层的选择》选择镀锌层表面涂料。该标准阐述了镀件服役条件和镀锌层表面状况对选择涂料的要求，用

户可从中了解各种涂料类型的适用性，便于与供应商进一步商定与镀锌层相容并适用于服役环境的表层涂料。

15.4 双涂层体系应用

15-15 双涂层体系适合水上乐园和泳池项目吗？

1. 水上乐园

对于水上乐园的相关设施，应逐项评估双涂层体系的适用性。需要注意的是，直接接触池水对镀锌层是不利的。氯化物含量较高的水飞溅，可能会加速白色腐蚀产物（氯化锌）在镀锌层表面积累；但是，定期漂洗、干燥与季节性使用相结合，只会对镀锌层腐蚀速率产生中等程度的影响。对于需要较长寿命或需要避免氯化物侵蚀的一些镀锌件，采用双涂层体系是不错的选择。水上乐园项目上的构件采用双涂层体系，免维护的防腐蚀保护寿命可以是单独涂料层和单独镀锌层寿命总和的1.5倍以上。实际上，出于美观的要求，镀锌层上的涂层预计维护期为10年或更短时间。如能对漆涂层或粉末喷涂层及时进行高质量维护，双涂层体系则可以长久持续下去。

某海滨乐园中许多游乐设施的垂直构件都采用了双涂层体系，并根据表现主题来选择钢镀锌件表面涂料。一些垂直构件经手工粉末喷涂，外表看起来像棕榈树的树干（见图15-3，彩图见书后插页）。双涂层体系可以使水上乐园设施获得丰富多彩的外观。

图15-3 某海滨乐园游乐设施

2. 室内泳池和水上建筑

国际标准化组织(ISO)颁布的标准 ISO 9223 和中国标准 GB/T 19292.1《金属和合金的腐蚀 大气腐蚀性 第 1 部分:分类、测定和评估》中的大气腐蚀性分级,见表 15-4。室内泳池和水上建筑物属于 C4 环境,类似于中等盐度的沿海地区环境或工业环境。尽管环境具有高腐蚀性,但如能将热镀锌件最大程度地与含氯环境加以隔离,例如采用装修包裹、吊顶等方法将泳池周围的柱子、屋顶梁、托梁等热镀锌件隐藏起来,这些热镀锌件的镀锌层仍会表现出良好的抗腐蚀保护性能。建议所有可见热镀锌件采用双涂层体系,以提高它们的使用寿命。

表 15-4　大气对金属的腐蚀性分级

等级	腐蚀性
C1	很低
C2	低
C3	中等
C4	高
C5	很高
CX	极高

图 15-4 所示是某水上运动中心的室内泳池,其屋顶组合梁和各种柱子等构件均采用双涂层体系防腐蚀保护,并与室内、楼梯和滑梯的色彩协调搭配,使得水上运动中心成了人们很喜欢的休闲娱乐场所。

图 15-4　某水上运动中心的室内泳池

15-16　双涂层体系在海洋环境中的使用情况如何？

镀锌层表面进行涂漆或粉末喷涂构成的双涂层体系是显著延长水环境中构件使用寿命很好的选择。即使是在腐蚀性极强的环境，例如海上平台，双涂层体系也能起到 10～20 年的防腐蚀保护作用（因环境条件恶劣，难以及时高质量地维护涂敷层）；而仅采用热镀锌或涂料涂敷，保护作用只能只持续几年。

双涂层体系已成功应用于海上风能设备及海上船舶装备的防腐蚀保护。记录表明，在海上风能设备使用寿命期（通常为 25 年）内，双涂层体系对风车防腐蚀保护作用是经得起考验的。

双涂层体系的防腐蚀保护作用减少了维护的需要和维修周期，从而显著减少渔船、渡船、游轮、舰艇及其他特殊船舶停泊船坞的时间，获得了更多的作业时间。

海洋工程设施和海洋船艇都存在海水飞溅的问题。海水飞溅对钢构件镀锌层（或其他保护涂层）很具侵蚀性，镀锌层与氯化物发生反应，会形成锌腐蚀产物。虽然这些腐蚀产物中的水分会蒸发而变干，但会再次被海水飞溅湿润和冲刷掉，则会有新的锌腐蚀产物形成。这个过程重复进行，直到镀锌层被耗尽。

海洋工程中采用的构件镀锌层表面涂敷环氧树脂或其他漆料形成双涂层体系，是很好的选择。环氧树脂或其他面漆作为保护镀锌层的屏障，当环氧树脂或其他面漆被破坏后，镀锌层将起到防腐蚀保护作用，直至被消耗掉。例如，有警戒色要求的消防管线及护手栏杆、直梯护笼等结构，都采用了镀锌层加漆涂层防护的双涂层体系。如能对镀锌层表面的涂敷层及时维修，则采用双涂层体系的这些热镀锌构件的使用寿命是令人非常满意的。

15-17　双涂层体系可以用于汽油和柴油储油罐吗？

钢制燃料储罐（见图 15-5）不仅要防止储罐外部大气的腐蚀，还要防止储罐内储藏燃料的腐蚀。储罐的外部镀锌层有优越的防大气腐蚀保护性能。储罐外部镀锌层的首次维护时间可利用首次维护时间图表进行估算（参见第 4 章图 4-1）。

人们发现，镀锌层可保护储罐免受汽油、机油的腐蚀；长期浸泡在汽油、柴油、机油中或暴露于这些油料挥发气体中时，镀锌层几乎没有明显的腐蚀迹象。但燃料储罐内壁镀锌层防腐蚀可能存在一定问题，这些油料与储罐内壁镀锌层作用可能会形成一些小颗粒物质。以柴油储罐为例，储罐储存的油

图 15-5　钢制燃料储罐

料用于柴油发动机时，时间一长，这些微粒可能会堵塞喷油器或过滤器。这个问题在较小储罐储存的油料中比较明显。为防止油路出现堵塞问题，应定期清洗燃油滤清器，燃料经过正确过滤，通常不会造成堵塞。大型储罐中油料的这个问题似乎还不太令人担忧，在经常使用的大型储罐中，由于形成的微粒比燃料重，如油料不受扰动，它们会沉在储罐的底部。

在被水污染的燃料中，镀锌层的腐蚀会很快。在这种情况下，储存的燃油中会形成大量腐蚀产物，使用时会产生问题。也有报道称，镀锌储罐储存添加乙醇基料燃料添加剂的汽油时会出现问题。热镀锌储罐用于汽油存储时，采用双涂层体系防腐蚀效果最为理想。

>>> 参考文献

[1] FOSSA A. Evaluating steel chemistry prior to galvanizing[DB/OL]. (2016 - 06 - 23)[2019 - 10 - 01]. https：//galvanizeit. org/knowledge-base/article/evaluating - steel - chemistry - prior - to - galvanizing.

[2] LANGILL T，JONES B，DURAN III B A. Galvanizing weathering steel [DB/OL]. (2024 - 01 - 24)[2024 - 02 - 15]. https：//galvanizeit. org/knowledgebase/article/hot - dip - galvanizing - weathering - steel.

[3] American Society for Testing and Materials. Standard specification for high - strength low - alloy structural steel，up to 50 ksi [345 MPa] minimum yield point，with atmospheric corrosion resistance：ASTM A588/A588M—2019[S].

[4] American Galvnizers Association. Durability[EB/OL]. [2021 - 01 - 17]. https：//galvanizeit. org/hot - dip - galvanizing/why - specify - galvanizing/durability.

[5] FOSSA A. Maximizing HDG for AESS projects[DB/OL]. (2018 - 09 - 13)[2021 - 01 - 18]. https：//galvanizeit. org/knowledgebase/article/maximizing - hdg - for - aess - projects.

[6] American Galvnizers Association. Is galvanizing sustainable? [EB/OL]. [2021 - 01 - 18]. https：//galvanizeit. org/hot - dip - galvanizing/is - galvanizing - sustainable.

[7] American Galvnizer Association. HDG environmental advantages [EB/OL]. [2021 - 01 - 18]. https：//galvanizeit. org/hot - dip - galvanizing/is - galvanizing - sustainable/hdg - environmental - advantages.

[8] American Galvnizers Association. HDG & LEED? [EB/OL]. [2021 - 01 - 19]. https：//galvanizeit. org/hot - dip - galvanizing/is - galvani-

zing – sustainable/hdg – and – leed.

[9]　KLEEN C. Zinc recycling[DB/OL]. (2019 – 03 – 26)[2021 – 01 – 18]. https：//galvanizeit. org/knowledgebase/article/zinc – recycling.

[10]　American Galvnizers Association. HDG economic advantages [EB/OL]. [2021 – 01 – 11]. https：//galvanizeit. org/hot – dip – galvanizing/is – galvanizing – sustainable/hdg – economic – advantages.

[11]　LANGILL T，RAHRIG P G. Galvanizers cash – in with sustainable lighting and heat recovery systems[DB/OL]. (2018 – 03 – 30)[2021 – 01 – 12]. https：//galvanizeit. org/about – aga/news/article/galvanizers – cash – in – with – sustainable – lighting – and – heat – recovery – systems.

[12]　王静，郭夏清. 美国 LEED 绿色建筑评价标准 V4 版本修订的解读与比较[J]. 南方建筑，2017(05)：104 – 108.

[13]　American Galvnizers Association. What is the HDG process？[EB/OL] .[2019 – 07 – 25]. https：//galvanizeit. org/hot – dip – galvanizing/hdg – process.

[14]　American Galvnizers Association. ASTM A123 for structural steel products[EB/OL]. [2019 – 03 – 09]. https：//galvanizeit. org/inspection – course/galvanizing – standards/astm – a – 123 – for – structural – steel – products.

[15]　American Galvnizers Association. Other galvanizing standards [EB/OL]. [2021 – 01 – 29]. https：//galvanizeit. org/inspection – course/galvanizing – standards/other – galvanizing – standards.

[16]　ISO. ISO Hot dip galvanized coatings on fabricated iron and steel articles—specifications and test methods：ISO 1461—2022[S].

[17]　国家标准化管理委员会. 金属覆盖层　钢铁制件热镀锌层　技术要求及试验方法：GB/T 13912—2020 [S]. 北京：中国标准出版社，2020.

[18]　American Society for Testing and Materials. Standard specification for zinc（hot – dip galvanized）coatings on Iron and steel products：ASTM A123/A123M—2024[S].

[19]　American Society for Testing and Materials. Standard specification for zinc coating（hot – dip）on iron and steel hardware：ASTM A153/153M—2023[S].

［20］ American Society for Testing and Materials. Standard specification for zinc－coated（galvanized）steel bars for concrete reinforcement：ASTM A767/A767M—2019［S］.

［21］ Standards Council of Canada. Hot dip galvanizing of irregularly shaped articles：CSA G164—2018(2020)［S］.

［22］ BARLOW D. SSPC surface preparation standards［DB/OL］.（2019－10－24）［2021－05－02］. https：//galvanizeit. org/knowledgebase/article/sspc－surface－preparation－standards.

［23］ American Society for Testing and Materials. Standard practice for safeguarding against embrittlement of hot－dip galvanized structural steel products and procedure for detecting embrittlement：ASTM A143/A143M—2007(2020)［S］.

［24］ American Society for Testing and Materials. Standard practice for safeguarding against warpage and distortion during hot－dip galvanizing of steel assemblies：ASTM A384/A384M—2007(2019)［S］.

［25］ American Society for Testing and Materials. Standard practice for providing high－quality zinc coatings（Hot－Dip）：ASTM A385/A385M—2022［S］.

［26］ American Society for Testing and Materials. Standard practice for life－cycle cost analysis of corrosion protection systems on iron and steel products：ASTM A1068—2010(2020)［S］.

［27］ American Society for Testing and Materials. Standard specification for zinc：ASTM B6—2023［S］.

［28］ American Society for Testing and Materials. Standard practice for repair of damaged and uncoated areas of hot－dip galvanized coatings：ASTM A780/A780M—2020［S］.

［29］ American Society for Testing and Materials. Standard practice for preparation of zinc（hot－dip galvanized）coated iron and steel product and hardware surfaces for painting：ASTM D6386 —2022［S］.

［30］ American Society for Testing and Materials. Standard practice for preparation of zinc（hot－dip galvanized）coated iron and steel product and hardware surfaces for powder coating：ASTM D7803—2019［S］.

［31］ FOSSA A. Suggested checkpoints for optimizing HDG Steel［DB/OL］.（2016－12－05）［2021－03－25］. https：//galvanizeit. org/knowledgebase/article/suggested – checkpoints – for – optimizing – hdg – steel – articles.

[32] FOSSA A. Differences between ASTM A123 and CSA G164 – 18[DB/OL]. (2019 – 01 – 29)[2021 – 02 – 02].https：//galvanizeit. org/knowledgebase/article/differences – between – astm – a123 – and –csa – g164 – 18.

[33] American Society for Testing and Materials. Standard specification for deformed and plain carbon – steel bars for concrete reinforcement：ASTM A615/A615M —2022[S].

[34] DANIEL B. ISO 1461[DB/OL]. (2018 – 05 – 21)[2019 – 03 – 20]. https：//galvanizeit. org/knowledgebase/article/iso – 1461.

[35] American Society for Testing and Materials. Standard practice for measuring coating thickness by magnetic – field or eddy current (electromagnetic) testing methods：ASTM E376—2019[S].

[36] American Galvnizers Association. Coating thickness/ weight[EB/OL]. [2019 – 08 – 14].https：//galvanizeit. org/specification – and – inspection/inspection – of – hdg/types – of – inspection/coating – thickness.

[37] American Galvnizers Association. Coating thickness[EB/OL]. [2019 – 08 – 14].https：//galvanizeit. org/inspection – course/types – of – inspection/coating – thickness.

[38] American Society for Testing and Materials. Standard test method for measurement of metal and oxide coating thickness by microscopical examination of cross section：ASTM B487—2020[S].

[39] American Society for Testing and Materials. Standard test method for weight [mass] of coating on iron and steel articles with cinc or zinc – alloy coatings：ASTM A90/A90M—2021[S].

[40] FOSSA A. Overpickling in sulfuric acid to increase HDG coating thickness [DB/OL]. (2019 – 05 – 07)[2021 – 03 – 20]. https：//galvanizeit. org/knowledgebase/article/overpickling – in – sulfuric – acid – to – increase – hdg – coating – thickness.

[41] FOSSA A. Asymmetrical design and preventing warpage/distortion [DB/OL]. (2016 – 03 – 03)[2021 – 03 – 11].https：//galvanizeit. org/knowledgebase/article/asymmetrical – design – and – preventing – warpage – distortion.

[42] American Society for Testing and Materials. Standard specification for steel sheet，zinc – coated（galvanized）or zinc – iron alloy – coated（galvannealed）by the hot – dip process：ASTM A653/A653M—2023[S].

[43] LANGILL T. Types of embrittlement & HDG[DB/OL]. (2019 – 04 – 23)[2019 – 07 – 17]. https：//galvanizeit. org/knowledgebase/article/different – forms – of – embrittlement.

[44] American Galvnizers Association. Cold worked steels[EB/OL]. [2020 – 05 – 20]. https：//galvanizeit. org/design – and – fabrication/design – considerations/cold – worked – steels.

[45] FOSSA A. Ensuring conformance to ASTM A780[DB/OL]. (2016 – 08 – 01)[2020 – 01 – 09]. https：//galvanizeit. org/knowledgebase/article/ensuring – conformance – to – astm – a780.

[46] The Society for Protective Coatings. Solvent cleaning：SSPC – SP 1—2016[S].

[47] The Society for Protective Coatings. Hand tool cleaning：SSPC – SP 2—2018[S].

[48] The Society for Protective Coatings. Power tool cleaning：SSPC – SP 3—2018[S].

[49] The Society for Protective Coatings. White metal blast cleaning：SSPC – SP 5/NACE No. 1—2006[S].

[50] The Society for Protective Coatings. Near – white metal blast cleaning：SSPC – SP 10/NACE No. 2—2007[S].

[51] The Society for Protective Coatings. Power tool cleaning to bare metal：SSPC – SP 11—2020[S].

[52] The Society for Protective Coatings. Surface preparation and cleaning of metals by waterjetting prior to recoating：SSPC – SP 12/NACE No. 5—2002[S].

[53] The Society for Protective Coatings. Brush – off blast cleaning of coated and uncoated galvanized steel，stainless steels，and non – ferrous metals：SPC – SP 16—2020[S].

[54] LANGILL T，FOSSA A. Dissimilar metals in contact with HDG[DB/OL]. (2020 – 05 – 05)[2020 – 07 – 08]. https：//galvanizeit. org/knowledgebase/article/dissimilar – metals – in – contact – with – hdg.

［55］ ZHANG G X. Galvanic protection distance of cinc – coated steels under various environmental conditions ［J］. Corrosion, 2000, 56 （2）: 139 –143.

［56］ American Galvnizers Association. Galvanic corrosion ［EB/OL］. ［2019 – 04 – 26］. https: //galvanizeit. org/corrosion/corrosion – process/galvanic – corrosion.

［57］ American Galvnizers Association. Steel corrosion process ［EB/OL］. ［2019 – 05 – 04］. https: //galvanizeit. org/corrosion/corrosion – process/steel – corrosion.

［58］ American Galvnizers Association. Corrosion rate ［EB/OL］. ［2019 – 05 – 07］. https: //galvanizeit. org/corrosion/corrosion – process/corrosion – rate .

［59］ American Galvnizers Association. Corrosion protection for steel ［EB/OL］. ［2019 – 05 – 12］. https: //galvanizeit. org/hot – dip – galvanizing/why – specify – galvanizing/corrosion – protection.

［60］ LANGILL T. Damaged galvanized steel and storage［DB/OL］. （2019 – 04 – 22）［2020 – 01 – 10］. https: //galvanizeit. org/knowledgebase/article/damaged – galvanized – steel – and – storage.

［61］ BARLOW D. Galvanized steel performance in soil［DB/OL］. （2015 – 06 – 11）［2021 – 07 – 21］. https: //galvanizeit. org/knowledgebase/article/galvanized – steel – performance – in – soil – 1.

［62］ FOSSA A. The zinc coating life predictor［DB/OL］. （2022 – 06 – 02）［2022 – 07 – 21］. https: //galvanizeit. org/knowledgebase/article/the – zinc – coating – life – predictor.

［63］ DURAN III B A. Atmospheric corrosion of hot – dip galvanized steel ［DB/OL］. （2019 – 03 – 01）［2019 – 05 – 21］. https: //galvanizeit. org/knowledgebase/article/atmospheric – corrosion – of – hot – dip – galvanized – steel.

［64］ American Galvnizers Association. In the atmosphere ［EB/OL］. ［2019 – 05 – 18］. https: //galvanizeit. org/hot – dip – galvanizing/how – long – does – hdg – last/in – the – atmosphere.

［65］ American Galvnizers Association. Time to first maintenance ［EB/OL］. ［2019 – 05 – 19］. https: //galvanizeit. org/hot – dip – galvanizing/how –long – does – hdg – last/in – the – atmosphere/time – to – first –

maintenance.

［66］ DURAN Ⅲ B A. Water hardness effect to galvanized steel corrosion in water［DB/OL］.（2019 - 05 - 14）［2019 - 05 - 28］. https：//galvanizeit. org/knowledgebase/article/water - hardness - effect - to - galvanized - steel - corrosion - in - water.

［67］ American Galvnizers Association. In water［EB/OL］.［2019 - 05 - 28］. https：//galvanizeit. org/hot - dip - galvanizing/how - long - does - hdg - last/in - water.

［68］ American Galvnizers Association. In chemical solutions［EB/OL］.［2019 - 05 - 28］. https：//galvanizeit. org/hot - dip - galvanizing/how - long - does - hdg - last/in - chemical - solutions.

［69］ American Galvnizers Association. In soil［EB/OL］.［2019 - 05 - 31］. https：//galvanizeit. org/hot - dip - galvanizing/how - long - does - hdg - last/in - soil.

［70］ DURAN Ⅲ B A. Estimating galvanized steels service life in soil［DB/OL］.（2019 - 05 - 14）［2019 - 06 - 03］. https：//galvanizeit. org/knowledgebase/article/estimating - galvanized - steel - s - service - life - in - soil.

［71］ American Galvnizers Association. Soil corrosion data［EB/OL］.［2019 - 06 - 03］. https：//galvanizeit. org/hot - dip - galvanizing/how - long - does - hdg - last/in - soil/soil - corrosion - data.

［72］ ANON. Stainless steel in contact with galvanized steel［DB/OL］.（2015 - 10 - 05）［2019 - 05 - 16］. https：//galvanizeit. org/knowledgebase/article/stainless - steel - in - contact - with - galvanized - steel.

［73］ American Galvnizers Association. In contact with other metals［EB/OL］.［2019 - 06 - 22］. https：//galvanizeit. org/hot - dip - galvanizing/how - long - does - hdg - last/in - contact - with - other - metals.

［74］ FOSSA A. Aluminum vent/drain hole plugs & galvanic corrosion［DB/OL］.（2018 - 04 - 30）［2019 - 06 - 22］. https：//galvanizeit. org/knowledgebase/article/aluminum - vent - drain - hole - plugs - galvanic - corrosion.

［75］ American Galvnizers Association. In contact with treated wood［EB/OL］.［2019 - 06 - 26］. https：//galvanizeit. org/hot - dip - galvanizing/how - long - does - hdg - last/contact - with - treated - wood.

［76］ LANGILL T. G185 coating and pressure – treated wood［DB/OL］.
（2019 – 05 – 16）［2019 – 06 – 27］. https：//galvanizeit. org/knowl-
edgebase/article/g185 – coating – and – pressure – treated – wood.

［77］ JONES B，Zinc & household items FAQ［DB/OL］.（2023 – 03 – 15）
［2023 – 09 – 19］. https：//galvanizeit. org/knowledgebase/article/zinc –
household – items – faq.

［78］ DURAN III B A. Corrosive chemicals and galvanizing［DB/OL］.
（2013 – 05 – 07）［2019 – 06 – 29］. https：//galvanizeit. org/knowl-
edgebase/article/corrosive – chemicals – and – galvanizing.

［79］ DURAN III B A. Galvanized steels performance in extreme tempera-
tures［DB/OL］.（2019 – 05 – 15）［2019 – 06 – 30］. https：//galva-
nizeit. org/knowledgebase/article/galvanized – steel – s – performance –
in –extreme – temperatures.

［80］ FOSSA A. Performance and inspection of HDG exposed to extreme tempera-
tures［DB/OL］.（2020 – 03 – 02）［2021 – 07 – 29］. https：//galvanizeit. org/
knowledgebase/article/performance – and – inspection – of – hdg – ex-
posed – to – extreme – temperatures.

［81］ LANGILL T. Polarity reversal［DB/OL］.（2019 – 04 – 26）［2019 – 07 –
03］. https：//galvanizeit. org/knowledgebase/article/polarity – re-
versal.

［82］ 李梦丽. 管用 20 钢应变时效的演化规律及无损检测方法［D］. 济南：
山东大学，2012.

［83］ 姜志鹏. 应变时效对 Q345 钢及对接焊缝力学性能的影响研究［D］. 青
岛：青岛理工大学，2018.

［84］ LANGILL T. Mechanical plating vs. Hot – dip galvanizing［DB/OL］.
（2019 – 05 – 17）［2020 – 08 – 06］. https：//galvanizeit. org/knowl-
edgebase/article/mechanical – plating – vs – hot – dip – galvanizing.

［85］ DURAN III B A. Advantages of HDG fasteners［DB/OL］.（2019 – 04 – 04）
［2019 – 07 – 09］. https：//galvanizeit. org/knowledgebase/article/advan-
tages – of – hdg – fasteners.

［86］ DURAN III B A. Difference between hydrogen and strain – age embrit-
tlement［DB/OL］.（2019 – 05 – 16）［2019 – 07 – 17］. https：//galva-
nizeit. org/knowledgebase/article/difference – between – hydrogen –
and – strain – age – embrittlement.

［87］ LANGILL T. Cracking of HDG in the area of the weld［DB/OL］. (2019 - 05 - 15) ［2021 - 08 - 08］. https：//galvanizeit. org/knowledgebase/article/cracking - of - hdg - in - the - area - of - the - weld.

［88］ WebCorr Corrosion Consulting Services Singapore. Recognition of liquid metal embrittlement ［EB/OL］. ［2019 - 07 - 14］. https：//www. corrosionclinic. com/types _ of _ corrosion/liquid％ 20metal％ 20embrittlement _ LME. htm.

［89］ DURAN III B A. Embrittlement and welding in galvanized stainless steel［DB/OL］. (2019 - 05 - 16) ［2019 - 07 - 14］. https：//galvanizeit. org/knowledgebase/article/embrittlement - and - welding - in - galvanized - stainless - steel.

［90］ FOSSA A. Stripping and regalvanizing ［DB/OL］. (2014 - 08 - 25) ［2017 - 09 - 17］. https：//galvanizeit. org/knowledgebase/article/stripping - and - regalvanizing.

［91］ 姚雄婷，孔纲，车淳山，等. 热镀锌助镀剂研究现状及进展［J］. 材料保护，2023，56(01)：121 - 126.

［92］ 许乔瑜，陈虎东，栾向伟. 稀土铈对热浸镀锌层耐蚀性能的影响［J］. 电镀与涂饰，2014，33(13)：553 - 556.

［93］ LANGILL T. Wet/ery kettle［DB/OL］. (2019 - 05 - 16)［2019 - 07 - 28］. https：//galvanizeit. org/knowledgebase/article/wet - dry - kettle.

［94］ LANGILL T. Entrapped flux on progressively dipped tubes［DB/OL］. (2019 - 04 - 23)［2019 - 07 - 28］. https：//galvanizeit. org/knowledgebase/article/entrapped - flux - on - progressively - dipped - tubes.

［95］ FOSSA A. Flux quality：concentration，density（baume），flux ratio，pH［DB/OL］. （2017 - 06 - 26)［2017 - 08 - 01］. https：//galvanizeit. org/knowledgebase/article/flux - quality - concentration - density - baume - flux - ratio - ph.

［96］ American Society for Testing and Materials. Standard specification for prime western grade - recycled（PWG - R）zinc：ASTM B960—2018 (2022)［S］.

［97］ FOSSA A. Aluminum concentration in the zinc melt［DB/OL］. (2016 - 02 - 08)［ 2019 - 08 - 01］. https：//galvanizeit. org/knowledgebase/article/

aluminum – concentration – in – the – zinc – melt.

[98] LANGILL T. Alloy additions to the kettle and their purposes[DB/OL]. (2019 – 04 – 05) [2019 – 08 – 03]. https：//galvanizeit. org/knowledgebase/article/alloy – additions – to – the – kettle – and – their – purposes.

[99] LANGILL T. Nickel additions to kettle and suppressing reactive steels [DB/OL]．(2002 – 02 – 04)[2019 – 09 – 21]. https：//galvanizeit. org/knowledgebase/article/nickel – additions – to – kettle – and – suppressing – reactive – steels.

[100] American Society for Testing and Materials. Standard specification for zinc master alloys for use in hot dip galvanizing：ASTM B860—2018 (2022)[S].

[101] LANGILL T. Controlling spangle – influences[DB/OL]. (2019 – 04 – 10) [2019 – 08 – 03]. https：//galvanizeit. org/knowledgebase/article/controlling – spangle – influences.

[102] FOSSA A. Considerations for progressive dipping[DB/OL]. (2016 – 06 – 13)[2019 – 04 – 06]. https：//galvanizeit. org/knowledgebase/article/considerations – for – progressive – dipping.

[103] American Society for Testing and Materials. Standard practice for testing chromate coatings on zinc and cadmium surfaces：ASTM B201—1980(2019)[S].

[104] 卢锦堂，许乔瑜，孔纲．现代热浸镀技术 [M]. 北京：机械工业出版社，2017.

[105] FOSSA A，Langill T. Multi – specimen test articles & coating thickness inspection[DB/OL]. (2017 – 04 – 27)[2019 – 08 – 15]. https：//galvanizeit. org/knowledgebase/article/multi – specimen – test – articles – coating – thickness – inspection.

[106] American Galvnizers Association. Additional tests[EB/OL]. [2019 – 08 – 20]. https：//galvanizeit. org/specification – and – inspection/inspection – of – hdg/types – of – inspection/additional – tests.

[107] FOSSA A. Electromagnetic interference with corded inspection probes[DB/OL]. (2019 – 12 – 17)[2023 – 02 – 13]. https：//galvanizeit. org/knowledgebase/article/electromagnetic – interference – with – corded – inspection – probes.

[108] LANGILL T. Trouble shooting possible coating failure[DB/OL].
(2019 – 04 – 29)[2019 – 08 – 20]. https：//galvanizeit. org/knowl-
edgebase/article/trouble – shooting – possible – coating – failure.

[109] FOSSA A. Zinc coatings for fasteners[DB/OL]. (2018 – 10 – 09)
[2019 – 08 – 21]. https：//galvanizeit. org/knowledgebase/article/
zinc – coatings – for – fasteners

[110] American Society for Testing and Materials. Standard practice for op-
erating salt spray (fog) apparatus：ASTM B117—2019[S].

[111] American Society for Testing and Materials. Standard practice for
modified salt spray (fog) testing：ASTM G85—1019[S].

[112] LANGILL T. Thick coating on welded areas[DB/OL]. (2019 – 05 –
14)[2019 – 09 – 26]. https：//galvanizeit. org/knowledgebase/article/
thick – coating – on – welded – areas.

[113] LANGILL T. Dulling galvanized steel[DB/OL]. (2019 – 04 – 23)
[2019 – 10 – 07]. https：//galvanizeit. org/knowledgebase/article/
dulling – galvanized – steel.

[114] DURAN III B A. Most common appearance concerns on HDG steel
[DB/OL]. (2019 – 04 – 25)[2019 – 09 – 27]. https：//galvanizeit. org/
knowledgebase/article/most – common – appearance – concerns – on –
hdg – steel.

[115] American Galvnizers Association. Finish[EB/OL]. [2019 – 09 – 28].
https：//galvanizeit. org/specification – and – inspection/inspection –
of – hdg/types – of – inspection/finish.

[116] American Galvnizers Association. Appearance[EB/OL]. [2019 – 10 –
05]. https：//galvanizeit. org/specification – and – inspection/inspec-
tion – of – hdg/types – of – inspection/appearance.

[117] American Galvnizers Association. Different appearances[EB/OL]. [2019 –
10 – 05]. https：//galvanizeit. org/inspection – course/types – of – inspec-
tion/finish – appearance/different – appearances.

[118] LANGILL T. Steel reactivity with silicon and phosphorus[BD/OL].
(2019 – 05 – 14)[2019 – 10 – 03]. https：//galvanizeit. org/knowl-
edgebase/article/steel – reactivity – with – silicon – and – phosphorus.

[119] DURAN III B A. Limiting coating growth by blasting[DB/OL]. (2019 –
05 – 16)[2019 – 09 – 26]. https：//galvanizeit. org/knowledgebase/article/

limiting – coating – growth – by – blasting.

[120] FOSSA A. ILZRO classifications of sandelin steels[BD/OL]. (2017 – 04 – 18)[2019 – 09 – 05]. https：//galvanizeit. org/knowledgebase/article/ilzro – classifications – of – sandelin – steels.

[121] LANGILL T. Methods to dull hot – dip galvanized steel[DB/OL]. (2019 – 04 – 25)[2019 – 09 – 20]. https：//galvanizeit. org/knowledgebase/article/methods – to – dull – hot – dip – galvanized – steel.

[122] LANGILL T. Limiting coating growth [DB/OL]. (2019 – 04 – 24) [2019 – 10 – 09]. https：//galvanizeit. org/knowledgebase/article/limiting – coating – growth.

[123] DURAN III B A. Coating thickness control of high and low silicon steels[DB/OL]. (2019 – 04 – 10){ 2019 – 10 – 11}. https：//galvanizeit. org/knowledgebase/article/coating – thickness – control – of – high – and – low – silicon – steels.

[124] BARLOW D. Dross and nickel in the kettle[DB/OL]. (2015 – 01 – 29) [2019 – 10 – 27]. https：//galvanizeit. org/knowledgebase/article/dross – and – nickel – in – the – kettle.

[125] LANGILL T. Difference between flux and skimmings on galvanized steel[DB/OL]. (2019 – 05 – 16)[2019 – 10 – 29]. https：//galvanizeit. org/knowledgebase/article/difference – between – flux – and – skimmings – on – galvanized – steel.

[126] DURAN III B A. Rust bleeding on welded parts[DB/OL]. (2019 – 05 – 16)[2019 – 12 – 04]. https：//galvanizeit. org/knowledgebase/article/rust – bleeding – on – welded – parts.

[127] FOSSA A. Minimizing zinc consumption[DB/OL]. (2018 – 11 – 01) [2019 – 11 – 13]. https：//galvanizeit. org/knowledgebase/article/minimizing – zinc – consumption.

[128] LANGILL T. Rough coatings on boat trailers – silicon and phosphorus[DB/OL]. (2019 – 04 – 26)[2019 – 11 – 24]. https：//galvanizeit. org/knowledgebase/article/rough – coatings – on – boat – trailers – silicon – and – phosphorus.

[129] FOSSA A. Effect of extending cooling times on large diameter and thick tubes[DB/OL]. (2019 – 11 – 07)[2019 – 11 – 18]. https：//galvanizeit. org/knowledgebase/article/effect – of – extending – cooling –

times – on – large – diameter – and – thick – tubes.

[130] FOSSA A. Hot – dip galvanizing thick steel articles[DB/OL]. (2016 – 09 – 07) [2019 – 11 – 17]. https：//galvanizeit. org/knowledgebase/ article/hot – dip – galvanizing – thick – steel – articles.

[131] LANGILL T. Flaking on I – beams and edges[DB/OL]. (2015 – 02 – 19)[2019 – 11 – 17]. https：//galvanizeit. org/knowledgebase/article/ flaking – on – i – beams – and – edges.

[132] DURAN III B A. Sweep blasting galvanized steel[DB/OL]. (2019 – 10 – 28) [2019 – 11 – 20]. https：//galvanizeit. org/knowledgebase/ article/sweep – blasting – galvanized – steel.

[133] FOSSA A. Warpage and distortion[DB/OL]. (2015 – 11 – 05)[2019 – 11 – 24]. https：//galvanizeit. org/knowledgebase/article/warpage – and – distortion.

[134] BARLOW D. Warped steel[DB/OL]. (2015 – 07 – 23)[2019 – 11 – 24]. https：//galvanizeit. org/knowledgebase/article/warped – steel.

[135] DURAN III B A. Customer Complaints about Wet Storage Stain[DB/ OL]. (2019 – 05 – 15)[2019 – 12 – 02]. https：//galvanizeit. org/ knowledgebase/article/wet – storage – stain – 1.

[136] LANGILL T. Wet storage stain[DB/OL]. (2019 – 05 – 15)[2019 – 12 – 01]. https：//galvanizeit. org/knowledgebase/article/wet – storage – stain.

[137] FOSSA A. Trucking/transport of HDG steel in winter[DB/OL]. (2018 – 03 – 26) [2019 – 12 – 01]. https：//galvanizeit. org/knowl-edgebase/article/trucking – transport – of – hdg – steel – in – winter.

[138] FOSSA A. Anti – spatter sprays suitable for HDG[DB/OL]. (2020 – 11 – 09)[2021 – 10 – 24]. https：//galvanizeit. org/knowledgebase/article/ what – welding – sprays – are – suitable – for – galvanizing.

[139] FOSSA A. Welding appearance after HDG[DB/OL]. (2020 – 11 – 02) [2021 – 10 – 24]. https：//galvanizeit. org/knowledgebase/article/ welding – appearance – after – hdg.

[140] 郝爱民，高凤梅，徐明月，等. 热镀锌过程中的关键工艺及其控制 [J]. 表面工程资讯，2013，13(04)：10 – 12.

[141] 宋宝林. 浅谈输电线路铁塔热浸镀锌表面漏镀缺陷[J]. 科技视界，2015(06)：191＋196.

[142] BARLOW D. Overlapping areas [DB/OL]. (2015 – 03 – 04) [2020 – 03 – 25]. https：//galvanizeit. org/knowledgebase/article/overlapping – areas.

[143] American Galvnizers Association. Zinc spray metallizing [EB/OL]. [2020 – 01 – 04]. https：//galvanizeit. org/inspection – course/repair/zinc – spray – metallizing.

[144] 祝宝英，刘明，左慧明，等. 水性环氧富锌涂料的特点及研究进展 [J]. 涂层与防护，2020，41(12)：37 – 45＋52.

[145] FOSSA A. Natural weathering & zinc repairs[DB/OL]. (2019 – 02 – 25) [2021 – 12 – 30]. https：//galvanizeit. org/knowledgebase/article/natural – weathering – zinc – repairs.

[146] ANON. Cleaning galvanized steel[DB/OL]. (2019 – 05 – 06)[2020 – 05 – 06]. https：//galvanizeit. org/knowledgebase/article/cleaning – galvanized – steel.

[147] FOSSA A. Graffiti removal from HDG surfaces[DB/OL]. (2016 – 12 –21)[2021 – 12 – 29]. https：//galvanizeit. org/knowledgebase/article/graffiti – removal – from – hdg – surfaces.

[148] FOSSA A. Evaluation of HDG repair materials[DB/OL]. (2018 – 06 – 01) [2020 – 01 – 09]. https：//galvanizeit. org/knowledgebase/article/evaluation – of – hdg – repair – materials.

[149] American Welding Society. Guide for the protection of steel with thermal sprayed coating of aluminum and zinc and their alloys and composites：AWS C2. 18—1993(R2001)[S].

[150] FOSSA A. Welding electrodes before galvanizing[DB/OL]. (2017 – 11 –27)[2020 – 03 –07]. https：//galvanizeit. org/knowledgebase/article/welding – electrodes – before – galvanizing.

[151] LANGILL T. What welding material yields normal zinc coatings? [DB/OL]. (2019 – 05 –07)[2020 – 03 –07]. https：//galvanizeit. org/knowledgebase/article/what – welding – material – yields – normal – zinc – coatings.

[152] DURAN III B A. Bracing (temporary and permanent) of steel fabrications for galvanizing [DB/OL]. (2019 – 06 – 11)[2020 – 03 – 12]. https：//galvanizeit. org/knowledgebase/article/bracing – temporary – and – permanent – of – steel – fabrications – for – galvanizing.

［153］ DURAN III B A. Venting and draining［DB/OL］.（2014 - 09 - 12）
［2020 - 03 - 16］. https：//galvanizeit. org/knowledgebase/article/
venting - and - draining.

［154］ American Galvnizers Association. Overlapped surfaces［EB/OL］.［2020 -
03 - 26］. https：//galvanizeit. org/design - and - fabrication/fabrication -
considerations/overlapped - surfaces1.

［155］ American Galvnizers Association. Enclosed & semi - enclosed products［EB/
OL］.［2020 - 03 - 19］. https：//galvanizeit. org/design - and - fabrica-
tion/design - considerations/venting - and - drainage/enclosed - and -
semi - enclosed - products.

［156］ American Galvnizers Association. Tapered - single arm［EB/OL］.
［2020 - 03 - 23］. https：//galvanizeit. org/design - and - fabrication/
design - considerations/venting - and - drainage/tapered - single - arm.

［157］ American Galvnizers Association. Moving parts［EB/OL］.［2020 - 03 - 29］.
https：//galvanizeit. org/design - and - fabrication/fabrication - con-
siderations/moving - parts1

［158］ American Galvnizers Association. Threaded assemblies［EB/OL］.［2020 -
04 - 14］. https：//galvanizeit. org/design - and - fabrication/fabrica-
tion - considerations/fasteners - bolts - and - nails1/threaded - assem-
blies1.

［159］ American Society for Testing and Materials. Standard specification for
carbon and alloy steel nuts(inch and metric)：ASTM A563/563M —
2023［S］.

［160］ DURAN III B A. Sizing clearance holes for HDG fasteners［DB/OL］.
（2019 - 05 - 16）［2022 - 01 - 16］. https：//galvanizeit. org/knowl-
edgebase/article/sizing - clearance - holes - for - hdg - fasteners.

［161］ American Galvnizers Association. Masking［EB/OL］.［2020 - 04 - 20］. https：//
galvanizeit. org/design - and - fabrication/fabrication - considerations/
masking1.

［162］ DURAN III B A. Masking products for galvanized steel［DB/OL］.
（2019 - 08 - 06）［2020 - 04 - 24］. https：//galvanizeit. org/knowl-
edgebase/article/masking - products - for - galvanized - steel.

［163］ FOSSA A. Smoke from masking materials［DB/OL］.（2018 - 12 - 06）
［2020 - 04 - 20］. https：//galvanizeit. org/knowledgebase/article/

smoke - from - masking - materials.

[164] 国家质量监督检验检疫总局 . 普通螺纹 基本牙型：GB/T 192—2003 [S]. 北京：中国标准出版社，2003.

[165] American Galvnizers Association. Marking parts[EB/OL]. [2022 - 02 -22]. https：//galvanizeit. org/design - and - fabrication/fabrication - considerations/marking - parts.

[166] LANGILL T. Chemical reaction between chromates and galvanized steel[DB/OL]. (2019 - 04 - 09)[2019 - 05 - 26]. https：//galvanizeit. org/knowledgebase/article/chemical - reaction - between - chromates - and - galvanized - steel.

[167] DONG X Q, GUO T X, RAN C R. Study on environment - friendly passivation for hot - dip galvanized steel with high corrosion resistance：IOP conference series：Materials Science and Engineering，2020[C]. 711 012066.

[168] FOSSA A. Colorants for galvanized steel[DB/OL]. (2020 - 02 - 05)[2020 - 05 - 16]. https：//galvanizeit. org/knowledgebase/article/colorants - for - galvanized - steel.

[169] American Galvnizers Association. Welding galvanized steel [EB/OL]. [2020 - 05 - 25]. https：//galvanizeit. org/design - and - fabrication/fabrication - considerations/welding/welding - galvanized - steel.

[170] LANGILL T. Can you weld galvanized steel? [DB/OL]. (2019 - 08 - 16)[2020 - 05 - 26]. https：//galvanizeit. org/knowledgebase/article/welding - galvanized - steel.

[171] BARLOW D. Converting chromium content to chromate[DB/OL]. (2013 - 09 - 27)[2020 - 06 - 27]. https：//galvanizeit. org/knowledgebase/article/converting - chromium - content - to - chromate - content.

[172] 廖成龙，史瑞祥，凌泽，等 . 三价铬黑色钝化研究进展[J]. 材料保护，2016，49(S1)：108 - 111.

[173] 黄清 . 钝化液中的锌对镀锌件铬酸盐钝化的影响及铬酸盐钝化液再生研究[D]. 广州：华南理工大学，2015.

[174] 杨军平 . 镀锌层三价铬复合钝化膜的制备和耐蚀性能研究[D]. 大连：大连工业大学，2018.

[175] 李会芬，邹忠利，李春龙．镀锌层表面无铬钝化工艺的研究进展[J]．材料保护，2021，54(3)：137 - 141．

[176] FOSSA A. Hot - dip galvanizing for bridge decks in chloride - rich environments[DB/OL].(2019 - 10 - 07)[2020 - 07 - 07].https：// galvanizeit. org/knowledgebase/article/hot - dip - galvanizing - for - bridge - decks - in - chloride - rich - environments.

[177] DURAN III B A. Galvanized rebar prevents spalling[DB/OL].(2019 - 05 -16)[2020 - 06 - 26].https：//galvanizeit. org/knowledgebase/article/ galvanized - rebar - prevents - spalling.

[178] DURAN III B A. Chromate quenching HDG rebar[DB/OL].(2019 - 03 - 22)[2020 - 06 - 19].https：//galvanizeit. org/knowledgebase/article/ chromate - quenching - hdg - rebar.

[179] LANGILL T. Galvanized rebar and reactions in concrete[DB/OL]. (2019 - 05 - 16)[2020 - 06 - 29].https：//galvanizeit. org/knowl- edgebase/article/galvanized - rebar - and - reactions - in - concrete.

[180] FOSSA A. Modified embrittlement test for bent rebars[DB/OL]. (2019 - 06 - 06)[2020 - 07 - 05].https：//galvanizeit. org/knowl- edgebase/article/modified - embrittlement - test - for - bent - rebars.

[181] LANGILL T. Galvanized vs. Eepoxy - coated rebar[DB/OL].(2019 - 05 - 16)[2020 - 07 - 06].https：//galvanizeit. org/knowledgebase/article/ galvanized - vs - epoxy - coated - rebar.

[182] ARLIGUIE G，OLLIVIER J P，GRANDET J. Study of the retard- ant effect of zinc on the hydration of portland cement paste[J]. Ce- ment and Concrete Research. 1982，12(1)：79 - 86.

[183] 明静．混凝土中钢筋腐蚀产物的生成、扩散及锈胀开裂过程研究 [D].东南大学，2019．

[184] FOSSA A，LANGILL T. HDG rebar and avoiding hydrogen evolu- tion [DB/OL].(2021 - 03 - 11)[2022 - 11 - 05].https：//galva- nizeit. org/knowledgebase/article/hdg - rebar - and - avoiding - hy- drogen - evolution.

[185] ZIEGLER F，JOHNSON C A. The solubility of calcium zincate (CaZn$_2$(OH)$_6$ · 2H$_2$O) [J]. Cement and Concrete Research. 2001，31：1327 - 1332.

[186] American Galvnizers Association. In concrete [EB/OL]. [2020 – 07 – 05]. https：//galvanizeit. org/hot – dip – galvanizing/how – long – does – hdg – last/in – concrete.

[187] DURAN III B A. Zinc – rich paints[DB/OL]. (2019 – 10 – 24)[2020 – 08 – 04]. https：//galvanizeit. org/knowledgebase/article/zinc – rich – paints.

[188] American Galvnizers Association. Zinc – rich paint[EB/OL]. [2020 – 08 – 13]. https：//galvanizeit. org/corrosion/corrosion – protection/zinc – coatings/zinc – rich – paint.

[189] DURAN III B A. Zinc spraying（metallizing）production process [DB/OL]. (2019 – 03 – 02)[2020 – 08 – 22]. https：//galvanizeit. org/knowledgebase/article/zinc – spraying – metallizing – production – process.

[190] American Galvnizers Association. Mechanical plating[EB/OL]. [2020 – 08 – 18]. https：//galvanizeit. org/corrosion/corrosion – protection/zinc – coatings/mechanical – plating.

[191] American Galvnizers Association. Electroplating[EB/OL]. [2020 – 08 – 21]. https：//galvanizeit. org/corrosion/corrosion – protection/zinc – coatings/electroplating.

[192] American Galvnizers Association. Zinc plating[EB/OL]. [2020 – 08 – 06]. https：//galvanizeit. org/corrosion/corrosion – protection/zinc – coatings/zinc – plating.

[193] DURAN III B A. Coating characteristics of continuous sheet galvanizing[DB/OL]. (2019 – 06 – 11)[2020 – 08 – 23]. https：//galvanizeit. org/knowledgebase/article/coating – characteristics – of – continuous – sheet – galvanizing.

[194] HANSON L. Coating characteristics of zinc – rich aint[DB/OL]. (2019 – 03 – 01) [2020 – 08 – 05]. https：//galvanizeit. org/knowledgebase/article/coating – characteristics – of – zinc – rich – paint.

[195] DURAN III B A. Metallizing vs. HDG[DB/OL]. (2019 – 05 – 16) [2020 – 08 – 22]. https：//galvanizeit. org/knowledgebase/article/metallizing – vs – hdg.

[196] American Welding Society. Specification for thermal spray equipment

performance verification：AWS C2. 21M/C2. 21：2015[S].

[197] American Society for Testing and Materials. Standard specification for coatings of zinc mechanically deposited on iron and steel：ASTM B695—2021[S].

[198] American Society for Testing and Materials. Standard specification for steel sheet，zinc coated by the electrolytic process for applications requiring dsignation of the coating mass on each surface：ASTM A879/A879M—2022[S]

[199] 朱立. 钢材热镀锌[M]. 北京：化学工业出版社，2006：101.

[200] American Society for Testing and Materials. Standard specification for electrodeposited coatings of zinc on iron and steel：ASTM B633—2023[S].

[201] American Galvnizers Association. Zinc coatings[EB/OL]. [2020 – 08 – 17]. https：//galvanizeit. org/corrosion/corrosion – protection/zinc – coatings.

[202] American Galvnizers Association. Other corrosion protection systems [EB/OL]. [2020 – 08 – 19]. https：//galvanizeit. org/inspection – course/galvanizing – process/other – corrosion – protection – systems.

[203] FOSSA A. Methods used to coat nails with zinc[DB/OL]. (2015 – 11 –24）[2020 – 08 – 18]. https：//galvanizeit. org/knowledgebase/article/methods – used – to – coat – nails – with – zinc.

[204] The Society for Protective Coatings. Zinc – rich coating（type Ⅰ – inorganic and type Ⅱ organic）：SSPC – Paint 20—2019[S].

[205] ISO. ISO Continuous hot – dip zinc – coated and zinc – iron alloy – coated carbon steel sheet of commercial and drawing qualities：ISO 3575—2016[S].

[206] ISO. ISO Steel sheet，zinc – coated and zinc – iron alloy – coated by the continuous hot – dip process, of structural quality：ISO 4998—2023 [S].

[207] 谷美玲，刘昕，张子月，等. 连续板带热镀锌及锌合金镀层的特点与展望[J]. 材料保护，2019，52(09)：176 – 179.

[208] 徐龙. 钢基材表面冷涂锌涂层的防腐蚀性能和机理研究[D]. 合肥：中国科学技术大学，2019.

[209] 罗蕾．可焊性富锌漆的制备与研究[D]．大连：大连交通大学，2020.

[210] 战兴晓．带锈涂装无机富锌涂料的制备及性能研究[D]．北京：北京化工大学，2020.

[211] 田运霞．锌含量对醇溶性无机富锌漆涂层阴极保护性能的影响[D]．秦皇岛：燕山大学，2014.

[212] 中华人民共和国工业和信息化部．富锌底漆：HG/T 3668—2020[S].

[213] 祝宝英，刘明，左慧明，等．水性环氧富锌涂料的特点及研究进展[J]．涂层与防护，2020，41(12)：37-45+52.

[214] 周双喜，李伟杰，艾志勇，等．无机硅酸盐富锌防腐涂料的研究进展[J]．材料保护，2022，55(08)：1-7.

[215] 郝朝阳．机械镀形层过程的物料运动及影响研究[D]．昆明：昆明理工大学，2022.

[216] 陈钊．转速与冲击介质对机械镀锌镀层成型质量的影响[D]．沈阳：沈阳化工大学，2022.

[217] American Galvnizers Association. Continuous sheet galvanizing[EB/OL]. [2022-05-07]. https：//galvanizeit. org/corrosion/corrosion-protection/zinc-coatings/continuous-sheet-galvanizing.

[218] American Galvnizers Association. Duplex systems for corrosion protection[EB/OL]. [2020-10-24]. https：//galvanizeit. org/corrosion/corrosion-protection/duplex-systems.

[219] American Galvnizers Association. Duplex systems paint or powder coating over HDG [EB/OL]. [2020-10-06]. https：//galvanizeit. org/hot-dip-galvanizing/what-is-galvanizing/the-hdg-coating/duplex-systems1.

[220] DURAN III B A. Difference between ASTM D6386 and ASTM D7803 [DB/OL]. (2019-08-14)[2020-10-21]. https：//galvanizeit. org/knowledgebase/article/difference-between-astm-d6386-and-astm-d7803.

[221] FOSSA A. Estimating time to first maintenance for duplex coating systems[DB/OL]. (2016-09-13)[2020-10-24]. https：//galvanizeit. org/knowledgebase/article/estimating-time-to-first-maintenance-for-duplex-coating-systems.

［222］ American Galvnizers Association. Painting galvanized steel – surface preparation［EB/OL］.［2023 – 11 – 05］. https：//galvanizeit. org/specification – and – inspection/specifying – duplex – systems/preparing – hdg – for – paint.

［223］ American Galvnizers Association. Preparing HDG for powder coat［EB/OL］.［2020 – 11 – 12］. https：//galvanizeit. org/specification – and – inspection/specifying – duplex – systems/preparing – hdg – for – powder – coating.

［224］ DURAN III B A. Why paint over galvanizing may fail［DB/OL］. (2019 – 03 – 05)［2020 – 11 – 05］. https：//galvanizeit. org/knowledgebase/article/why – paint – over – galvanized – steel – may – fail.

［225］ FOSSA A. Abrasive blast media for preparing HDG for painting and powder coating［DB/OL］. (2019 – 09 – 09)［2020 – 11 –03］. https：//galvanizeit. org/knowledgebase/article/abrasive – blast – media – for – preparing – hdg – for – painting – and – powder – coating.

［226］ FOSSA A. Wash primers for preparing HDG for painting［DB/OL］. (2017 – 05 – 24)［2020 – 11 – 01］. https：//galvanizeit. org/knowledgebase/article/wash – primers – for – preparing – hdg – for – painting.

［227］ JONES B, Duran III B A. Compatible paint systems over HDG［DB/OL］. (2023 – 02 – 01)［2023 – 05 – 20］. https：//galvanizeit. org/knowledgebase/article/paint – recommendation.

［228］ FOSSA A. HDG for waterparks, pools, and aquatic facilities［DB/OL］. (2018 – 08 – 29)［2020 – 11 – 11］. https：//galvanizeit. org/knowledgebase/article/hdg – for – waterparks – pools – and – aquatic – facilities.

［229］ ANON. HDG and fuel storage tanks［DB/OL］(2014 – 09 – 16)［2020 – 11 –07］. https：//galvanizeit. org/knowledgebase/article/hdg – and – fuel – storage – tanks.

［230］ DURAN III B A. How does galvanized steel perform in seawater splash zones?［DB/OL］. (2019 – 03 – 05)［2020 – 11 – 07］. https：//galvanizeit. org/knowledgebase/article/how – does – galvanized – steel – perform – in – seawater – splash – zones.

［231］ The Society for Protective Coatings. Basic zinc chromate – vinyl butyral wash primer：SSPC – Paint 27—2004[S].

[232] 刘存，马永青，赵增元，等．热浸镀锌在海洋工程钢结构中的应用 [J]．材料保护，2021，54(07)：150 – 154.

[233] DURAN III B A. Surface preparation for duplex systems[DB]. (2019 – 08 – 16)[2020 – 08 – 13]. https：//galvanizeit. org/knowledgebase/ article/surface – preparation – for – duplex – systems.

彩　　图

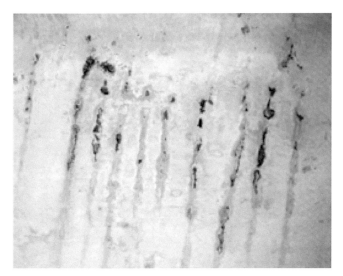

图 9-2　氧化皮压入造成的热镀锌漏镀

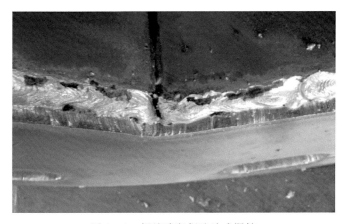

图 9-3　焊缝残留焊渣造成漏镀

图 9-4　助镀后放置时间太长造成漏镀

图 9-16　镀件上的铁锈流痕

 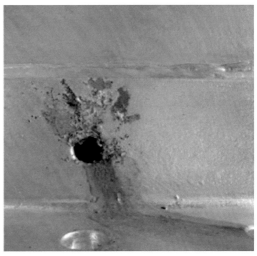

(a) 重叠面加装临时排气管　　　　　　　(b) 排气孔处的铁锈流痕

图 9-17　重叠面加装临时排气管及排气孔处的铁锈流痕

图 9-36　不对称镀锌件变形实例

图 9-38　材料厚薄不一的焊接组合件热镀锌变形实例

图 12-1　彩色钝化膜的半透明颜色

图 15-3　某海滨乐园游乐设施